화학공학일반

고경미 편저

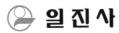 일 진 사

수험생들에게 드리는 메시지!

　공무원 시험 준비를 시작할 때 누구나 합격을 목표로 합니다.

　그러나 처음부터 합격만을 바라보면, 중간에 지쳐 포기하게 될 수 있습니다.

　합격은 너무 멀게 느껴지고, 당장 눈앞에는 "내가 합격할 수 있을까?" 라는 불안감이 더 크게 다가오기 때문입니다. 이런 막막함과 두려움에 사로잡히다 보면 공부시간이 줄어들고, 슬럼프에 빠지기 쉽습니다.

　오늘 하루를 충실히 보내며, 한 걸음 한 걸음 묵묵히 나아가다 보면 어느 순간 합격이라는 정거장에 도착하게 됩니다.

　너무 멀게 느껴지면 갈 수 없습니다. 너무 어렵게 느껴지면 갈 수 없습니다. 합격의 비결은 바로 지금 이 순간, 오늘 하루를 충실히 보내는 것입니다.

　합격이라는 먼 목표에 집중하지 말고, 오늘 하루를 충실히 보내는 것에 집중하세요. 한 걸음 한 걸음에 집중하면서 여러분의 그 하루하루가 조금 덜 힘들고, 때로는 재미있어질 수 있도록 제가 러닝메이트가 되겠습니다. 때로는 응원을, 때로는 함께 뛰며, 먼저 가서 철저한 분석으로 여러분의 완주를 돕겠습니다.

　여러분의 오늘을 응원합니다.

저자 고경미

출제경향과 학습전략!

화학공학일반은 출제경향이 대체로 일정하게 출제되고 있습니다.

유형별

계산형 문제가 50%, 내용형 문제가 50% 출제되고 있습니다.

과목별

화학양론(PART 1), 단위 조작(PART 2~4)에서 75~85%(15~17문제) 출제되고 있습니다.

기출문제 분석-화학공학일반(지방직 9급)

과목별	2021년	2022년	2023년	2024년	
화공양론	2	5	5	4	⎫
유체 역학	6	4	4	4	⎬ 단위 조작
열전달	3	4	4	5	
분리 공정	6	4	4	2	⎭
화공 열역학	0	2	0	2	
반응 공학	2	0	1	2	
공정 제어	1	0	0	0	
기타 (공장설계)	0	1	2	1	
총계	20	20	20	20	

신유형

- 17~18문제는 이미 출제된 기존 기출문제와 비슷한 문제로 출제되고, 신유형 문제가 꾸준히 2~3문제 출제되고 있습니다.
- 신유형 문제는 2가지 유형으로, 출제되지 않던 범위에서 출제되는 유형과 기존 출제문제의 변형문제가 출제되고 있습니다.

화학공학일반 9급 최신 출제경향

파트별

파트 \ 기출 회차	2020년 국가직	2020년 지방직	2021년 국가직	2021년 지방직	2022년 국가직	2022년 지방직	2023년 국가직	2023년 지방직	2024년 국가직	2024년 지방직
1. 화학 공학의 기초	1	3	1	2	3	5	2	6	1	4
2. 유체 역학	6	4	5	6	5	4	5	4	5	4
3. 열전달	2	4	3	3	3	4	6	4	4	5
4. 분리 공정	5	5	5	6	3	4	3	3	7	2
5. 화공 열역학	3	1	4	0	2	2	1	2	0	2
6. 반응 공학	1	1	0	2	2	0	1	0	0	2
7. 공정 제어	1	0	0	0	1	0	0	0	0	0
8. 기타	1	2	2	1	1	1	2	1	3	1
총계	20	20	20	20	20	20	20	20	20	20

유형별

파트 \ 기출 회차	2020년 국가직	2020년 지방직	2021년 국가직	2021년 지방직	2022년 국가직	2022년 지방직	2023년 국가직	2023년 지방직	2024년 국가직	2024년 시방식
단답형	2	3	4	5	2	4	2	4	5	5
장답형	11	7	4	6	8	7	9	6	10	11
계산형	7	10	12	9	10	9	9	10	5	4
총계	20	20	20	20	20	20	20	20	20	20

이 책의 구성과 특징!

계산형 맞춤

- 계산형 비중이 크므로, **계산형**을 철저하게 **대비**해야 합니다.
- 계산형 풀이에 필요한 공식을 알기 쉽게 표로 정리하였습니다.

4-2 ○ 마찰 손실

1 직선 관의 마찰 손실

(1) 패닝(Fanning)식

적용 (가정)	• 정상 상태 유체, 관의 직경이나 곧은 직선 관(굴곡이 없는 관)에 적용
마찰 손실 (마찰력)	$F = h_f\, g = \dfrac{\Delta P}{\rho} = \dfrac{2fLu^2}{d}$
마찰 손실두	$h_f = \dfrac{\Delta P}{\rho g} = \dfrac{2fLu^2}{dg} = 4f\dfrac{L}{d}\dfrac{u^2}{2g}$
마찰 손실 계수	$f = \dfrac{\text{전단력}}{\text{운동 에너지}} = \dfrac{F/A}{\rho \times \dfrac{u^2}{2}} = \dfrac{F}{\rho A \times \dfrac{u^2}{2}}$ $f = \dfrac{\text{전단 응력}}{\text{밀도} \times \text{속도두}} = \dfrac{\tau}{\rho \times \dfrac{u^2}{2}}$
압력 손실 (압력 강하)	$\Delta P = \dfrac{2\rho fLu^2}{d} = \dfrac{4L\tau}{d}$
압력 구배	$\Delta P/L = \dfrac{2\rho fu^2}{d} = \dfrac{4\tau}{d}$

- 한눈에 볼 수 있도록 표와 그림으로 구성하여 이해하기 쉽게 만들었습니다.
- 중요 핵심 키워드와 기출문제에 출제되었던 부분을 볼드체로 표시하여 중요한 부분을 쉽게 알 수 있도록 하였습니다.
- 개념 이해와 내용 암기가 필요한 부분을 알기 쉽게 정리하였습니다.

3 물질 전달의 종류

구분	원리	상변화
흡수	용해도 차이	기체 → 액체
증류	끓는점 차이(휘발성 차이)	액체 → 기체
추출(액-액 추출)	용매의 선택적 용해	액체 → 액체
침출(고-액 추출)	액체의 응축	고체 → 액체
흡착	농도 차	기체, 액체 → 고체

1-2 ○ 단위 조작의 전달 과정

(1) 전달 과정이 종류

전달 과정의 종류	기본 법칙	공식	속도차	예
운동량 전달	Newton 법칙	$\tau = -\mu \dfrac{du}{dy}$	속도차	교반, 유체의 흐름, 침전, 여과
열전달	Fourier 법칙	$\dfrac{q}{A} = -k \dfrac{dT}{dL}$	온도차	건조, 증발, 증류
물질 전달	Fick 법칙	$J_A = -D_{AB} \dfrac{dC_A}{dz}$	농도차	증류, 흡수, 건조, 추출

기출문제 완벽 분석

- 2015~2024년 국가직·지방직·서울시 기출문제를 과목별로 구분하여 **연습문제**로 수록하였습니다.
- 연습문제마다 기출문제 출처를 표시하였습니다.
- 기출문제를 유형별, 내용별로 분류하여 효율적인 학습이 되도록 구성하였습니다.

계산형

2016 국가직 9급 화학공학일반

07 고압의 질소가스가 298K에서 두께가 3cm인 천연고무로 된 2m×2m×2m의 정육면체 용기에 담겨 있다. 고무의 내면과 외면에서 질소의 농도는 각각 0.067kg/m³과 0.007kg/m³이다. 이 용기로부터 6개의 고무 면을 통하여 확산되어 나오는 질소 가스의 물질 전달 속도(kg/s)는? (단, 고무를 통한 질소의 확산 계수는 $1.5 \times 10^{-10} m^2/s$이다.)

① 2.2×10^{-10}　　② 4.2×10^{-10}
③ 6.2×10^{-9}　　④ 7.2×10^{-9}

해설 ▪ 일반적인 확산 속도(몰 플럭스)

물질 전달 속도(kg/s) = 몰 플럭스$(kg/m^2 \cdot s)$ × 확산면적(m^2)

▪ 물질 전달 속도

$$= N_A A = -D_{AB} A \frac{dC_A}{dx}$$

$$= \frac{1.5 \times 10^{-10} m^2}{s} \times \frac{(2 \times 2 \times 6) m^2}{1} \times \frac{(0.067 - 0.007) kg}{m^3} \times \frac{1}{0.03m}$$

$$= 7.2 \times 10^{-9} kg/s$$

정답 ④

정리 몰 플럭스

$$N_A = -D_V \frac{dC_A}{dx} = J_A$$

J_A	: 확산 플럭스$(mol/m^2 \cdot s)$
N_A	: 몰 플럭스
D_V	: 확산도(확산계수, m^2/s)
dC_A/dx	: 농도 구배(mol/m^4)
C_A	: 성분 A의 농도(mol/m^3)
x	: 확산거리(m)

차 례

PART 2 — 유체 역학

PART 3 ## 열전달

PART 4 분리 공정(단위 조작)

PART 5

화공 열역학

PART 6 반응 공학

PART 7

공정 제어

PART

1

화학 공학의
기초

CHAPTER 1 단위와 차원

1-1 ◦ SI 단위계

1 SI 단위계 분류

구분	정의	종류
기본 단위	기본이 되는 단위 (1가지 차원으로만 이루어진 단위)	길이(m), 질량(kg), 시간(s), 온도(K), 전류(A), 물질 양(mol), 광도(cd)
유도 단위	기본 단위에서 유도된 단위 (여러 가지 차원으로 이루어진 단위)	넓이, 부피, 속도, 가속도, 힘, 압력, 에너지, 밀도, 농도 등
보조 단위	차원이 없는 단위	평면각(라디안, rad), 입체각(스테라디안, sr)

2 특징

① 같은 차원끼리는 크기 및 단위환산이 가능하다.

예 $1ton = 1,000kg = 10^6 g = 10^9 mg$

② 기준 단위에 접두사를 붙여 단위의 크기를 나타낸다.

접두사

기호	크기	명칭	기호	크기	명칭
G	10^9	기가(giga)	m	10^{-3}	밀리(mili)
M	10^6	메가(mega)	μ	10^{-6}	마이크로(micro)
k	10^3	킬로(kilo)	n	10^{-9}	나노(nano)
d	10^{-1}	데시(deci)	p	10^{-12}	피코(pico)
c	10^{-2}	센티(centi)			

1-2 ─◦ 기본 단위

1 길이 (차원 [L])

① 기준 단위 : m

② 단위 : nm, μm, mm, cm, m, km, ft, in

③ 단위환산

$$1km = 1,000m$$
$$1m = 10^2 cm = 10^3 mm = 10^6 \mu m = 10^9 nm$$
$$1ft = 0.3048m$$
$$1in = 2.54cm$$

2 질량 (차원 [M])

① 기준 단위 : g(그램)

② 단위 : ng, μg, mg, g, kg, ton, lb

③ 단위환산

$$1ton = 1,000kg$$
$$1kg = 10^3 g$$
$$1g = 10^3 mg = 10^6 \mu g = 10^9 ng$$
$$1kg = 2.2lb$$
$$1lb = 453.6g = 0.4536kg$$

3 시간 (차원 [T])

① 기준 단위 : 초(sec)

② 단위 : 초(sec), 분(min), 시간(hr), 일(day), 주(week), 개월(month), 년(year)

③ 단위환산

$$1yr = 12month = 365day$$
$$1month = 30day$$
$$1day = 24hr$$

$$1hr = 60min$$
$$1min = 60sec$$
$$1일 = 24hr = 1,440min = 86,400sec$$

4 온도(차원 [K])

(1) 단위의 종류

온도 단위	기호	정의
섭씨온도	℃	• 1기압 하에서 물의 어는점을 0, 끓는점을 100으로 정하고 두 점 사이를 100등분한 온도
화씨온도	℉	• 1기압 하에서 물의 어는점을 32, 끓는점을 212로 정하고 두 점 사이를 180등분한 온도
캘빈온도 (절대온도)	K	• 섭씨온도의 절대온도(기체의 부피가 이론적으로 0이 되는 온도를 0으로 한 온도)
랭킨온도	℉R	• 화씨온도의 절대온도

(2) 단위환산

① 화씨온도 단위환산식

$$°F = 1.8°C + 32$$

℉ : 화씨온도(℉)
℃ : 섭씨온도(℃)

② 캘빈온도 단위환산식

$$K = °C + 273$$

K : 절대온도(K)
℃ : 섭씨온도(℃)

③ 랭킨온도 단위환산식

$$°R = °F + 460$$
$$= 1.8°C + 492$$

°R : 랭킨온도(°R)
℉ : 화씨온도(℉)
℃ : 섭씨온도(℃)

(3) 온도 단위의 간격

① $\dfrac{°F}{°C} = \dfrac{°F}{K} = 1.8$, $\dfrac{°R}{°C} = \dfrac{°R}{K} = 1.8 °F$

② $\dfrac{K}{°C} = 1$, $\dfrac{°R}{°F} = 1$

1-3 ○ 유도 단위

1 면적

어떤 면의 넓이

① 단위 : cm^2, m^2, km^2

② 차원 : $[L^2]$

③ 단위환산

$$1km^2 = (1,000m)^2 = 10^6 m^2$$
$$1m^2 = (100cm)^2 = 10^4 cm^2 = 10^{12} \mu m^2 = 10^{18} nm^2$$

2 체적 (부피, 용적)

어떤 물질이 차지하는 공간

① 단위 : m^3, L, cc

$$1m^3 = 1,000L$$
$$1cm^3 = 1mL$$

② 차원 : $[L^3]$

③ 단위환산

$$1m^3 = \frac{1m^3 \quad \left| \quad (100cm)^3 \right.}{1m^3} = 10^6 cm^3$$

3 속도

단위시간 동안에 이동한 위치 벡터의 변위, 물체의 빠르기

$$속도 = \frac{거리}{시간} \qquad v = \frac{1}{t}$$

① 단위 : m/s, cm/s

② 차원 : $[L/T]$

4 가속도

단위시간당 속도의 변화율

$$가속도 = \frac{\triangle \, 속도}{시간} \qquad a = \frac{\varDelta v}{\varDelta t}$$

① 단위 : m/s^2, cm/s^2
② 차원 : $[L/T^2]$, $[L \cdot T^{-2}]$

5 중력 가속도

지구 중력에 의하여 지구상의 물체에 가해지는 가속도
① 크기 : $9.8m/s^2 = 980cm/s^2$
② 차원 : $[L/T^2]$, $[L \cdot T^{-2}]$

6 힘

물체에 작용하여 물체의 모양을 변형시키거나 물체의 운동 상태를 변화시키는 원인
이다.

$$힘 = 질량 \times 가속도$$
$$F = ma$$
$$N = kg \cdot m/s^2$$

① 단위 : N, $kg \cdot m/s^2$, dyne, kg_f, ton_f, lb_f
② 차원 : $[ML/T^2]$
③ 단위환산

$$1dyne = 1g \cdot cm/s^2$$
$$1N = 1kg \cdot m/s^2 = 10^5 dyne$$

7 무게(W)

어떤 질량을 가지는 물체가 받는 중력의 크기

무게＝질량×중력 가속도 $W=mg$

① 단위 : kg_f

② 차원 : $[ML/T^2]$

③ 단위환산

$$1kg_f=kg \cdot (9.8m/s^2)=9.8N=2.2lb_f$$
$$1ton_f=9.8kN$$
$$1lb_f=453.6g_f=0.4536kg_f$$

④ 질량과 무게 비교

구분	차원	단위
질량	M	kg
무게	ML/T^2 (힘의 차원과 같음)	kg_f

  질량과 무게는 차원은 다르지만 크기가 같다.

8 밀도(ρ)

물질의 질량을 부피로 나눈 값

밀도＝$\dfrac{질량}{부피}$ $\rho = \dfrac{M}{V}$

① 단위 : t/m^3, kg/L, g/cm^3

② 차원 : $[M/L^3]$

③ 물의 밀도

9 비중량(γ)

① 물질의 단위 부피당 무게

$$\text{비중} = \frac{\text{무게}}{\text{부피}} \qquad \gamma = \frac{W}{V}$$

② 차원 : $[M/L^2T^2]$

③ 밀도와 비중량

$$\text{비중량} = \text{밀도} \times \text{중력 가속도} \qquad \gamma = \rho \times g$$

$$\gamma = \frac{W}{V} = \frac{mg}{V}$$
$$= \frac{kg \cdot m/s^2}{m^3} = \frac{kg}{m^2 \cdot s^2}$$

④ 물의 비중량

$$1$$

10 비중 (SG, ω)

어떤 물질과 기준 물질의 밀도의 비

$$\text{비중} = \frac{\text{어떤 물질의 밀도}}{\text{기준 물질의 밀도}} \qquad \omega = \frac{\rho}{\rho_{기준}}$$

① 무차원

② 기준 물질 : 물(액체), 공기(기체)

11 밀도, 비중량, 비중의 관계

① 밀도, 비중량 및 비중은 크기가 같다(밀도가 $1g/cm^3$이면 비중량도 $1g_f/cm^3$).

② 밀도, 비중량 및 비중은 차원이 다르다.

③ 밀도, 비중량 및 비중은 모두 물질의 부피와 질량(무게)을 환산하는 데 이용된다.

12 에너지 (일, J)

일을 할 수 있는 능력

$$
\begin{aligned}
\text{에너지(일)} &= \text{힘} \times \text{거리} \\
&= N \times s \\
&= kg \cdot (m/s^2) \times m \\
&= kg \cdot m^2/s^2
\end{aligned}
$$

① 단위 : J

② 차원 : $[ML^2/T^2]$

③ 단위환산

$$
\begin{aligned}
1J &= 1kg \cdot m^2/s^2 \\
1cal &= 4.2J
\end{aligned}
$$

13 열량 (Q)

온도가 다를 때, 온도차에 의해 이동하는 에너지의 양

① 차원 : $[ML^2/T^2]$

② 단위

cal	• 물 1g을 1℃ 올리는 데 필요한 열량
Btu	• 물 1lb을 1°F 올리는 데 필요한 열량 • 영국 열량 단위(British thermal unit)

③ 단위환산

$$
\begin{aligned}
1cal &= 4.2J \\
1kcal &= 1,000cal = 4.2kJ = 427kg_f \cdot m \\
1Btu &= 1,055J = 252cal = 778lb_f \cdot ft
\end{aligned}
$$

14 동력 (일률, Power)

단위시간 동안에 한 일의 양

$$동력(일률) = \frac{일}{시간} = \frac{힘 \times 거리}{시간}$$

$$W = \frac{J}{s} = \frac{N \cdot m}{s} = \frac{kg(m/s^2)m}{s} = kg \cdot m^2/s^2$$

① 단위 : Watt

② 차원 : $[ML^2/T^3]$

③ 단위환산

$$1W = 1kg \cdot m^2/s^3$$
$$1kW = 1,000W = 102kg_f \cdot m/s = 0.24kcal/s$$
$$1HP = 746W = 76kg_f \cdot m/s = 76kg_f \cdot m/s$$

15 압력

단위면적에 수직으로 작용하는 힘

$$압력 = \frac{힘}{면적}$$

$$P = \frac{F}{A} = \frac{ma}{A} = \frac{Fh}{Ah} = \frac{mgh}{V} = \rho gh$$

① 단위

압력 단위	기호 및 크기
기압	atm
파스칼	$Pa = N/m^2 = kg/m \cdot s^2$
킬로파스칼	$1kPa = 1,000Pa$
수은주	$mmHg = torr$
수주	$mmH_2O = mmAq = kg/m^2$

② 차원 : $[M/L \cdot T^2]$

③ 단위환산 (대기압 크기 비교)

$$
\begin{aligned}
1\text{기압} &= 1\,\text{atm} \\
&= 760\,\text{mmHg} \\
&= 10.332\,\text{mH}_2\text{O} = 10.332\,\text{t}_\text{f}/\text{m}^2 = 10.332 \times 10^3\,\text{kg}_\text{f}/\text{m}^2 \\
&= 1.01325 \times 10^5\,\text{Pa} = 1.01325 \times 10^5\,\text{N}/\text{m}^2 \\
&= 1.01325 \times 10^3\,\text{hPa} = 1.01325 \times 10^3\,\text{mbar} \\
&= 1.01325\,\text{bar} \\
&= 1.01325 \times 10^6\,\text{dyne}/\text{cm}^2 \\
&= 14.7\text{lb}_\text{f}/\text{in}^2 = 14.7\,\text{psi} \\
&= 29.92\,\text{inHg}
\end{aligned}
$$

④ 압력의 종류

절대압	• 진공 상태를 기준(0)으로 표시한 압력 • 화학의 기준 압력
게이지압 (계기압)	• 대기압을 기준(0)으로 표시한 압력 – 정압 : 게이지압이 대기압보다 높은 압력(게이지압이 +인 압력) – 부압 : 게이지압이 대기압보다 낮은 압력(게이지압이 −인 압력)
대기압	• 공기 무게 때문에 생기는 지구 대기의 압력

$$
\begin{aligned}
&\text{절대압} = \text{게이지압} + \text{대기압} \\
&\text{진공압} = \text{대기압} - \text{절대압}
\end{aligned}
$$

16 표면장력 (σ)

(1) 정의

① 액체의 표면을 작게 하기 위해 액체 표면에 작용하는 힘(장력)

② 단위면적당 표면이 가진 에너지 (J/m^2)

③ 표면적을 늘리는 데 단위 길이당 가해야 하는 힘 (N/m)

$$
\sigma = \frac{\text{J}}{\text{A}} = \frac{\text{F}}{\text{L}}
$$

$$
\Delta\text{P} \times \frac{\pi\text{D}^2}{4} = \sigma\pi\text{D}
$$

$$
\sigma = \frac{\Delta\text{P}\,\pi\text{D}^2}{4\pi\text{D}} = \frac{\triangle\text{PD}}{4}
$$

(2) 원리

① 액체의 내부에 존재하는 분자들은 주위의 분자들로부터 사방으로 동등한 힘을 받지만, 표면에 있는 분자들은 액체의 바깥쪽으로부터 작용하는 힘이 없으므로 액체의 내부 방향으로 힘을 받는다.

② 따라서, 표면의 분자들은 최대한 적은 표면적을 가지려고 한다.

③ 이때 분자 간의 힘(같은 분자끼리 끌어당기는 힘, 응집력)이 클수록, 표면장력이 증가하고, 표면적을 더 작게 할 수 있다.

(3) 단위

① 단위환산

$$1J/m^2 = 1N/m = 1kg/s^2 = 10^5 dyne/m$$

② 차원 : $[M/T^2]$

(4) 특징

① 온도 증가 → 표면장력 감소

② 분자 간의 힘(응집력) 증가 → 표면장력 증가

(5) 표면장력의 예

① 물방울이나 풀잎에 맺힌 이슬은 표면적이 가장 작은 둥근 모양이 된다.

② 모세관 현상

③ 세제(계면활성제)는 오염물질의 표면장력을 줄여 물과 잘 섞이게 한다.

(6) 모세관 현상

㈎ 정의

액체가 중력과 같은 외부 도움 없이 가느다란 관(모세관)을 오르는 현상

㈏ 원리

① 표면장력(응집력) : 액체 분자와 액체 분자 사이 끌어당기는 힘(분자 간의 힘)

② 부착력(흡착력) : 액체가 고체 표면에 달라붙는 힘

⑷ **모세관 상승 높이 공식**

$$h = \frac{2\sigma\cos\theta}{r\,\rho g}$$

h : 모세관 상승 높이(m)

σ : 유체의 표면장력(N/m)

θ : 접촉각(°)

r : 모세관 반경(m)

ρ : 유체의 밀도(kg/m²)

g : 중력가속도(9.8m/s²)

모세관이 가늘수록, 액체의 밀도가 작을수록, 상승 높이 증가

17 점도(점성 계수, μ)

(1) 정의

① 유체 점성의 크기를 나타내는 물질 고유의 상수

② 뉴턴의 점성법칙에서, 유속 구배와 전단력 사이 비례 상수(μ)

$$\tau = \mu\frac{\partial v}{\partial y}$$

τ : 유체의 경계면에 작용하는 전단력(N/m²)

$\partial v/\partial y$: 유속 구배(속도 경사)(1/s)

μ : 점도(kg/m·s)

(2) 단위

① 단위 : poise

② 단위환산

$$1\ \text{poise} = 1\text{g/cm}\cdot\text{s} = 1\text{dyne}\cdot\text{s/cm}^2$$
$$= 10^{-3}\,\text{N}\cdot\text{s/m}^2\,0.1\text{kg/m}\cdot\text{s} = 0.1\text{Pa}\cdot\text{s} = 100\ \text{cp}$$
$$1\text{kg/m}\cdot\text{s} = 10\text{g/cm}\cdot\text{s} = 10\text{poise}$$

③ 차원 : $[ML^{-1}T^{-1}]$

18 동점도(동점성 계수, ν)

(1) 정의

점도를 유체의 밀도로 나눈 값

$$\nu = \frac{\mu}{\rho} \qquad \begin{aligned} \nu &: \text{동점도}(\text{m}^2/\text{s}) \\ \mu &: \text{점도}(\text{kg/m} \cdot \text{s}) \\ \rho &: \text{밀도}(\text{kg/m}^3) \end{aligned}$$

(2) 단위

① 단위 : stoke

② 단위환산

$$1\,\text{stoke} = 1\,\text{cm}^2/\text{s} = 10^{-4}\,\text{m}^2/\text{s} \\ = 100\,\text{cSt}$$

③ 차원 : $[\text{L}^2\text{T}^{-1}]$

1-4 ─○ 단위와 차원

(1) 차원

차원	기호	단위
길이(Length)	L	m, km, mm 등
질량(Mass)	M	g, kg, ton 등
시간(Time)	T	년, 일, 시간, 분, 초 등
온도(Temperature)	K	K, ℃ 등
힘(Force)	F	N, dyne, kg$_\text{f}$, tonf

(2) 절대 단위계 (SI 단위)

① 질량(M), 길이(L), 시간(T)을 기본 단위로 사용하는 단위계

② 기본 단위 : kg, m, sec

(3) 중력 단위계 (공학 단위)

① 힘(F), 길이(L), 시간(T)을 기본 단위로 사용하는 단위계

② 기본 단위 : kg_f, m, sec

(4) 절대 단위계와 중력 단위계 환산 방법

아래 공식을 이용하여 절대 단위계와 중력 단위계를 환산한다.

$$kg_f = kg \cdot (m/s^2) \qquad [F] = [MLT^{-2}]$$
$$kg = kg_f \cdot s^2/m \qquad [M] = [FT^2 L^{-1}]$$

주요 유도 단위의 단위와 차원

구분	절대 단위계		중력 단위계	
	단위	차원	단위	차원
질량	kg	M	$kg_f \cdot s^2/m$	$FT^2 L^{-1}$
힘	$kg \cdot m/s^2$	MLT^{-2}	kg_f	F
에너지(일)	$kg \cdot m^2/s^2$	$ML^2 T^{-2}$	$kg_f \cdot m$	FL
일률(동력)	$kg \cdot m^2/s^3$	$ML^2 T^{-3}$	$kg_f \cdot m/s$	FLT^{-1}
압력	$kg/m \cdot s^2$	$ML^{-1} T^{-2}$	kg_f/m^2	FL^{-2}
밀도	kg/m^3	ML^{-3}	$kg_f \cdot s^2/m^4$	$FL^{-4} T^2$
비중량	$kg/m^2 \cdot s^2$	$ML^{-2} T^{-2}$	kg_f/m^3	FL^{-3}
점도	$kg/m \cdot s$	$ML^{-1} T^{-1}$	$kg_f \cdot s/m^2$	$FL^{-2} T$
동점도	m^2/s	$M^2 T^{-2}$	m^2/s	$L^2 T^{-1}$
표면장력	kg/s^2	MT^{-2}	kg_f/m	FL^{-1}

연습문제

단답형

2015 국가직 9급 화학공학일반

01 유도 단위가 아닌 물리량으로만 묶인 것은?

① 광도, 평면각, 시간, 질량, 물질량
② 길이, 밀도, 속도, 광도, 입체각
③ 물질량, 온도, 전류, 힘, 비중
④ 질량, 부피, 시간, 압력, 전류

해설 SI 단위계

구분	정의	종류
기본 단위	기본이 되는 단위 (1가지 차원으로만 이루어진 단위)	• 길이(미터, m) • 질량(킬로그램, kg) • 시간(초, s) • 전류(암페어, A) • 온도(켈빈, K) • 물질 양(몰, mol) • 광도(칸델라, cd)
유도 단위	기본 단위에서 유도된 단위 (여러 가지 차원으로 이루어진 단위)	• 넓이, 부피, 속도, 가속도, 힘, 압력, 에너지, 밀도, 농도 등
보조 단위	차원이 없는 단위	• 평면각(라디안, rad) • 입체각(스테라디안, sr)

정답 ①

2016 국가직 9급 화학공학일반

02 점도(viscosity)의 단위는?

① $g/cm \cdot sec$
② $dyne/cm^2 \cdot sec$
③ $g \cdot cm^2/sec$
④ $dyne \cdot sec/cm$

해설 점도 단위

$$1\,\text{poise} = 1\,\text{g/cm}\cdot\text{sec} = 1\,\text{dyne}\cdot\text{s/cm}^2 = 0.1\,\text{kg/m}\cdot\text{s} = 0.1\,\text{Pa}\cdot\text{s} = 100\,\text{cp}$$

비교 점도와 동점도 단위

- 점도 단위 : $\text{poise} = \text{g/cm}\cdot\text{sec}$
- 동점도 단위 : $\text{stoke} = \text{cm}^2/\text{s}$

정답 ①

2016 서울시 9급 화학공학일반

03 다음 중 기체 상수 R의 단위로 가장 옳지 않은 것은?

① $\text{kg}\cdot\text{m}\cdot\text{K}^{-1}\cdot\text{mol}^{-1}$ ② $\text{L}\cdot\text{atm}\cdot\text{K}^{-1}\cdot\text{mol}^{-1}$

③ $\text{cal}\cdot\text{K}^{-1}\cdot\text{mol}^{-1}$ ④ $\text{lb}_\text{f}\cdot\text{ft}\cdot\text{R}^{-1}\cdot\text{lbmol}^{-1}$

해설 기체 상수(R)

$$R = \frac{0.082\,\text{atm}\cdot\text{L}}{\text{mol}\cdot\text{K}} = \frac{8.314\,\text{J}}{\text{mol}\cdot\text{K}} = \frac{1.987\,\text{cal}}{\text{mol}\cdot\text{K}}$$

정답 ①

2017 지방직 9급 추가채용 화학공학일반

04 에너지 단위가 아닌 것은?

① $\text{Pa}\cdot\text{L}$ ② $\text{N}\cdot\text{m}$

③ $\text{kg}\cdot\text{m/s}^2$ ④ $\text{atm}\cdot\text{m}^3$

해설 에너지(일) 단위

$\text{J} = \text{kg}\cdot\text{m}^2/\text{s}^2$, cal, Btu(British thermal unit)

정리 에너지(일) 단위

$1\text{J} = 1\,\text{kg}\cdot\text{m}^2/\text{s}^2$

$1\text{cal} = 4.2\text{J}$

$1\text{Btu} = 1,055\text{J} = 252\text{cal}$

- Btu(영국 열량 단위, British thermal unit)

정답 ③

장답형

2018 서울시 9급 화학공학일반

05 대기압이 1기압일 때 압력이 큰 순서로 나열된 것은? (단, 다른 조건이 없으면 압력은 절대압이다.)

① $3 \times 10^7 Pa > 1bar > 2 \times 10^5 N/m^2 > 2.7mH_2O > 380mmHg$

② $2 \times 10^5 N/m^2 > 3 \times 10^7 Pa > 1bar > 12.7psi > 15inHg$

③ $3 \times 10^7 Pa > 2 \times 10^5 N/m^2 > 1bar > 1.5mH_2O > 12.7psi$

④ $3 \times 10^7 Pa > 2 \times 10^5 N/m^2 > 1bar > 12.7psi > 380mmHg$

해설 같은 Pa 단위로 통일시켜 비교한다.

$2 \times 10^5 N/m^2 = 2 \times 10^5 Pa$

- $1bar = \dfrac{1bar}{} \left| \dfrac{1.01325 \times 10^5 Pa}{1.01325bar} = 10^5 Pa \right.$

- $2.7mH_2O = \dfrac{2.7mH_2O}{} \left| \dfrac{1.01325 \times 10^5 Pa}{10.332mH_2O} = 2.6 \times 10^4 Pa \right.$

- $1.5mH_2O = \dfrac{1.5mH_2O}{} \left| \dfrac{1.01325 \times 10^5\ Pa}{10.332mH_2O} = 1.47 \times 10^4 Pa \right.$

- $380mmHg = \dfrac{380mmHg}{} \left| \dfrac{1.01325 \times 10^5\ Pa}{760mmHg} = 5.06 \times 10^4 Pa \right.$

- $12.7psi = \dfrac{12.7psi}{} \left| \dfrac{1.01325 \times 10^5 Pa}{14.7psi} = 8.7 \times 10^4 Pa \right.$

- $15inHg = \dfrac{15inHg}{} \left| \dfrac{1.01325 \times 10^5 Pa}{29.92inHg} = 5.07 \times 10^4 Pa \right.$

$\therefore\ 3 \times 10^7 Pa > 2 \times 10^5 N/m^2 > 1bar > 12.7psi > 15inHg > 380mmHg > 2.7mH_2O > 1.5mH_2O$

정답 ④

정리 압력 단위별 크기 비교(단위 환산)

$$
\begin{aligned}
1\text{기압} &= 1atm \\
&= 760mmHg \\
&= 10.332mH_2O = 10.332t_f/m^2 = 10.332 \times 10^3 kg_f/m^2 \\
&= 1.01325 \times 10^5 Pa = 1.01325 \times 10^5 N/m^2 \\
&= 1.01325 \times 10^3 hPa = 1.01325 \times 10^3 mbar \\
&= 1.01325bar \\
&= 1.01325 \times 10^6 yne/cm^2 \\
&= 14.7lb_f/in^2 = 14.7psi \\
&= 29.92inHg
\end{aligned}
$$

2015 국가직 9급 화학공학일반

06 유체와 관련된 설명으로 옳지 않은 것은?

① 이상기체의 밀도는 절대온도와 기체의 분자량에 비례한다.

② 단위면적당 힘에 대한 예로는 압력과 전단응력이 있다.

③ 주어진 유체의 표면장력과 단위면적당 에너지는 동일한 수치 및 단위를 갖는다.

④ 임의의 점에서 고도에 따른 압력의 변화율은 $\dfrac{dP}{dz} = -\rho g$(P : 압력, z : 고도, ρ : 밀도, g : 중력가속도)로 표현할 수 있다.

해설 기체

① 이상기체의 밀도는 압력과 기체의 분자량에 비례하고, 절대온도에 반비례한다.

정답 ①

정리 이상기체의 밀도

$$\rho = \frac{m}{V} = \frac{PM}{RT}$$

$$PV = nRT = \frac{m}{M}RT$$

계산형

2016 지방직 9급 화학공학일반

07 동점도(kinematic viscosity), 확산도(diffusivity) 및 열확산도(thermal diffusivity) 의 차원은 모두 같다. 이들 차원으로 옳은 것은? (단, L은 길이, T는 시간, M은 무게를 나타낸다.)

① $L^2 T^{-1}$ ② $M L^2 T^{-1}$

③ $L^{-1} T^2$ ④ $M L^{-1} T^2$

해설 $[L^2 T^{-1}]$ 차원인 용어

동점도, 확산도, 열확산도

정답 ①

2018 지방직 9급 화학공학일반

08 다음은 원형 도관에 유체가 흐를 때 마찰에 의한 압력손실을 나타내는 식이다. $\triangle P$ 는 압력손실, f는 마찰계수, ρ는 유체의 밀도, u는 평균유속, L_p는 도관의 길이, D는 도관의 직경일 때, f의 차원은? (단, M은 질량, L은 길이, T는 시간을 나타낸다.)

$$\triangle P = \frac{2f\rho u^2 L_p}{D}$$

① 무차원　　　　　　　　　　② ML^{-1}

③ MT^{-3}　　　　　　　　　　④ $ML^{-1}T^{-1}$

해설 $\triangle P = \dfrac{2f\rho u^2 L_p}{D}$ 에서,

$f = \dfrac{\triangle PD}{2\rho u^2 L_p}$ 의 단위는 $\dfrac{kg \cdot m}{s^2 \cdot m^2} \cdot \dfrac{m}{1} \cdot \dfrac{m^3}{kg} \cdot \left(\dfrac{s^2}{m^2}\right) \cdot \dfrac{1}{m}$ = 무차원

정답 ①

2017 지방직 9급 화학공학일반

09 분자량이 41g · mol^{-1}인 기체 10kg이 300K의 온도에서 부피 $1m^3$의 탱크에 들어있다고 할 때, 기체 탱크에 설치된 압력계가 나타내는 압력(atm)은? (단, 탱크가 설치된 곳의 대기압은 1atm이며, 기체는 이상기체로 가정한다.)

① 4　　　　　　　　　　　　② 5

③ 6　　　　　　　　　　　　④ 7

해설 (1) 절대압

이상기체 방정식 $PV = nRT$ 에서,

$\therefore P = \dfrac{nRT}{V} = \left(\dfrac{mol}{40g} \cdot 10,000g\right) \cdot \dfrac{0.082\,atm \cdot L}{mol \cdot K} \cdot \dfrac{300K}{1m^3} \cdot \dfrac{1m^3}{1,000L} = 6.15\,atm$

(2) 게이지압(계기압)

게이지압 = 절대압 - 대기압 = 6.15 - 1 = 5.15atm

정답 ②

2017 지방직 9급 화학공학일반

10 20℃에서 밀도가 5g · cm^{-3}, 표면장력이 4N · m^{-1}인 액체에 지름이 4mm인 유리관을 그림과 같이 수직으로 세웠을 때 접촉각이 60°였다. 액위의 변화(cm)는? (단, 중력가속도＝10m · s^{-2}으로 계산한다.)

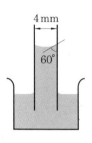

① 3

② 2

③ 10

④ 4

해설 표면장력 – 모세관 상승 높이 공식

$$h = \frac{2\sigma \cos\theta}{r\,\rho\,g} = \frac{2 \times 4\,(\mathrm{kg \cdot m/s^2}) \times \cos 60°}{m} \cdot \frac{1}{0.002\,m} \cdot \frac{m^3}{5,000\,kg} \cdot \frac{s^2}{10\,m}$$

$$= 0.04\,m = 4\,cm$$

정답 ④

The 알아보기   sin θ , cos θ

각도(°)	sin θ	cos θ
0	0	1
30	$\frac{1}{2}$	$\frac{\sqrt{3}}{2}$
45	$\frac{\sqrt{2}}{2}$	$\frac{\sqrt{2}}{2}$
60	$\frac{\sqrt{3}}{2}$	$\frac{1}{2}$
90	1	0

CHAPTER 2 화학양론

2-1 ○ 몰(Mole)

1 몰(mol)의 정의

연필 12개를 1다스로, 계란 30개를 1판으로 묶어 부르면 편한 것처럼, 분자와 원자도 6.02×10^{23}개를 묶어서 1몰(1mol)이라 한다.

$$1mol = 6.02 \times 10^{23}개 = 아보가드로 수 (N_A)$$

2 몰 질량

① 1몰의 질량(g/mol)
② 원자량·분자량·실험식량 및 이온식량에 g을 붙인 값
③ 아보가드로 수(6.02×10^{23}개)만큼의 질량
④ 원자와 분자의 실제 질량

$$원자 1몰의 질량 = 원자 6.02 \times 10^{23}개의 질량 = g 원자량$$
$$분자 1몰의 질량 = 분자 6.02 \times 10^{23}개의 질량 = g 분자량$$

3 기체의 몰 부피와 밀도

(1) 기체의 몰 부피

① 기체 1mol의 부피
② 기체의 종류에 관계없이 표준 상태(0℃, 1기압, STP)에서 1몰의 부피는 22.4L이므로, 기체의 몰 부피는 표준 상태에서 **22.4L/mol**

$$기체 1mol = 기체 분자 6.02 \times 10^{23}개 = 22.4L (표준 상태)$$

(2) 기체의 밀도

① 단위부피당 물질의 질량

② 기체의 밀도는 분자량에 비례한다.

$$PV = nRT = \frac{m}{M}RT \text{이므로}$$

$$\rho = \frac{m}{V} = \frac{PM}{RT}$$

4 몰(mol)의 계산

$$mol = \frac{\text{질량 g}}{\text{화학식량 g}} = \frac{\text{입자 수}}{N_A} = \frac{\text{기체의 부피 L}}{22.4L}$$

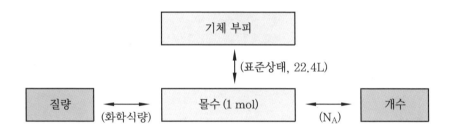

2-2 ──○ 몰분율

① 혼합 기체에서 성분 기체의 몰수를 기체의 총 몰수로 나눈 값

$$x_1 = \frac{n_1}{n_{\text{전체}}} = \frac{n_1}{n_1 + n_2 + \cdots}$$

x_1 : 성분 기체 1의 몰분율

n_1 : 성분 기체 1의 몰수(mol)

$n_{\text{전체}}$: 전체 기체의 몰수(mol)

② 각 성분 기체의 몰분율을 모두 합치면, 1이 된다.

$$x_1 + x_2 + \cdots = 1$$

2-3 ─○ 질량분율

① 전체 질량 중 특정 물질의 질량 비율

$$x_{m,1} = \frac{m_1}{m_{전체}} = \frac{m_1}{m_1 + m_2 + \cdots}$$

$x_{m,1}$: 성분 1의 질량분율

$m_1,\ m_2$: 각 성분 1의 질량

② 각 성분의 질량분율의 합은 1

$$x_{m,1} + x_{m,2} + \cdots = 1$$

2-4 ─○ 평균 분자량 ($\overline{M}$)

(1) 부피 조성, 몰 조성

$$\overline{M} = \sum x_i M_i$$

x_i : 몰분율

M_i : 분자량

(2) 질량 조성

$$\frac{1}{\overline{M}} = \sum \frac{x_{m,i}}{M_i}$$

$x_{m,i}$: 질량분율

M_i : 분자량

2-5 ─○ 기체 관련 법칙

이상기체에서 적용되는 법칙

1 보일의 법칙 (기체의 부피, 압력)

(1) 기체의 압력

정의	• 기체 분자들이 운동하면서 벽면에 충돌하여 나타나는 힘
특징	• 압력은 모든 방향에 똑같이 작용한다. • 분자의 충돌 횟수가 많을수록 압력이 증가한다.

(2) 보일의 법칙

온도가 일정할 때 기체의 부피는 압력에 반비례한다.

$$PV = k \,(일정)$$
$$P_1V_1 = P_2V_2 = k \,(일정)$$

P : 압력(atm)

V : 부피(L)

k : 상수

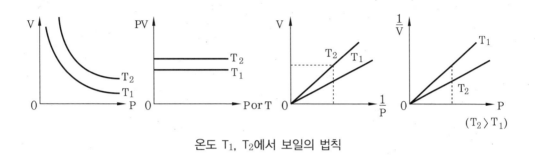

온도 T_1, T_2에서 보일의 법칙

2 샤를의 법칙

① 압력이 일정할 때 기체의 부피는 절대온도와 비례한다.

$$\frac{V}{T} = k(일정) \qquad \frac{V_1}{T_1} = \frac{V_2}{T_2} = k\,(일정)$$

② 일정한 압력에서 일정량의 기체는 온도가 1℃ 오를 때마다 그 부피가 0℃일 때 부피의 $\frac{1}{273}$ 만큼씩 증가한다.

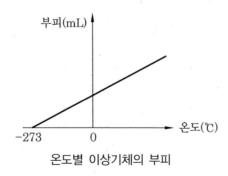

온도별 이상기체의 부피

③ 이상기체는 −273℃(절대온도 0K)에서 기체 부피가 0이지만, 실제기체는 온도가 낮아지면 −273℃(절대온도 0K)가 되기 전에 액화된다.

3 보일-샤를의 법칙

일정량의 기체의 부피는 압력에 반비례, 절대온도에 비례한다.

$$\frac{PV}{T} = k\,(일정) \qquad \frac{P_1 V_1}{T_1} = \frac{P_2 V_2}{T_2} = k\,(일정)$$

4 아보가드로 법칙

① 일정 온도, 기압에서 **기체 종류 관계없이** 1mol의 부피는 일정하다.
② 정상 상태(STP, 0℃, 1atm)일 때 1mol의 부피는 22.4L이다.

5 이상기체 방정식

(1) 이상기체 방정식

보일-샤를의 법칙과 아보가드로 법칙을 합하여 유도한 방정식이다.

$$PV = nRT$$

P : 압력(atm)
V : 부피(L)
n : 몰수(mol)
R : 이상기체 상수(atm·L/mol·K)
T : 절대온도(K)

(2) 기체 상수(R)

표준 상태(0° C, 1atm)에서 기체 1mol의 부피는 22.4L이므로, 이것을 이상기체 방정식에 대입하면 기체 상수 값을 구할 수 있다.

$$R = 0.082\,atm \cdot L/mol \cdot K = 8.3145\,J/mol \cdot K = 1.987\,cal/mol \cdot K$$

(3) 기체의 분자량(M) 계산

$$PV = nRT = \frac{W}{M}RT$$

$$\therefore \ M = \frac{WRT}{PV}$$

$$M = \frac{WRT}{PV}$$

W : 질량(g)
M : 분자량(g/mol)

6 부분 압력 법칙 (Dalton의 법칙)

(1) 부분 압력

서로 반응하지 않는 2가지 이상의 기체들이 혼합되어 있을 때 각 성분 기체가 나타내는 압력을 각 성분 기체의 부분 압력 또는 분압이라 한다.

(2) 혼합 기체의 전체 압력

① 서로 반응하지 않는 혼합 기체의 전체 압력은 각 성분 기체들의 부분 압력의 합과 같다.

$$
\begin{aligned}
P &= \sum P_i \\
&= P_1 + P_2 + \cdots \\
&= \frac{n_1 RT}{V} + \frac{n_2 RT}{V} + \cdots \\
&= (n_1 + n_2 + \cdots)\left(\frac{RT}{V}\right) \\
&= n_{전체}\left(\frac{RT}{V}\right)
\end{aligned}
$$

P_t : 전체 압력
$P_1,\ P_2$: 각 성분 기체의 부분 압력
$n_1,\ n_2$: 각 성분 기체의 몰수

② 혼합 기체의 압력은 기체 입자의 종류와는 상관이 없다.

③ 혼합 기체의 압력은 전체 입자의 개수가 클수록 혼합 기체의 압력이 증가한다.

(3) 성분 기체의 부분 압력

① 혼합 기체의 전체 부피는 성분 기체의 부피의 합과 같다.

$$
\begin{aligned}
P_t V_t &= P_1 V_1 + P_2 V_2 + \cdots \\
V_t &= V_1 + V_2 + \cdots
\end{aligned}
$$

P_t : 혼합 기체의 전체 압력
V_t : 혼합 기체의 전체 부피

② 혼합 기체에서 한 성분 기체의 부분 압력은 전체 압력에서 그 성분 기체의 몰분율을 곱한 값과 같다.

$$
\begin{aligned}
&부분\ 압력 = 몰분율 \times 전체\ 압력 \\
&P_1 = x_1 \cdot P_t
\end{aligned}
$$

P_1 : 성분 기체 1의 부분 압력
x_1 : 성분 기체 1의 몰분율
n_1 : 성분 기체 1의 몰수(mol)

7 그레이엄의 법칙

기체 확산 속도와 분자량에 관한 법칙

① 같은 온도와 압력에서 기체의 확산 속도는 분자량이나 밀도의 제곱근에 반비례한다.

$$u \propto \frac{1}{\sqrt{M}} \propto \frac{1}{\sqrt{d}}$$

u : 확산 속도
M : 분자량
d : 밀도

$$\frac{u_1}{u_2} = \sqrt{\frac{M_2}{M_1}} = \sqrt{\frac{d_2}{d_1}}$$

u_1, u_2 : 기체 1, 2의 확산 속도
M_1, M_2 : 기체 1, 2의 분자량
d_1, d_2 : 기체 1, 2의 밀도

8 기체 분자 운동 에너지

$$E_k = \frac{3}{2}kT = \frac{1}{2}mu^2 \left(단, \ k = \frac{R}{N_A} \right)$$

① 운동 에너지는 온도에 비례한다.
② 온도가 동일할 때 기체 분자의 속도^{2}는 분자량에 반비례한다.

9 기체 확산 속도

$$u = \sqrt{\frac{3RT}{M}}$$

온도가 높을수록, 분자량이 작을수록 확산 속도가 증가한다.

2-6 ○ 용액의 농도

1 퍼센트 농도

(1) 질량/질량 퍼센트

$$(\text{W/W}) = \frac{\text{용질 g}}{100\text{g 용액}} \times 100(\%)$$

예 50%(W/W) $H_2SO_4 \rightarrow \dfrac{50\text{g 황산}}{100\text{g 용액}}$

(2) 질량/부피 퍼센트

$$(\text{W/V}) = \frac{\text{용질 g}}{\text{용액 } 100\text{mL}} \times 100(\%)$$

예 50%(W/V) $H_2SO_4 \rightarrow \dfrac{50\text{g 황산}}{100\text{mL 용액}}$

(3) 부피/부피 퍼센트

$$(\text{V/V}) = \frac{\text{용질 mL}}{\text{용액 } 100\text{mL}} \times 100(\%)$$

예 50%(V/V) $H_2SO_4 \rightarrow \dfrac{50\text{mL 황산}}{100\text{mL 용액}}$

2 몰 농도 (M)

용액 1L 중 용질의 mol수(mol/L)

$$\text{M 농도} = \frac{\text{용질 mol}}{\text{용액 부피(L)}}$$

3 노르말 농도 (N)

용액 1L 중 용질의 당량(eq/L)

$$\text{N 농도} = \frac{\text{용질 eq}}{\text{용액 부피(L)}}$$

4 몰랄 농도(m)

(1) 정의

용매 1kg에 들어있는 용질의 mol수

$$m = \frac{\text{용질 mol}}{\text{용매 1kg}}$$

(2) 특징

① 용액의 총괄성과 관련된 농도이다.
② 총괄성 : 용질의 종류에 관계없이 용질의 입자 수에만 관계있는 성질이다.
③ 온도가 변화해도 몰랄 농도는 변하지 않는다.

5 백만분율, 십억분율

구분	공식 및 크기	정의
ppm	$1\text{ppm} = \dfrac{1}{10^6} = \dfrac{10^{-6}}{1}$	백만분율
ppb	$1\text{ppb} = \dfrac{1}{10^9} = \dfrac{10^{-9}}{1}$	십억분율

6 농도의 단위환산

$$1 = 100\% = 1,000‰ = 10^6 \text{ppm} = 10^9 \text{ppb}$$

예제 ▶ 화학양론

1. 밀도 1.2g/mL, 4.0M의 황산 용액이 있다. 다음을 구하시오.

(1) 퍼센트 농도

$$\frac{\text{용질 질량}}{\text{1L 용액 질량}} \times 100\% = \frac{4.0 \times 98}{1,200} \times 100\% = 32.6\%$$

(2) 몰랄 농도

$$\frac{\text{용질 몰수}}{\text{용매 질량}} = \frac{\text{용질 몰수}}{\text{용액 질량} - \text{용질 질량}} = \frac{4.0\text{mol}}{(1,200 - 4.0 \times 98)\text{g}} \left| \frac{1,000\text{g}}{1\text{kg}} \right. = 4.95\text{m}$$

(3) 황산의 몰분율

$$\frac{\text{용질 몰수}}{\text{전체 몰수}} = \frac{n_{\text{용질}}}{n_{\text{용질}} + n_{\text{용매}}} = \frac{4.0\text{mol}}{\dfrac{(1,200 - 4.0 \times 98)\text{g}}{18\text{g/mol}} + 4.0\text{mol}} = 0.08$$

(4) 노르말 농도

$$\frac{4.0\text{mol}}{\text{L}} \left| \frac{2\text{eq}}{1\text{mol}} \right. = 8.0\text{eq/L} = 8.0\text{N}$$

정답 (1) 32.6%, (2) 4.95m, (3) 0.08, (4) 8N

연습문제

2. 화학양론

계산형

2015 국가직 9급 화학공학일반

01 다음은 산화철(III)(Fe_2O_3)과 일산화탄소(CO)가 반응하여 철(Fe)과 이산화탄소(CO_2)를 생성하는 반응식이다. 균형 맞춘 화학 반응식이 되기 위한 계수 a, b, c, d의 합은?

$$aFe_2O_3 + bCO \rightarrow cFe + dCO_2$$

① 8 ② 9 ③ 10 ④ 11

해설 화학 반응식 계수 맞추기

$Fe_2O_3 + 3CO \rightarrow 2Fe + 3CO_2$

$\therefore a+b+c+d = 1+3+2+3 = 9$

정답 ②

2016 지방직 9급 화학공학일반

02 온도가 같은 동일 부피의 수소 기체와 산소 기체의 무게를 측정하였더니 서로 동일하였다. 이때 수소 기체의 압력이 4atm이라면, 산소 기체의 압력(atm)은? (단, 수소 기체와 산소 기체는 이상기체로 가정한다.)

① 1/4 ② 1/2 ③ 1 ④ 2

해설 기체 관련 법칙

$PV = nRT$ 에서 T와 V가 일정하면

$$\frac{P_1}{n_1} = \frac{P_2}{n_2}$$

$$\frac{4}{\dfrac{m}{2}} = \frac{P_2}{\dfrac{m}{32}}$$

$$\therefore P_2 = \frac{1}{4}$$

정답 ①

2016 서울시 9급 화학공학일반

03 다음 <보기>에서 농도에 대한 설명으로 옳은 것을 모두 고른 것은?

┤ 보기 ├

가. 몰 농도는 용액 1L에 녹아 있는 용질의 mol수로 온도에 따라 달라진다.

나. 몰랄 농도는 용매 1kg에 녹아 있는 용질의 mol수 이다.

다. 노르말 농도는 용액 1L에 녹아 있는 용질의 당량수로 나타낸다.

라. ppm은 십억분율로 극미량 성분의 농도에 사용된다.

① 가, 나, 다

② 가, 다, 라

③ 나, 다, 라

④ 가, 나, 다, 라

해설 라. ppm: 백만분율, ppb: 십억분율

정답 ①

정리 용액의 농도

구분	공식 및 크기	정의 및 특징
몰 농도(M)	$M = \dfrac{용질\ mol}{용액\ 부피(L)}$	• 용액 1L 중 용질의 mol수(mol/L) • 온도에 따라 달라진다.
노르말 농도(N)	$N = \dfrac{용질\ eq}{용액\ 부피(L)}$	• 용액 1L 중 용질의 당량(eq/L) • 온도에 따라 달라진다.
몰랄 농도(m)	$m = \dfrac{용질\ mol}{용매\ 1kg}$	• 용매 1kg에 들어있는 용질의 mol수 • 온도와 무관하다.
ppm	$1\ ppm = \dfrac{1}{10^6} = \dfrac{10^{-6}}{1}$	• 백만분율
ppb	$1\ ppb = \dfrac{1}{10^9} = \dfrac{10^{-9}}{1}$	• 십억분율

정리 농도의 단위환산

$$1 = 100\% = 1,000\text{‰} = 10^6 ppm = 10^9 ppb$$

2016 국가직 9급 화학공학일반

04 같은 질량의 물과 에탄올을 혼합한 용액에서 에탄올의 몰분율은? (단, 물과 에탄올의 분자량은 각각 18과 46이다.)

① 0.18   ② 0.28

③ 0.36   ④ 0.72

해설 몰분율

(1) n(mol)

각각의 질량을 46g이라 가정하면

$$n_물 = \frac{46}{18} = 2.6 \,,\ n_에 = 1$$

(2) 에탄올의 몰분율

$$x_에 = \frac{n_에}{n_에 + n_물} = \frac{1}{1 + 2.6} = 0.28$$

정답 ②

2018 국가직 9급 화학공학일반

05 A와 B로 구성된 2성분 기체 혼합물이 있다. A의 질량 조성은 80%이고, A와 B의 분자량(g/mol)은 각각 40과 10이다. 이 기체 혼합물의 평균 분자량은?

① 25

② 30

③ 35

④ 40

해설 평균 분자량($\overline{M}$) – 질량 조성

$$\frac{1}{\overline{M}} = \sum \frac{x_i}{M_i}$$

$$\frac{1}{\overline{M}} = \frac{0.8}{40} + \frac{0.2}{10}$$

$$\therefore \ \overline{M} = 25$$

정답 ①

정리 평균 분자량

(1) 부피 조성, 몰 조성

$$\overline{M} = \sum y_i M_i$$

y_i : 몰분율

M_i : 분자량

(2) 질량 조성

$$\frac{1}{\overline{M}} = \sum \frac{x_i}{M_i}$$

x_i : 질량분율

M_i : 분자량

06 <보기>는 가스 A, B, C의 세 성분으로 된 기체 혼합물의 분석치이다. 이때 성분 B의 분자량은?

┤ 보기 ├

  A. 40mol%(분자량 40)

  B. 20wt%

  C. 40mol%(분자량 60)

① 30

② 40

③ 50

④ 60

해설 혼합 기체의 화학양론

(1) n_B

  $n_{전체} = n_A + n_B + n_C$

  $100 = 40 + n_B + 40$

  $\therefore n_B = 20mol\%$

(2) B의 분자량(M_B)

  질량분율

  $$x_B = \frac{m_B}{m_A + m_B + m_C}$$

  $$20 = \frac{20M_B}{40 \times 40 + 20M_B + 40 \times 60}$$

  $\therefore M_B = 50$

정답 ③

CHAPTER

3

물질 수지

3-1 ○ 화학 반응의 물질 수지

(1) 한계 반응물과 과잉 반응물

한계 반응물 (한정 반응물)	화학 반응 시 가장 먼저 없어져 생성물의 양을 제한하는 반응물
과잉 반응물	화학 반응이 끝나도 남아있는 반응물

(2) 전환율(전화율, X_A)

① 반응물이 반응으로 전환된 비율

$$X_A = \frac{반응한 \ mol}{초기 \ mol} = \frac{N_{A0} - N_A}{N_{A0}}$$

② 반응 농도

반응 농도 = 초기 농도 × 전환율 $\qquad N_A = N_{A0} X_A$

③ 반응 후 나중 농도

나중 농도 = 초기 농도 × (1−전환율) $\qquad N_A = N_{A0}(1 - X_A)$

(3) 과잉분율

과잉 반응물이 반응이 끝난 후에도 남아 있는 비율

$$과잉분율 = \frac{과잉\ 반응물의\ 남은\ 양(과잉량)\ mol}{과잉\ 반응물의\ 이론량\ mol}$$

(4) 반응 진행도

$$반응\ 진행도 = \frac{생성\ mol}{반응식\ 계수}$$

(5) 수득률(수율)

화학 반응으로 물질이 생성될 때, 실제 얻은 양과 이론 생성 양과의 비율

$$수득률 = \frac{목적\ 물질의\ 실제\ 생성량}{목적\ 물질의\ 이론\ 생성량}$$

(6) 다중 반응에서 선택도(S)

$$S = \frac{목적\ 물질의\ 생성량\ mol}{비목적\ 물질의\ 생성량\ mol}$$

예제 ▶ 물질 수지

1. C₂H₂(g), O₂(g)의 초기 몰수는 각각 10mol이다. 반응에서 다음 물음에 답하시오.

$$2C_2H_2(g) + 5O_2(g) \rightarrow 4CO_2(g) + 2H_2O(l)$$

(1) 한계 반응물은 무엇인가?
(2) 과잉 반응물은 무엇인가?
(3) C₂H₂(g)의 전환율은 얼마인가?
(4) C₂H₂(g)의 과잉분율은 얼마인가?

해설
$$2C_2H_2(g) + 5O_2(g) \rightarrow 4CO_2(g) + 2H_2O(l)$$

초기 mol	10	10		
반응 mol	−4	−10		
나중 mol	6	0	8	4

(1) 한계 반응물 : 반응으로 완전히 없어지는 반응물
(2) 과잉 반응물 : 반응이 끝난 후 남은 반응물
(3) 전환율 $X_A = \dfrac{반응한\,mol}{초기\,mol} = 0.4$
(4) 과잉분율 $= \dfrac{과잉\ 반응물의\ 남은\ 양(과잉량)\ mol}{과잉\ 반응물의\ 이론량\ mol} = \dfrac{6}{4} = 1.5$

정답 (1) O₂(g), (2) C₂H₂(g), (3) 0.4, (4) 1.5

2. 50몰의 이산화황, 20몰의 산소, 100몰의 물로 황산을 만들 때 반응 후 5mol의 산소가 남아있다. 다음 물음에 답하시오.
(1) 이산화황의 전환율
(2) 반응 진행도

해설
$$2SO_2 + O_2 + 2H_2O \rightarrow 2H_2SO_4$$

처음	50	20	100	
반응	−30	−15	−30	
나중	20	5	70	30

(1) 이산화황의 전환율
$$X_A = \frac{반응한\,mol}{초기\,mol} = \frac{30}{50} = 0.6$$
(2) 이산화황의 반응 진행도
$$반응\ 진행도 = \frac{생성\,mol}{반응식\ 계수} = \frac{30}{2} = 15mol$$

정답 (1) 0.6, (2) 15mol

예제 ▶ **물질 수지**

3. 다음은 회분식 반응기에서 일어나는 반응이다. 만일 반응기 내에 100mol의 A가 공급되어 최종 생성물로서 10mol의 A와 160mol의 B 및 10mol의 C가 생성되었다고 할 때 다음 물음에 답하시오. [2016 서울시 기출 변형]

> • 원하는 반응 : A → 2B
>
> • 부반응 : A → C

(1) A의 전화율
(2) B의 수율
(3) C에 대한 선택도
(4) 원하는 반응의 반응 진행도

해설

	A	A	→	2B	A	→	C
처음	100	90			10		
반응	−90	−80			−10		
나중	10	10		160 (실제)			10

(1) A의 전화율

$$X_A = \frac{\text{반응한 mol}}{\text{초기 mol}} = \frac{90}{100} = 0.9$$

(2) B의 수율

$$\text{수득률} = \frac{\text{목적 물질의 실제 생성량}}{\text{목적 물질의 이론 생성량}} = \frac{160}{180} = \frac{8}{9} = 0.89$$

(3) C에 대한 선택도

$$S = \frac{\text{목적 물질의 생성량 mol}}{\text{비목적 물질의 생성량 mol}} = \frac{160}{10} = 16\,\text{molB/molC}$$

(4) 원하는 반응의 반응 진행도

$$\text{반응 진행도} = \frac{\text{생성 mol}}{\text{반응식 계수}} = \frac{160}{2} = 80 \text{ mol}$$

정답 (1) 0.9, (2) 0.89, (3) 16molB/molC, (4) 80mol

3-2 ─○ 부하 및 유량 단위

구분	정의	단위
몰 속도(몰 부하)	단위시간당 mol양	mol/s
질량 속도(질량 부하)	단위시간당 질량	g/s, kg/s
부피 속도(유량)	단위시간당 부피	L/s, m^3/s

① 몰 속도와 M 농도

$$\text{몰 속도} = \text{부피 속도} \times \text{M 농도} \qquad \frac{mol}{s} = \frac{L}{s} \times \frac{mol}{L}$$

② 질량 속도와 농도

$$\text{질량 속도} = \text{부피 속도} \times \text{농도} \qquad \frac{g}{s} = \frac{L}{s} \times \frac{g}{L}$$

3-3 ─○ 단위 공정의 물질 수지

(1) 질량보존법칙

$$\text{축적량} = \text{유입량} - \text{유출량} \pm \text{반응량}$$

부하와 질량은 질량(부하)보존법칙이 성립한다.

(2) 단위 공정의 물질 수지

① 물질 수지의 기본 법칙 : 질량보존법칙

② 전체 물질 수지식

$$\text{원료} = \text{생성물} + \text{부산물} \qquad F = P + W$$
$$\text{공급액} = \text{탑상액} + \text{탑저액} \qquad A = B + C$$

③ A 성분의 물질 수지식

- 원료 중 A양 = 생성물 중 A양 + 부산물 A양 $\qquad F \cdot x_{F,A} = P \cdot x_{P,A} + W \cdot x_{W,A}$
- 공급액 중 A양 = 탑상액 중 A양 + 탑저액 중 A양 $\qquad A \cdot x_{A,A} = B \cdot x_{B,A} + C \cdot x_{C,A}$

예제 ▶ 물질 수지

4. 벤젠 10몰%의 벤젠과 톨루엔의 혼합액 100kmol을 정류하여 벤젠 40몰%의 유출액 20kmol을 꺼내면, 관출액 중의 벤젠의 농도(%)는?

① 0.025% ② 0.005%

③ 0.25% ④ 0.5%

해설 (1) 전체 물질 수지식

$$A = B + C$$
$$100 = 20 + C$$
$$\therefore \text{관출액}(C) = 80\text{kmol}$$

(2) 벤젠 물질 수지식

$$A \cdot x_A = B \cdot x_B + C \cdot x_C$$
$$100 \times 0.1 = 20 \times 0.4 + 80 \times x_C$$
$$\therefore \text{관출액 중 벤젠 농도}(x_C) = 0.025 = 0.25\%$$

정답 ③

3-4 ○ 연소 반응

1 연소 반응식

		가연성 물질 + (연료)	산소 (공기)	→	산화물 + (연소 생성물)	반응열, 불꽃 (발열량)
탄소	:	C +	O_2	→	CO_2 +	$8{,}100(\text{kcal/kg})$
수소	:	H_2 +	$\frac{1}{2}O_2$	→	H_2O +	$34{,}000(\text{kcal/kg})$
황	:	S +	O_2	→	SO_2 +	$2{,}500(\text{kcal/kg})$
메탄	:	CH_4 +	$2O_2$	→	CO_2 +	$2H_2O$
탄화수소류	:	C_mH_n +	$\left(m + \frac{n}{4}\right)O_2$ →		mCO_2 +	$\frac{n}{2}H_2O$

2 완전 연소와 불완전 연소 비교

구분	완전 연소	불완전 연소
산소 공급	충분	불충분
연소 온도	높음	낮음
불꽃 색	더 밝음	덜 밝음
연소 생성물	CO_2, H_2O	CO, H_2O, 타르(매연, HC)

3 연소 계산

(1) 이론 산소량(O_o)

① 단위연료당 완전 연소시키는 데 필요한 최소한의 산소량

② 연소 반응식에서의 산소량

(2) 이론 공기량(A_o)

① 연료의 완전 연소 시 필요한 최소한의 공기량

$$A_o[Sm^3/Sm^3] = O_o/0.21$$

② 공기 중 산소는 부피비로 21% 존재한다.

(3) 실제 공기량(A)

실제 공기 사용량

$$A = mA_o$$

(4) 공기비(m)

이론 공기량에 대한 실제 공기량의 비

$$m = \frac{A}{A_o}$$

(5) 과잉 공기량

$$\text{과잉 공기량} = \text{실제 공기량} - \text{이론 공기량}$$
$$= A - A_o$$
$$= (m-1)A_o$$

(6) 과잉 공기율

$$\text{과잉 공기율} = \frac{\text{과잉 공기량}}{\text{이론 공기량}}$$
$$= \frac{A - A_0}{A_0} = \frac{A}{A_0} - 1 = m - 1$$

2015 서울시 9급 화학공학일반

예제 ▶ 물질 수지-연소 반응

5. 10mol의 C_4H_{10}을 완전 연소시켜 H_2O와 CO_2를 생성하였다. 10%의 과잉 산소를 사용한다면 필요한 산소 O_2의 몰 수는?

① 71.5mol ② 154mol

③ 299mol ④ 365mol

해설 (1) 이론 산소량

$$C_4H_{10} + 6.5O_2 \rightarrow 4CO_2 + 5H_2O$$

  1 : 6.5

  $10mol$: $65mol$ (이론 산소량)

  (2) 실제 산소량

  실제 산소량 = 이론 산소량 + 과잉 산소량 = $65 \times 1.1 = 71.5mol$

정답 ①

연습문제

3. 물질 수지

계산형

2016 서울시 9급 화학공학일반

01 NH_3를 생산하기 위해 20gmol의 H_2 기체와 10gmol의 N_2 기체를 반응기에 공급하였다. 반응 전화율이 30%일 경우, 반응기에서 배출되는 NH_3, H_2, N_2 기체 질량(g)의 총 합은 얼마인가? (단, 원자량은 N = 14, H = 1이다.)

① 180g

② 320g

③ 550g

④ 710g

해설 전환율

$$
\begin{array}{lccc}
& N_2 & + \ 3H_2 & \to 2NH_3 \\
\text{초기(mol)} & 10 & 20 & \\
\hline
\text{반응(mol)} & -2 & -6 & \\
\hline
\text{나중(mol)} & 8 & 14 & 4
\end{array}
$$

∴ NH_3, H_2, N_2 기체 질량(g)의 총합 = $8 \times 28 + 14 \times 2 + 4 \times 17 = 320g$

정답 ②

정리 전환율(전화율, X_A)

한계 반응물 기준으로 계산한다.

$$X_A = \frac{\text{한계 반응물의 반응 mol}}{\text{한계 반응물의 초기 mol}} = \frac{N_{A0} - N_A}{N_{A0}}$$

정리 반응 mol = 전화율 × 초기 mol

2017 지방직 9급 추가채용 화학공학일반

02 암모니아 합성 반응에서 질소 280kg과 수소 80kg으로 암모니아 340kg을 얻었다. 이때 수소의 전환율(conversion)[%]은? (단, 암모니아의 분자량과 수소의 분자량은 각각 17g/mol과 2g/mol이다.)

$$N_2 + 3H_2 \rightarrow 2NH_3$$

① 25　　　　② 50　　　　③ 75　　　　④ 100

해설 전환율

$$N_2 \ + \ 3H_2 \rightarrow 2NH_3$$

	N_2	$3H_2$	$2NH_3$
초기(mol)	10	40	
반응(mol)	-10	-30	
나중(mol)	0	10	20

$$X_{NH_3} = \frac{30}{40} = 0.75 = 75\%$$

정답 ③

2018 지방직 9급 화학공학일반

03 다음은 에테인(C_2H_6)으로부터 탄소(C)를 생산할 때 일어나는 반응이다. 수소(H_2) 3mol과 에틸렌(C_2H_4) 1mol이 생성되었을 경우, 생산된 탄소의 질량(g)은? (단, C의 원자량은 12g/mol이다.)

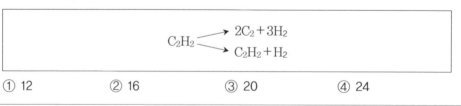

① 12　　　　② 16　　　　③ 20　　　　④ 24

해설 (1) $C_2H_6 \rightarrow C_2H_4 + H_2$

　　　 1mol : 1mol : 1mol

(2) $C_2H_6 \rightarrow 2C + 3H_2$

　　　 $\frac{4}{3}$ mol : 2mol

(3) 생산된 $C = \frac{4}{3}$ mol $\times$ 12g/mol $= 16$g

정답 ②

2015 서울시 9급 화학공학일반

04 어떤 제철소에서 하루에 12,000ton의 석탄을 태워 용광로 온도를 유지하고 있다. 이 제철소에서 하루 동안 배출하는 이산화탄소의 양은 얼마인가? (단, 석탄은 100% 탄소로만 구성되어 있고, 이산화탄소 분자량은 44, 연소는 $C + O_2 \rightarrow CO_2$ 반응 한 가지만으로 가정한다.)

① 2,200ton ② 4,400ton

③ 22,000ton ④ 44,000ton

해설 화학양론/연소

$$C \ + \ O_2 \ \rightarrow \ CO_2$$

$$12kg \quad : \quad 44kg$$

$$\frac{12,000t}{d} \times \frac{44kg \ CO_2}{12kg \ C} = 44,000 \, t$$

정답 ④

2015 서울시 9급 화학공학일반

05 10mol의 C_4H_{10}을 완전 연소시켜 H_2O와 CO_2를 생성하였다. 10%의 과잉 산소를 사용한다면 필요한 산소 O_2의 몰수는?

① 71.5mol ② 154mol

③ 299mol ④ 365mol

해설 연소, 실제 산소량

(1) 이론 산소량

$$C_4H_{10} \ + \ \frac{13}{2} O_2 \rightarrow 4CO_2 + 5H_2O$$

$$1 \quad : \quad 6.5$$

$$10mol \ : \ 65mol \ (이론산소량)$$

(2) 실제 산소량

실제 산소량 = 이론 산소량 + 과잉 산소량 $= 65 \times 1.1 = 71.5mol$

정답 ①

06 어떤 유기화합물 A는 C, H, O, N으로만 구성되어 있다. A의 원소 분석 결과, 이 중 C, H, N의 질량분율은 각각 0.42, 0.06, 0.28이다. A의 가능한 분자량(g/mol)은? (단, C, H, O, N의 원자량은 각각 12, 1, 16, 14이다.)

① 200　　　　② 250　　　　③ 300　　　　④ 350

해설 원소 분석으로 실험식 계산

(1) 산소의 질량분율＝1－(0.42＋0.06＋0.28)＝0.24

(2) 실험식

구분	C	:	H	:	O	:	N
질량분율	0.42	:	0.06	:	0.24	:	0.28
질량비	42	:	6	:	24	:	28
원자량	12	:	1	:	16	:	14
몰수비	7	:	12	:	3	:	4

실험식 : $C_7H_{12}O_3N_4$

∴ 실험식량 : 200

∴ 분자량＝n(실험식량)이므로, 200의 배수가 된다.

정답 ①

07 증발관을 사용하여 고체 5%를 함유하는 용액 1000kg/hr를 8%로 농축하려 할 때, 원액으로부터 증발시켜야 하는 용매의 양(kg/hr)은? (단, 고체의 손실은 없는 것으로 가정한다.)

① 275　　　　② 375　　　　③ 625　　　　④ 725

해설 물질 수지 - 증류 1

1,000＝증발시켜야 할 용매 양(B)＋원액으로부터 증발시켜야 하는 용매 양(C)

5%×1,000＝8%×C

∴ C＝625(kg/hr)

∴ B＝1,000－C＝1,000－625＝375(kg/hr)

정답 ②

2015 서울시 9급 화학공학일반

08 벤젠과 톨루엔 혼합액(벤젠의 농도 60 중량%)이 100kg/s 의 유량으로 증류탑에 공급되고 있다. 탑정액(Distillate) 생성물의 유량은 60kg/s이며, 탑정액 중 벤젠의 농도는 90 중량%이다. 증류탑 탑저액(Bottom) 생성물 중 톨루엔의 농도(중량%)를 결정하면 얼마인가?

① 85% ② 87%

③ 90% ④ 93%

해설 물질 수지 – 증류 1

(1) $100 = 60 + $ 탑저액 양(C)

(2) 벤젠 : $0.6 \times 100 = 0.9 \times 60 + x_{벤젠}(100 - 60)$

∴ $x_{벤젠} = 0.15 = 15\%$

∴ $x_{톨루엔} = 85\%$

정답 ①

2015 서울시 9급 화학공학일반

09 단일 증류탑을 이용하여 폐수처리된 에탄올 30mol%와 물 70mol%의 혼합액 50kg-mol/hr를 증류하여 90mol%의 에탄올을 회수하여 공정에 재사용하고, 나머지 잔액은 에탄올이 2mol%가 함유된 상태로 폐수 처리한다고 할 때, 초기 혼합액의 에탄올에 대해 몇 %에 해당하는 양이 증류 공정을 통해 회수되겠는가? (단, 계산은 소수점 아래 두 번째 자리까지만 한다.)

① 85.74% ② 90.74%

③ 95.47% ④ 97.47%

해설 물질 수지 – 증류 2 – 회수율

(1) $50 = $ 회수량(B) + 폐수량(C)

(2) 에탄올 : $0.3 \times 50 = 0.9B + 0.02(50 - B)$

∴ $B = 15.9$

(3) 회수율

$$\frac{0.9 \times 15.9}{0.3 \times 50} = 0.9547 = 95.47\%$$

정답 ③

10 메탄올이 20mol%이고 물이 80mol%인 혼합물이 있다. 이를 상압 하에서 플래시 (flash) 증류로 분리한다. 이때 공급되는 혼합물 중 50mol%가 증발되고, 50mol%는 액상으로 남으며 액상에서 메탄올의 몰분율이 0.1인 경우, 기상에서 메탄올의 몰분율은?

① 0.20 ② 0.25
③ 0.30 ④ 0.35

해설 물질 수지
- 메탄올 : $0.2 \times 100 = y_{\text{메}} \times 50 + x_{\text{메}} \times 50$

$x_{\text{메}} = 0.1$, $x_{\text{에}} = 0.9$이므로,

$\therefore\ y_{\text{메}} = 0.3$

정답 ③

11 메탄올 33mol%인 메탄올/물 혼합용액을 연속 증류하여 메탄올 99mol% 유출액과 물 97mol% 관출액으로 분리하고자 한다. 유출액 100mol/hr을 생산하기 위해 필요한 공급액의 양은?

① 300mol/hr ② 320mol/hr
③ 340mol/hr ④ 360mol/hr

해설 물질 수지
(1) 공급액(A) = 유출액(B) + 관출액(C)
(2) 메탄올 : $0.33(100 + C) = 0.99 \times 100 + 0.03C$
$\therefore$ 관출액(C) = 220 mol/hr
$\therefore$ 공급액(A) = 100 + 220 = 320 mol/hr

정답 ②

2018 서울시 9급 화학공학일반

12 800kg/h의 유속으로 각각 50wt% 벤젠과 자일렌의 혼합용액이 유입되어 벤젠은 상층에서 300kg/h, 자일렌은 하층에서 350kg/h로 분리되고 있다. 이때 상층에 섞여있는 자일렌(q_1)과 하층에 섞여있는 벤젠(q_2)의 유속은?

	q_1	q_2
①	60kg/h	90kg/h
②	90kg/h	60kg/h
③	50kg/h	100kg/h
④	100kg/h	50kg/h

해설 물질 수지

- 혼합액＝벤젠＋자일렌

(1) 벤젠 : $0.5 \times 800 = 300 + q_2$

   $\therefore q_2 = 100 \text{kg/h}$

(2) 자일렌 : $0.5 \times 800 = 350 + q_1$

   $\therefore q_1 = 50 \text{kg/h}$

정답 ③

2017 국가직 9급 화학공학일반

13 벤젠 70mol%, 톨루엔 30mol%의 혼합액이 100mol/h의 유량으로 증류탑에 공급된다. 이 혼합액이 벤젠 90mol %인 탑상제품(top product)과 10mol%의 탑저제품(bottom product)으로 분리될 때 탑상제품의 유량(mol/h)은?

① 25 ② 50

③ 75 ④ 82

해설 물질 수지

(1) $100 = $ 탑상부(B) ＋ 탑저부(C)

(2) 벤젠 : $0.7 \times 100 = 0.9 \times B + 0.1(100 - B)$

$\therefore$ 탑상부 유량(B) $= 75$

정답 ③

14 5wt% 수산화나트륨 수용액을 25wt% 수산화나트륨 수용액으로 증발 농축하고자 한다. 원료 100kg에서 증발되는 수분의 양(kg)은?

① 20

② 40

③ 60

④ 80

해설 물질 수지

(1) $100 = 증발(B) + 탑저부(C)$

(2) 수산화나트륨 : $0.05 \times 100 = 0.25(100 - B)$

∴ 증발 양(B) = 80 kg

정답 ④

15 부피가 V[L]인 용액 내에 분자량이 M_A[g/mol]인 용질 A가 n몰 용해되어 있다. 이 용액이 부피 유속 120 L/min으로 흐를 때, A의 질량 유속(g/h)은?

① 120 nM_A

② 120 nM_A/V

③ 7,200 nM_A

④ 7,200 nM_A/V

해설 단위환산

$$\frac{M_A\,(g)}{(mol)} \cdot \frac{n\,(mol)}{V\,(L)} \cdot \frac{120\,(L)}{(min)} \cdot \frac{60\,min}{1\,hr} = \frac{7,200\,nM_A}{V}$$

정답 ④

PART

2

유체 역학

CHAPTER 1 유체의 분류 및 성질

1-1 ·○ 유체

(1) 유체의 정의

① 일정한 형태가 없고, 쉽게 변형되며, 연속성이 있으면서 흐를 수 있는 물질
② 액체와 기체를 합쳐 부르는 용어

(2) 유체의 분류

구분	유체의 분류	정의	특징 및 예
상태	기체	기체 상태로 존재하는 유체	변형률 큼
	액체	액체 상태로 존재하는 유체	변형률 작음
압력	압축성 유체	온도나 압력이 변할 때 유체의 밀도가 변하는 유체	기체
	비압축성 유체	온도나 압력이 변할 때 유체의 밀도가 변하지 않는 유체	액체
점성	이상 유체	점성(마찰)이 없는 유체	퍼텐셜 흐름
	점성 유체	점성(마찰)이 있는 유체	–
전단변형률 (속도 경사)	뉴턴 유체	전단응력과 전단변형률(속도 경사)이 비례하는 유체	기체, 용액
	비뉴턴 유체	전단응력과 전단변형률(속도 경사)이 비례하지 않는 유체	–

1-2 ─○ 점도

1 점도(점성 계수, μ)

(1) 정의

① 유체 점성의 크기를 나타내는 물질 고유의 상수

② 뉴턴의 점성법칙에서 유속 구배와 전단력 사이 비례상수(μ)

$$\tau = \mu \frac{\partial u}{\partial y}$$

τ : 유체의 경계면에 작용하는 전단력(N/m²)
$\partial u / \partial y$: 유속 구배(속도 경사)(1/sec)
μ : 점도(kg/m·s)

(2) 단위

① 단위 : poise

② 단위환산

$$1\text{poise} = 1\text{g/cm·s} = 1\text{dyne·s/cm}^2 = 10^{-3}\,\text{N·s/m}^2 = 0.1\,\text{kg/m·s}$$
$$= 0.1\text{Pa·s} = 100\text{cp}$$
$$1\text{kg/m·s} = 10\text{g/cm·s} = 10\text{poise}$$

③ 차원 : $[\text{ML}^{-1}\text{T}^{-1}]$

(3) 특징

① 점도가 클수록 유체 흐름 저항이 크다.

② 점도는 유체의 종류에 따라 값이 다르다.

③ 액체는 온도가 증가하면, 점도는 감소한다.

④ 기체는 온도가 증가하면, 점도는 증가한다.

2 동점도 (동점성 계수, ν)

(1) 정의

점도를 유체의 밀도로 나눈 값

$$\nu = \frac{\mu}{\rho} \qquad \begin{aligned} \nu &: \text{동점도}(\text{m}^2/\text{s}) \\ \mu &: \text{점도}(\text{kg/m}\cdot\text{s}) \\ \rho &: \text{밀도}(\text{kg/m}^3) \end{aligned}$$

(2) 단위

① 단위 : stoke

② 단위환산

$$1\,\text{stoke} = 1\,\text{cm}^2/\text{s} = 10^{-4}\,\text{m}^2/\text{s}$$
$$= 100\,\text{cSt}$$

③ 차원 : $[\text{L}^2\text{T}^{-1}]$

(3) 특징

① 동점도는 유체의 종류에 따라 값이 다르다.

② 액체는 온도가 증가하면, 동점도는 감소한다.

③ 기체는 온도가 증가하면, 동점도는 증가한다.

3 비점도

정의	• 기준 점도(물의 점도, 1cp)에 대한 어떤 물질의 점도
단위	• 단위 없음(무차원)

4 액체와 기체의 점도 특징

액체의 점도	• 온도 증가 → 점도 감소 • 분자 간의 힘이 클수록 점도는 증가한다.
기체의 점도	• 온도 증가 → 점도 증가
기타	• 같은 온도에서, 액체의 점도 > 기체의 점도 • 물의 점도 크기 : 0℃일 때 1.79cp, 100℃일 때 0.28cp

5 점도의 측정

① 점도는 **오스트발트 점도계**로 측정한다.

② 관련 공식

$$\frac{\mu_2}{\mu_1} = \frac{\rho_2 t_2}{\rho_1 t_1}$$

μ_1, μ_2 : 점도

ρ_1, ρ_2 : 밀도

t_1, t_2 : 낙하 시간

1-3 ○ 뉴턴의 점성법칙

1 유체 흐름의 특징

① 유체가 움직일 때, 흐름 방향에 저항이 발생한다(전단력).

② 전단력 : 경계면에서 최대, 관 중심에서 최소(0)

③ 유체 속도 : 경계면에서 최소(0), 관 중심에서 최대

④ 경계면에서 떨어진 거리가 클수록 유속이 증가한다.

유속 분포도

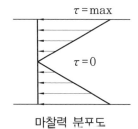

마찰력 분포도

2 뉴턴의 점성법칙

(1) 뉴턴의 점성법칙

$$\tau = \frac{F}{A} = \mu \frac{du}{dy}$$

τ : 유체의 경계면에 작용하는 전단 응력(N/m^2)

F : 전단력(N)

A : 면적(m^2)

du/dy : 속도 구배$(1/sec)$

μ : 점도$(kg/m \cdot s)$

① 전단 응력은 유체의 속도 구배에 비례한다는 법칙이다.
② 뉴턴의 점성법칙이 적용되는 유체를 뉴턴 유체라 한다.

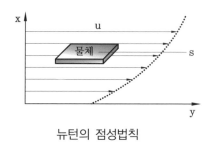

뉴턴의 점성법칙

(2) 전단 응력(τ)

정의	• 유체의 흐름에 저항하는 힘(유체의 단위면적당 전단력)
단위	• N/m^2
특징	• 점도와 속도 구배에 비례 • 경계면에서 최대, 관 중심에서 최소(0)

(3) 속도 구배(속도 경사, 전단율, 전단변형률, du/dy)

정의	• 경계면에서 떨어진 거리(y)당 속도의 변화율
특징	• 경계면에서 멀어질수록 속도 구배는 감소 • 관 중심에서 최소, 벽면에서 최대

1-4 ─o 점도의 성질에 따른 유체의 분류

1 Ostwald-de waele식

$$(\tau - \tau_0)^n = \mu \frac{\partial u}{\partial y}$$

τ : 전단력
τ_0 : 항복 응력
$\partial v / \partial y$: 속도 구배
μ : 점도

2 유체의 분류

(1) 유체의 분류

구분	조건	정의 및 특징	종류
뉴턴 유체	$n=1$ $\tau_0=0$	• 전단 응력이 속도 구배에 비례하는 유체	• 뉴턴 유체
비뉴턴 유체	–	• 뉴턴 유체를 제외한 나머지 유체	• 빙햄 유체 • 유사 가소성 유체 • 다일레이턴트 유체
점성 유체	$\tau_0=0$	• 외력이 작용하면 흐르기 시작하는 유체	• 뉴턴 유체 • 유사 가소성 유체 • 다일레이턴트 유체
소성 유체	$\tau_0\neq0$	• 항복 응력(τ_0)보다 작은 외력에서는 움직이지 않고, τ_0 이상의 외력에서 흐르기 시작하는 유체	• 빙햄 유체

(2) 점성에 따른 유체의 분류

구분	조건	특징
뉴턴 유체 (Newtonian)	$n=1$ $\tau_0=0$	• 전단 응력이 속도 구배에 비례하는 유체 • 점성 유체 예 대부분의 액체와 기체
빙햄 가소성 유체 (Bingham plastic)	$n=1$ $\tau_0\neq0$	• 소성 유체(항복점 이상의 외력에서 흐르기 시작하는 유체) • 점도 – 항복점보다 작을 때 : 저항 큼, 점도 무한대 – 항복점 이상 : 저항 작음, 전단 응력이 속도 경사에 비례 예 슬러리, 하수 슬러지
의소성 유체 (pseudo plastic)	$n>1$ $\tau_0=0$	• 속도 구배 증가에 따라 전단 응력 증가율이 점점 감소하는 유체 • 전단박화(shear thinning) : 전단변형률에 따라 점도가 감소 예 콜로이드 용액, 도료, 고분자 용액
팽창성 유체 (dilatant)	$n<1$ $\tau_0=0$	• 속도 구배 증가에 따라 전단 응력 증가율이 점점 증가하는 유체 • 전단농화(shear thickening) : 전단변형률에 따라 점도가 증가 예 고농도의 고체 현탁액

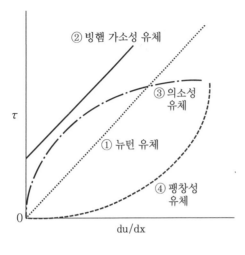

속도 경사에 대한 전단 응력

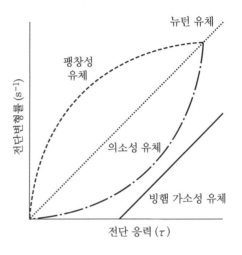

전단 응력에 대한 전단변형률

(3) 기타 유체

점탄성 유체 (Viscoelastic fluid)	• 점성과 탄성을 가지는 유체 • 전단력이 가해지면 액체와 고체의 성질이 동시에 나타난다. • 전단력이 존재하면 변형하면서 흐르고, **전단력이 제거되어도 완전히 원래의 형태로 돌아가지 않는다.** 예 밀가루 반죽, 치약

시간의존성 유체		
	• **전단력을 계속 받을 때** 유체의 겉보기 점도가 시간에 따라 변하는 유체 • **비뉴턴 유체**	
	요변성 유체 (Thixotropic fluid)	• 시간의존성 유체 중 시간이 지남에 따라 겉보기 점도 감소하는 유체 예 페인트, 일부 고분자 용액, 쇼트닝
	레어펙틱 유체 (Rheopectic fluid)	• 시간의존성 유체 중 시간이 지남에 따라 겉보기 점도가 증가하는 유체 • 유체가 **전단력을 오래 받을수록 점도가 증가한다.** • 전단력을 제거하면, 원래의 구조와 **점도로 회복된다.** 예 석고 페이스트, 프린터 잉크

연습문제　　　　　　　　　　　　　　　　　　　　1. 유체의 분류 및 성질

장답형

2015 국가직 9급 화학공학일반

01 점도에 대한 설명으로 옳지 않은 것은?

① 레이놀즈수는 동점도(kinematic viscosity)에 비례한다.

② 동점도는 확산계수(diffusivity)와 차원이 같다.

③ 운동 에너지를 열에너지로 만드는 유체의 능력이다.

④ 뉴턴 유체에서는 전단 응력이 전단율에 비례하며, 그 비례 상수를 점도라고 한다.

해설 점도

① 레이놀즈수는 동점도(kinematic viscosity)에 반비례한다.

정리 레이놀즈수

$$R_e = \frac{관성력}{점성력} = \frac{\rho uD}{\mu} = \frac{uD}{\nu}$$

　　ρ : 밀도
　　μ : 점도
　　D : 관의 직경
　　ν : 유속
　　ν : 동점도

정답 ①

2017 지방직 9급 화학공학일반

02 유체에 대한 설명으로 옳은 것은?

① 전단 응력이 속도 구배에 비례하는 유제를 뉴턴 유체(Newtonian fluid)라고 하며, 비례 상수의 단위를 $g \cdot cm^{-1} \cdot s^{-1}$로 표기하기도 한다.

② 일정한 전단 응력 이하에서만 유체의 흐름이 일어나며, 전단 응력은 속도 구배에 비례하는 유체를 빙햄 유체(Bingham fluid)라고 한다.

③ 속도 구배가 증가함에 따라 점도가 증가하는 유체를 유사가소성 유체(pseudoplastic fluid)라고 한다.

④ 점탄성 유체(viscoelastic fluid)는 응력이 존재하면 변형하면서 흐르다가 응력이 사라지면 완전히 원래의 형태로 돌아간다.

해설 점도, 뉴턴의 점성법칙, 유체의 분류

② 일정한 전단 응력 이상에서만 유체의 흐름이 일어나며, 전단 응력은 속도 구배에 비례하는 유체를 빙햄 유체(Bingham fluid)라고 한다.

③ 속도 구배가 증가함에 따라 점도가 증가하는 유체를 팽창성 유체(dilatant fluid)라고 한다.

④ 점탄성(점성) 유체(viscoelastic fluid)는 응력이 존재하면 변형하면서 흐르다가 응력이 사라지더라도 완전히 원래의 형태로 돌아가지 않는다.

정답 ①

계산형

2017 지방직 9급 추가채용 화학공학일반

03 다음 그림은 일정한 온도와 압력에서 어떤 뉴턴 유체에 대한 전단 응력과 속도 구배의 관계를 나타낸 것이다. 이 유체의 점도(cP)는 얼마인가?

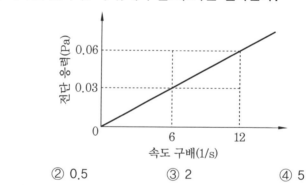

① 0.2 　　② 0.5 　　③ 2 　　④ 5

해설 뉴턴의 점성법칙 - 점도

$\tau = \mu \dfrac{du}{dy}$ 이므로, 그래프에서 점도는 기울기이다.

$\therefore \ \mu = \dfrac{\tau}{du/dy} = \dfrac{0.03\,\mathrm{Pa}}{6/\mathrm{s}} = 0.005\,\mathrm{Pa \cdot s} \times \dfrac{100\mathrm{cp}}{0.1\mathrm{Pa \cdot s}} = 5$

정답 ④

정리 점도의 단위환산

$$1\mathrm{poise} = 1\mathrm{g/cm \cdot s} = 1\mathrm{dyne \cdot s/cm^2} = 0.1\mathrm{kg/m \cdot s} = 0.1\mathrm{Pa \cdot s}$$

$$= 100\mathrm{cp}$$

$$1\mathrm{kg/m \cdot s} = 10\mathrm{g/cm \cdot s} = 10\mathrm{poise}$$

2018 지방직 9급 화학공학일반

04 0.5mm의 간격으로 놓여 있는 두 개의 평행한 판 사이에 점도가 1.0×10^{-3} N · s/m 인 뉴턴 유체(Newtonian fluid)가 채워져 있다. 위쪽 판을 2m/s의 속도로 이동시킬 때, 전단 응력(N/m²)은?

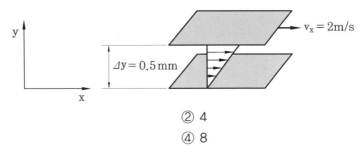

① 2 　　　　　　　　　　② 4

③ 6 　　　　　　　　　　④ 8

해설 뉴턴의 점성법칙 – 전단 응력

$$\tau = \mu \frac{du}{dy} = \frac{1.0 \times 10^{-3} \, N \cdot s}{m^2} \times \frac{2m/s}{0.5 \times 10^{-3} m} = 4 N/m^2$$

정답 ②

2017 국가직 9급 화학공학일반

05 고체 수평면과 평행으로 흐르는 액체의 유속(u)이 수평면으로부터 y인 위치에서 u[m/s] = $10y - y^2$의 분포로 흐르고 있다. 액체의 점도가 0.0015Pa · s이고 뉴턴의 점성법칙을 따른다고 가정할 때, 평면 위(y = 0)에서 액체의 전단 응력(Pa)은?

① 0.008 　　　　　　　　② 0.015

③ 0.042 　　　　　　　　④ 0.058

해설 뉴턴의 점성법칙 – 전단 응력

u = $10y - y^2$이므로

$$\frac{du}{dy} = -2y + 10$$

$$\tau = \mu \frac{du}{dy} = 0.0015 \times (-2 \times 0 + 10) = 0.015 \, Pa$$

정답 ②

CHAPTER 2 정역학

2-1 ○ 정압력

정지된 유체의 압력

(1) 원리

정압력은 어떤 유체 기둥의 높이로 표현된다.

$$P = \frac{F}{A} = \frac{ma}{A} = \frac{Fh}{A} = \frac{mgh}{V} = \rho gh$$

$$P = \rho gh = \gamma h$$	P : 정압력 ρ : 밀도 h : 수심 γ : 비중량

(2) 특징

① 정압력은 항상 면에 **수직**으로 작용한다.
② 수심과 정압력은 비례한다.

2-2 ○ 파스칼의 원리

1 파스칼의 원리

밀폐된 용기 중 **비압축성 액체(점성과 압축성이 없음)**에서
① 그 유체의 압력 분포는 동일하다.
② 유체의 일부에 가해진 압력은 유체의 모든 부분에 그대로 전달된다.

③ 정지하고 있는 유체 속의 어느 점에 작용하는 압력은 모든 방향에 같은 크기로 작용한다.

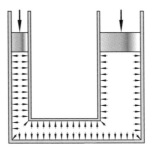

파스칼의 원리

2 '파스칼의 원리'의 적용

(1) 수압기

$$P_A = P_B + \gamma h$$

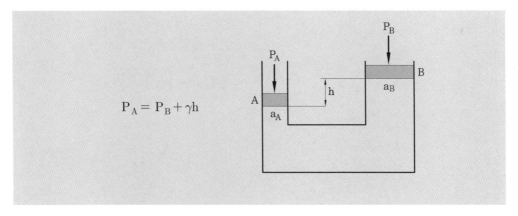

(2) 액주계

$$P_A + \gamma_1 h_1 = \gamma_2 h_2$$

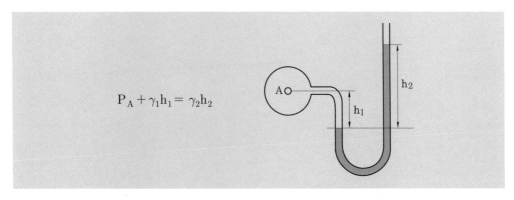

예제 ▶ **파스칼의 원리**

1. 그림에서 h=25cm, H=40cm이다. A, B점의 압력차는?

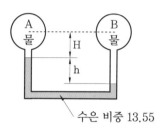

수은 비중 13.55

① 1N/cm^2 ② 3N/cm^2

③ 49N/cm^2 ④ 100N/cm^2

해설 $P_A + \gamma_w H + \gamma_{Hg}h = P_B + \gamma_w(H+h)$

$$\therefore \ P_B - P_A = (\gamma_{Hg} - \gamma_w)h = \frac{(13.55-1)g_f}{cm^3} \left| \frac{9.8N}{1,000g_f} \right. = 3.07\text{N/cm}^2$$

정답 ②

연습문제

2. 정역학

장답형

2018 서울시 9급 화학공학일반

01 생쥐는 20kPa(절대 압력) 압력까지 생존할 수 있다. 〈보기 1〉에서 보인 것처럼 탱크에 연결된 수은 마노미터의 읽음이 60cmHg이고 탱크 외부의 기압은 100kPa이다. 옳은 것을 〈보기 2〉에서 모두 고른 것은? (단, 80cmHg＝100kPa로 계산한다.)

┤보기 1├

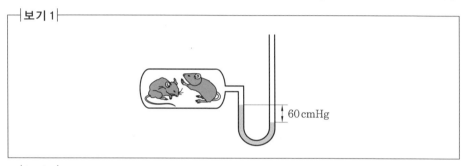

60 cmHg

┤보기 2├

ㄱ. 탱크 내 압력이 대기압보다 낮다.

ㄴ. 생쥐가 생존할 수 있다.

ㄷ. 탱크 내 절대 압력이 60cmHg이다.

ㄹ. 마노미터의 수은을 물로 교체하여도 마노미터 읽음이 60cm로 변화 없다.

① ㄱ, ㄴ   ② ㄴ, ㄷ

③ ㄷ, ㄹ   ④ ㄱ, ㄴ, ㄷ

해설 압력-파스칼의 원리

• 탱크 내 압력(P)

P＋60 cmHg＝80 cmHg

∴ P＝20 cmHg＝25 kPa

정리 ㄷ. 탱크 내 절대 압력은 20cmHg이다.

ㄹ. 수은과 물의 비중이 다르므로, 물로 교체하면 마노미터 읽음값은 달라진다.

정답 ①

계산형

2015 국가직 9급 화학공학일반

02 바다 수면의 기압이 1.04 kg_f/cm²일 때, 수면으로부터 바다 속 10m 깊이의 절대 압력(kg_f/cm²)은? (단, 바닷물의 밀도는 1.05g/cm³이다.)

① 1.04　　　　② 1.05　　　　③ 2.09　　　　④ 2.89

해설 압력

(1) 수압 : $P = \gamma h = \rho gh$

(2) 절대압 = 대기압 + 수압 = $\dfrac{1.04\,kg_f}{cm^2} + \dfrac{1.05\,g_f}{cm^3} \times \dfrac{1kg_f}{1,000g_f} \times 1,000cm = 2.09$

정답 ③

2018 서울시 9급 화학공학일반

03 비중이 0.8인 액체가 나타내는 압력이 2.4kg_f/cm²일 때, 이 액체의 높이는?

① 10m　　　　② 20m　　　　③ 30m　　　　④ 40m

해설 압력

$P = \gamma h = \rho gh$

$\therefore\ h = \dfrac{P}{\gamma} = \dfrac{2.4kg_f}{cm^2} \times \dfrac{cm^3}{0.8g_f} \times \dfrac{1,000g_f}{1kg_f} \times \dfrac{1m}{100cm} = 30m$

정답 ③

2016 서울시 9급 화학공학일반

04 다음과 같이 관 내에 유체가 흐르고 있을 때 열린 마노미터는 16cmHg를 가리키고 있다. 관내 유체의 절대압력(cmHg)을 구하면 얼마인가? (단, 대기압은 1atm이다.)

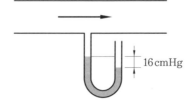

① 16cmHg　　　　② 60cmHg　　　　③ 84cmHg　　　　④ 92cmHg

해설 압력-파스칼의 원리

$P_{유체} + \gamma_{Hg}h = P_{대기압}$

$P_{유체} + 16\text{cmHg} = 76\text{cmHg}$

$\therefore P_{유체} = 60\text{cmHg}$

정답 ②

2017 지방직 9급 추가채용 화학공학일반

05 다음 그림과 같이 오리피스(orifice)를 통해 단면이 원형인 도관 내로 흐르는 물의 유량을 구하기 위하여 마노미터를 설치하였다. 이때 △P＝(P_1－P_2)와 같은 식은? (단, ρ_f는 마노미터 유체의 밀도, ρ는 물의 밀도, g는 중력 가속도, h는 마노미터 유체의 높이 차이, P_1은 오리피스 통과 전 마노미터 지점에서의 압력, P_2는 오리피스 통과 후 마노미터 지점에서의 압력이며 $\rho_f > \rho$이다.)

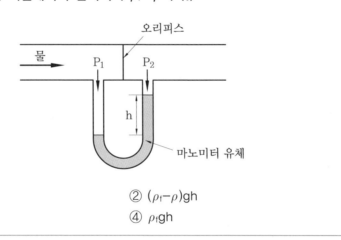

① $(\rho - \rho_f)gh$
② $(\rho_f - \rho)gh$
③ ρgh
④ $\rho_f gh$

해설 압력-파스칼의 원리

$P_1 + \rho g(h + h') = P_2 + \rho\, gh' + \rho_f gh$

$\therefore P_1 - P_2 = (\rho_f - \rho)gh$

정답 ②

06 다음 그림에서 h＝25cm, H＝40cm이다. A, B점의 압력차는?

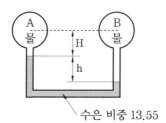

수은 비중 13.55

① 1N/cm^2

② 3N/cm^2

③ 49N/cm^2

④ 100N/cm^2

해설 압력-파스칼의 원리

$$P_A + \gamma_w H + \gamma_{Hg} h = P_B + \gamma_w (H+h)$$

$$P_A + 1 \times 40 + 13.55 \times 25 = P_B + 1 \times (40+25)$$

$$\therefore P_B - P_A = 1 \times 40 + 13.55 \times 25 - 1 \times 40 - 1 \times 25 = 313.75 g_f/cm^3$$

$$\frac{313.75 g_f}{cm^3} \left| \frac{9.8N}{1,000 g_f} \right. = 3.07N/cm^2$$

정답 ④

CHAPTER 3 동역학

3-1 ○ 흐름의 분류

1 층류와 난류

(1) 레이놀즈수

정의	• 점성력에 대한 관성력의 비
특징	• 유체의 흐름은 레이놀즈수로 난류인지 층류인지 판별한다. • 레이놀즈수가 같으면 어떤 종류, 장소의 유체에서도 유체의 성질은 같다. • 무차원

$$\mathrm{Re} = \frac{관성력}{점성력} = \frac{\rho u D}{\mu} = \frac{uD}{\nu}$$

ρ : 밀도
μ : 점성 계수
D : 관의 직경
u : 유속
ν : 동점성 계수

(2) 층류와 난류의 판별

구분	레이놀즈수	특징
층류	2,100 이하	• 흐름이 규칙적인 유체의 흐름이다. • 유체가 관벽에 직선으로 흐르는 흐름이다.
천이영역	2,100~4,000	• 층류와 난류 공존
난류	4,000 이상	• 흐름이 불규칙적인 유체의 흐름이다. • 흐름을 예측할 수 없다.

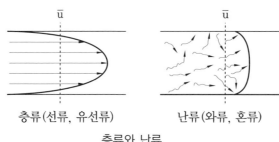

충류(선류, 유선류)   난류(와류, 혼류)

충류와 난류

2 정상류와 부정류

정상류 (steady flow)	• 흐름의 특성이 시간에 따라 변하지 않고 일정한 흐름 • $\dfrac{\partial u}{\partial t} = 0, \quad \dfrac{\partial Q}{\partial t} = 0, \quad \dfrac{\partial \rho}{\partial t} = 0$ • 정상류의 분류 　－ 등류 : 단면에 따라 흐름의 특성이 변하지 않고 일정한 흐름 　　$\left(\dfrac{\partial v}{\partial l} = 0 \right)$ 　－ 부등류 : 단면에 따라 흐름의 특성이 변하는 흐름 　　$\left(\dfrac{\partial v}{\partial l} \neq 0 \right)$
부정류 (unsteady flow)	• 흐름의 특성이 시간에 따라 변하는 흐름 • $\dfrac{\partial u}{\partial t} \neq 0, \quad \dfrac{\partial Q}{\partial t} \neq 0, \quad \dfrac{\partial \rho}{\partial t} \neq 0$

3-2 ∘ 유체의 흐름

1 퍼텐셜 흐름

① 이상 유체(ideal fluid)의 흐름
② 점성이 없어 고체 표면과 만나도 유속이 감소하지 않는다.
③ 관 내 유속이 일정하다.

2 실제 유체의 흐름

① 실제 유체는 점성이 있으므로 고체 표면과 만날 때 유속이 감소한다.
② 경계층(본래의 유속과 유속이 다른 층, 마찰의 영향을 받는 층)이 존재한다.
③ 경계층 바깥에서는 본래의 유속으로 회복되고, 퍼텐셜 흐름에 가깝다.

3 경계층

고체 경계(벽면)의 **마찰 영향을 받으면서 흐르는 유체 영역**(유체층)

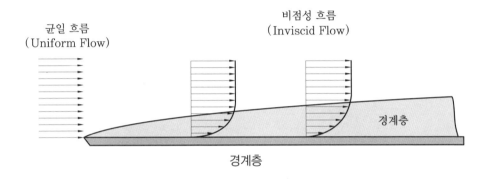

균일 흐름
(Uniform Flow)

비점성 흐름
(Inviscid Flow)

경계층

경계층

(1) 평판에서의 유체 경계층

⑺ 특징

① 벽면(고체와 유체의 접촉면)에서 유체 속도는 0이다.
② 유체의 흐름은 고체 경계의 영향을 받는다.
③ 관(또는 평판) 입구에서의 거리가 증가할수록 경계층 두께가 증가한다.
④ 경계층 내에서는 **거리가 증가할수록** 어느 정도까지 **층류였다가 난류로 바뀐다.**
⑤ 층류에서 난류로 변하는 지점은 유체의 특성(밀도, 점도 등)에 영향을 받는다.

⑻ 파선(OL)

① 유속이 유체 본체의 유속의 **99%**가 되는 점을 통과하는 선
② **파선 아래 부분 : 경계층**
③ **파선 윗부분 : 유체 본래 유속 회복, 퍼텐셜 흐름**

⑼ 경계층 두께

① 유체의 점성↑ → 경계층 두께↑
② **층류의 경계층 두께 < 난류의 경계층 두께**

㈐ **경계층 내에서 층류가 난류로 바뀌는 지점에서의 Re**

① 매끈한 평면에서, $10^5 \sim 3 \times 10^6$

② 벽면의 거칠기, 조도 계수, 유체의 흐름(난류, 층류)에 영향을 받는다.

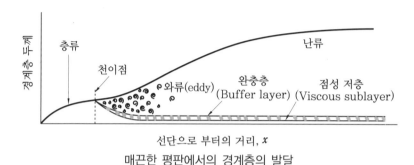

매끈한 평판에서의 경계층의 발달

(2) 곧은 관(원관) 내의 경계층

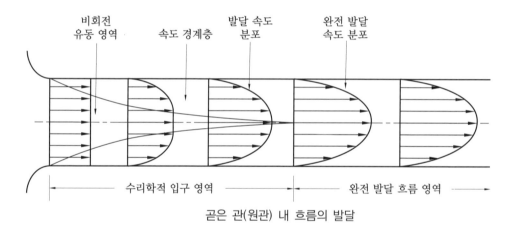

곧은 관(원관) 내 흐름의 발달

㈎ **특징**

균일한 유속으로 유체가 유입되는 경우

① 관 입구에서 **벽면에 가까운 곳부터** 서서히 **경계층이 형성된다.**

② **흐름 길이가 클수록 경계층 두께가 증가하다가 완전 발달 흐름이 발생**한다.

㈏ **완전 발달 흐름**

속도 분포가 변하지 않는 흐름

㈐ **전이 길이**

관 입구로부터 완전 발달 흐름이 되기까지의 거리

① 층류의 전이 길이 : $x_t = 0.05 \mathrm{Re} \cdot D$

② 난류의 전이 길이 : $x_t = 40 \sim 50D$

3-3 ─◦ 유체의 흐름 분포

1 전단력 (마찰력)의 분포

전단력(τ)	• 벽면과의 마찰력으로 발생
전단력의 크기	• 벽면에서 최대 • 관 중심에서 0
전단력(마찰력) 분포	• 직선 형태, 1차 함수

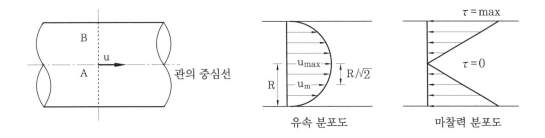

유속 분포도　　　　마찰력 분포도

2 유속의 분포

유속 분포	• 벽면의 마찰력의 영향으로 같은 단면에서도 유속이 다르다. • 포물선(곡선) 형태, 2차 함수
최대 유속 (u_{max})	• 관 중심에서 발생
최소 유속 (u_{min})	• 벽면에서 발생
평균 유속 ($\overline{u}$)	• 관 중심에서 $\dfrac{R}{\sqrt{2}}$ 떨어진 지점에서 발생 $$\overline{u} = \frac{u_{max}}{2}$$

3-4 o 유체의 속도

(1) 국부 유속(u)

$$u = \frac{1}{2}\frac{\tau}{\mu R}(R^2 - r^2)$$

u : 국부 유속
τ : 전단력(마찰력)
R : 관의 반경
r : 관 중심에서부터의 거리
μ : 점도

(2) 최대 유속 (u_{max})

$$u_{max} = \frac{\tau R}{2\mu}$$

(3) 국부 유속과 최대 유속의 관계

$$\frac{u}{u_{max}} = \frac{\frac{1}{2}\frac{\tau}{\mu R}(R^2 - r^2)}{\frac{\tau R}{2\mu}} = 1 - \left(\frac{r}{R}\right)^2$$

$$u = u_{max} \times \left[1 - \left(\frac{r}{R}\right)^2\right]$$

(4) 평균 유속

$$\bar{u} = \frac{u_{max}}{2} = \frac{\tau R}{4\mu} = \frac{Q}{A}$$

① 평균 유속은 최대 유속의 $\frac{1}{2}$ 이다.

② 평균 유속은 관 중심에서 $r = \frac{R}{\sqrt{2}}$ 떨어진 곳에서 발생한다.

3-5 ─○ 흐름의 방정식

1 유선 방정식

(1) 관련 용어

유선	• 입자 속도 벡터에 접하는 가상의 곡선
유적선	• 유체 입자가 움직인 경로(운동 경로) • **정류는 유선과 유적선이 일치한다.**
유관	• 여러 개의 유선을 연결한 가상의 관

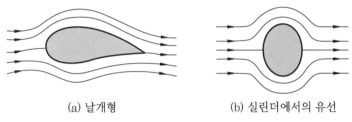

(a) 날개형   (b) 실린더에서의 유선

유선의 모양

(2) 유선 방정식

$$\frac{dx}{u} = \frac{dy}{v} = \frac{dz}{w} \qquad \begin{array}{l} dx, dy, dz \ : \ \text{유선상의 흐름 방향 성분} \\ u, v, w \ : \ \text{유속} \end{array}$$

2 Euler 방정식

(1) 일반적인 연속 방정식(압축성, 부정류)

$\partial \rho \neq 0, \ \partial t \neq 0$

$$\frac{\partial \rho}{\partial t} + \frac{\partial (\rho u)}{\partial x} + \frac{\partial (\rho v)}{\partial y} + \frac{\partial (\rho w)}{\partial z} = 0$$

(2) 압축성 정상류의 연속 방정식

$$\frac{\partial (\rho u)}{\partial x} + \frac{\partial (\rho v)}{\partial y} + \frac{\partial (\rho w)}{\partial z} = 0$$

(3) 비압축성 정상류의 연속 방정식

$$\frac{\partial u}{\partial x} + \frac{\partial v}{\partial y} + \frac{\partial w}{\partial z} = 0$$

3 연속 방정식

① 질량보존의 법칙을 기초로 한다.

② 유체가 흐르는 두 단면에서 질량 유속(질량 부하)은 일정하다.

$$\overline{m} = \rho Q$$
$$\overline{m} = \rho_1 A_1 u_1 = \rho_2 A_2 u_2$$

③ 밀도가 같으면 유체가 흐르는 두 단면에서 부피 유속(유량)은 일정하다.

$$Q = A u$$
$$Q = A_1 u_1 = A_2 u_2$$

3-6 ─o 항력(D)

(1) 항력

① 물체가 유체 내를 움직일 때 움직임에 **저항하는 힘**

② 항력의 방향은 **유체 흐름 방향의 반대방향**

$$D = C_D A' \frac{\rho u^2}{2}$$
$$= C_D \left(\frac{\pi d^2}{4}\right) \frac{\rho u^2}{2}$$
$$= \frac{1}{8} C_D \pi d^2 \rho u^2$$

A' : 물체의 투영면적 (m^2)
C_D : 항력계수
ρ : 유체 밀도 (kg/m^3)
u : 유체에 대한 물체의 상대속도 (m/s)
d : 물체(구형)의 직경 (m)

(2) 항력계수

① 항력계수는 물질의 형상, 레이놀즈수, 표면 거칠기 등에 영향을 받는다.

② 층류에서의 항력계수

$$C_D = \frac{24}{Re}$$

(3) 저항(마찰)의 형태

표면 저항 (표면 마찰)	• 유체의 **점성**과 **난류**로 발생하는 저항 • 흐름 방향의 반대로 작용 • **경계층** 분리가 없다.
형태 저항 (형태 마찰)	• 물체의 **형상**으로 발생하는 저항 • **경계층**이 분리되고 유선이 깨지면서 발생성 **후류(Wake)**에 의해 발생

3-7 ○ 양력

① 유체의 **후류**로 인해 물체가 부상하려는 힘
② 유체 흐름(유동 속도)과 **수직 방향**으로 작용한다.
③ 항력과 양력 방향은 서로 **수직**이다.

3-8 ○ 베르누이(Bernoulli) 정리

(1) 두(head)

유체의 단위질량당 에너지

전체 두(m^2/s^2) = 위치두 + 압력두 + 속도두	$H = gZ + \dfrac{P}{\rho} + \dfrac{u^2}{2}$

전체 두(m) = 위치두 + 압력두 + 속도두	$H = Z + \dfrac{P}{\gamma} + \dfrac{u^2}{2g}$

(2) 가정

① 이상 유체(비점성, 비압축성 유체)

② 정상류(정상 상태)

③ 임의의 두 점은 같은 유선상에 있다.

④ 마찰손실이 없다.

(3) 베르누이의 정리

① 에너지보존법칙

② 단일관에서 유체의 단위시간, 단위질량당 에너지(두, head)는 유로 내에서 모두 동일하다.

③ 어떤 두 점의 전체 두는 일정하다.

$$H = Z_1 + \frac{P_1}{\gamma} + \frac{u_1^2}{2g}$$
$$= Z_2 + \frac{P_2}{\gamma} + \frac{u_2^2}{2g} + \sum h_L$$

H : 전체 두(m)
Z : 기준점에서의 높이
P : 정압력
γ : 비중량
u : 유체의 속도
$\sum h_L$: 손실두

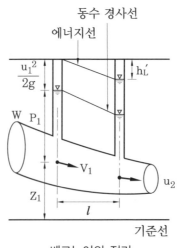

베르누이의 정리

④ 손실두가 없는 경우(에너지 손실이 없는 경우)의 베르누이 정리

$$Z_1 + \frac{P_1}{\gamma_1} + \frac{u_1^2}{2g} = Z_2 + \frac{P_2}{\gamma_2} + \frac{u_2^2}{2g}$$

(4) 베르누이 정리의 응용

① 토리첼리의 정리

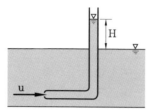

$$Z_1 + \frac{P_1}{\gamma} + \frac{u_1^2}{2g} = Z_2 + \frac{P_2}{\gamma} + \frac{u_2^2}{2g}$$

$$0 + 0 + \frac{u_1^2}{2g} = 0 + \frac{P_2}{\gamma} + 0$$

$$\therefore \ u = \sqrt{2gH}$$

$$u = \sqrt{2gH}$$

② 유량 측정 기구 : 오리피스, 벤투리미터, 노즐

3-9 ○ 전압력

① 전압력 : 단위면적당 유체의 힘$(\mathrm{kg_f/m^2})$
② 전압력은 정압력과 동압력의 합

$$\begin{aligned} \text{전체 압력} &= \text{정압력} + \text{동압력} \\ &= \quad \gamma h \quad + \frac{\rho u^2}{2} \\ &= \quad P \quad + \frac{\rho u^2}{2} \end{aligned}$$

연습문제

3. 동역학

단답형

2016 서울시 9급 화학공학일반

01 다음 <보기>에서 운동량 전달에 사용되는 무차원 변수에 대한 설명으로 옳은 것을 모두 고르면?

┤ 보기 ├

가. Reynolds수(Re) $= \dfrac{관성력}{점성력}$　　　나. Euler수(Eu) $= \dfrac{압력}{관성력}$

다. Froude수(Fr) $= \dfrac{관성력}{표면장력}$　　　라. Weber수(We) $= \dfrac{관성력}{압축력}$

① 가　　　　　　　　　　　② 가, 나

③ 가, 나, 다　　　　　　　　④ 가, 나, 다, 라

해설　가. Reynolds수(Re)

　　　점성력에 대한 관성력의 비

$$Re = \frac{관성력}{점성력} = \frac{\rho uD}{\mu} = \frac{uD}{\nu}$$

　　나. Euler수(Eu)

　　　관성력에 대한 압력(힘)의 비

$$Eu = \frac{압력}{관성력} = \frac{P}{\rho u^2}$$

　　다. Froude수(Fr)

　　　중력에 대한 관성력의 비

$$Fr = \frac{관성력}{중력} = \frac{u}{\sqrt{gh}}$$

　　라. Weber수(We)

　　　표면장력에 대한 관성력의 비

$$We = \frac{관성력}{표면장력} = \frac{\rho u^2 L}{\sigma}$$

정답　②

장답형

2017 지방직 9급 추가채용 화학공학일반

02 단면이 원형인 매끈한 도관 내부로 뉴턴 유체(Newtonian fluid)가 흐를 때 레이놀즈수(Reynolds number, Re)에 대한 설명으로 옳지 않은 것은?

① $Re = \dfrac{\text{원형 도관의 지름} \times \text{유체의 점도} \times \text{유체의 평균 유속}}{\text{유체의 점도}}$ 으로 정의된다.

② 도관 입구에서의 교란을 완전히 제거하면 Re가 2,100 이상일 때도 층류가 유지될 수 있다.

③ 도관에서의 Re가 2,100보다 작으면 유체의 흐름은 언제나 층류이다.

④ 도관에서의 Re가 4,000을 초과하면 유체의 흐름은 난류이다.

해설 ① $Re = \dfrac{\text{원형 도관의 지름} \times \text{유체의 밀도} \times \text{유체의 평균 유속}}{\text{유체의 점도}}$ 으로 정의된다.

정답 ①

정리 레이놀즈수 – 흐름의 분류

$$Re = \frac{\text{관성력}}{\text{점성력}} = \frac{\rho u D}{\mu} = \frac{uD}{\nu}$$

구분	레이놀즈수	특징
층류	2,100 이하	• 흐름이 규칙적인 유체의 흐름
천이영역	2,100~4,000	• 층류와 난류 공존
난류	4,000 이상	• 흐름이 불규칙적인 유체의 흐름 • 흐름을 예측할 수 없다.

2016 서울시 9급 화학공학일반

03 물의 높이가 항상 일정하게 유지되는 저수조에 구멍을 뚫었을 때, 그 구멍에서 유출되는 물의 유속(V)과 수면으로부터 구멍까지의 거리(Z)와의 관계를 바르게 나타낸 것은? (단, 압력차 및 마찰손실은 없다고 가정한다.)

① V는 $Z^{1/2}$ 에 비례한다. ② V는 Z^2 에 비례한다.

③ V는 $\ln Z$ 에 비례한다. ④ V는 Z와 관계없이 일정하다.

해설 토리첼리의 공식

$$V = \sqrt{2gZ} = \sqrt{2g} \, Z^{\frac{1}{2}}$$

정답 ①

04 비압축성 뉴턴(Newtonian) 유체의 유동장을 나타내는 속도 벡터가 직교좌표계에서 다음과 같이 표현될 때, 비압축성을 항상 만족하기 위한 계수들(a_i)의 관계식으로 옳은 것은? (단, $\overrightarrow{e_x}$, $\overrightarrow{e_y}$, $\overrightarrow{e_z}$는 각각 x, y, z축의 단위 벡터이다.)

$$\overrightarrow{v} = (a_1x + a_2y)\overrightarrow{e_x} + (a_3y + a_4z)\overrightarrow{e_y} + (a_5z + a_6x)\overrightarrow{e_z}$$

① $a_1 + a_2 + a_3 + a_4 + a_5 + a_6 = 1$

② $a_1 + a_3 + a_5 = 0$

③ $a_2 + a_4 + a_6 = 1$

④ $a_1 + a_2 = 0$

해설 비압축성 유체의 오일러 방정식

$$\frac{\partial u}{\partial x} + \frac{\partial v}{\partial y} + \frac{\partial w}{\partial z} = 0 \text{이므로,}$$

$$\frac{\partial(a_1x + a_2y)}{\partial x} + \frac{\partial(a_3y + a_4z)}{\partial y} + \frac{\partial(a_5z + a_6x)}{\partial z} = 0$$

$$a_1 + a_3 + a_5 = 0$$

정답 ②

정리 오일러 방정식 – 압축성 부정류일 때의 연속 방정식

$$\frac{\partial \rho}{\partial t} + \frac{\partial \rho u}{\partial x} + \frac{\partial \rho v}{\partial y} + \frac{\partial \rho w}{\partial z} = 0$$

• 비압축성 유체의 연속 방정식 : $\dfrac{\partial \rho}{\partial t} = 0$, $\dfrac{\partial u}{\partial x} + \dfrac{\partial v}{\partial y} + \dfrac{\partial w}{\partial z} = 0$

• 압축성 유체의 연속 방정식 : $\dfrac{\partial \rho}{\partial t} \neq 0$, $\dfrac{\partial \rho}{\partial t} + \dfrac{\partial \rho u}{\partial x} + \dfrac{\partial \rho v}{\partial y} + \dfrac{\partial \rho w}{\partial z} = 0$

05 비압축성 뉴턴 유체(Newtonian fluid)가 정상 상태를 유지하며 원통형 관을 통하여 층류(laminar flow)를 형성하고 있다. 이에 대한 설명으로 옳지 않은 것은?

① 최대속도는 관의 중심에서 나타난다.

② 평균 유체 속도는 최대 속도의 50%이다.

③ 질량 유량(mass rate of flow)은 관의 단면적, 평균 유속, 밀도의 곱으로 표현할 수 있으며, 이렇게 표현되는 식을 Hagen-Poiseuille 식이라고 부른다.

④ 관의 반지름에 따른 유속 분포는 관 중심에 끝점이 있는 직선이 된다.

해설 ④ 관의 반지름에 따른 유속 분포는 포물선(곡선) 형태이다.

정답 ④

정리 유체의 흐름 – 유속의 분포, 전단력(마찰력)의 분포

(1) 유속의 분포

- 최대 유속 : 관 중심에서 발생
- 최소 유속 : 벽면에서 발생
- 평균 유속 $= \dfrac{1}{2} \times$ 최대 유속
- 유속 분포 : 포물선(곡선) 형태, 2차 함수

(2) 전단력(마찰력)의 분포

- 전단력(마찰력) : 벽면에서 최대, 관 중심에서 0
- 전단력(마찰력) 분포 : 직선 형태, 1차 함수

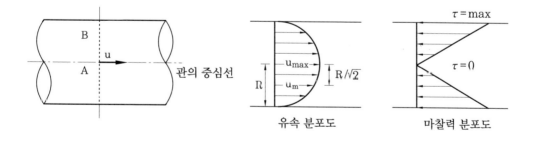

유속 분포도　　　　마찰력 분포도

06 그림과 같이 경사면을 따라 비압축성 뉴턴 유체(Newtonian fluid)가 일정한 두께 h의 층류(laminar flow)를 형성하고 있다. 이 흐름에 대한 설명으로 옳지 않은 것은? (단, 경사면과 액체가 만나는 지점인 x=h에서 유체 속도는 0이다.)

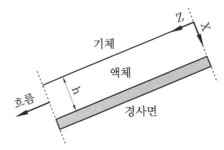

① 기체와 만나는 경계지점(x=0)에서 유체 속도가 최대이다.
② 경사면과 액체가 만나는 지점(x=h)에서 전단 응력이 최대이다.
③ 기체와 만나는 경계지점(x=0)에서 속도 구배(전단율)가 최대이다.
④ z 방향 유체의 속도 분포는 x축 거리 좌표에 대해 2차 함수 형태이다.

해설 유체의 흐름 - 유속의 분포, 전단력(마찰력)의 분포
③ 속도 구배(전단율)는 벽면(경사면)에서 최대이다.

정답 ③

07 원통 축에 수직 방향으로 유체가 원통 외부를 지나가는 경우, 다음 중 옳지 않은 것은?
① 난류 경계층 유동인 경우, 항력계수는 표면 거칠기에 영향을 받지 않는다.
② 레이놀즈(Reynolds)수가 1 미만인 영역은 점성력이 지배적이다.
③ 점성이 0인 이상적인 유체는 마찰 항력과 압력 항력이 0이다.
④ 항력과 양력은 서로 수직 방향이다.

해설 항력, 양력
① 난류 경계층 유동인 경우, 항력계수는 표면 거칠기에 영향을 받는다.

정답 ①

(정리) 항력(D)

- 물체가 유체 내를 움직일 때 이 움직임에 저항하는 힘
- 항력의 방향은 유체 흐름 방향의 반대

$$D = C_D \, A \, \frac{\rho u^2}{2} = C_D \left(\frac{\pi d^2}{4} \right) \frac{\rho u^2}{2} = \frac{1}{8} C_D \, \pi \, d^2 \, \rho \, u^2$$

A : 투영면적

C_D : 항력계수 (물질의 형상, 레이놀즈수, 표면 거칠기 등에 영향을 받음)

ρ : 밀도

u : 속도

층류에서, $C_D = \dfrac{24}{Re}$

(정리) 양력

- 유체의 후류로 인해 물체가 부상하려는 힘
- 유체 흐름(유동 속도)과 수직 방향으로 작용한다.

2018 국가직 9급 화학공학일반

08 고체 입자층을 통과하는 유체의 속도가 증가하면 고체 입자층의 유동화 현상이 발생하게 된다. 이에 대한 설명으로 옳지 않은 것은?

① 유동화된 고체 입자층의 압력 강하는 유체 속도가 빨라져도 일정하다.
② 유동화된 고체 입자층의 높이는 유체 속도가 빨라짐에 따라 증가한다.
③ 최소 유동화 속도는 입자의 크기에 영향을 받지 않는다.
④ 최소 유동화 속도는 입자의 밀도에 영향을 받는다.

(해설) 기타 – 유동화

③ 최소 유동화 속도는 입자의 크기에 영향을 받는다.

(정답) ③

계산형

2017 국가직 9급 화학공학일반

09 비중이 1.0이고 점도가 4cP인 유체를 내경이 8cm인 파이프를 통해 20cm/s의 유속으로 흘릴 때 Reynolds수(Re)는?

① 40　　　　　② 800　　　　　③ 4,000　　　　　④ 8,000

해설 레이놀즈수

$$\mathrm{Re} = \frac{\rho \mathrm{uD}}{\mu} = \frac{\mathrm{uD}}{\nu}$$

$$\mathrm{Re} = \frac{1\mathrm{g}}{\mathrm{cm}^3} \times \frac{20\mathrm{cm}}{\mathrm{s}} \times \frac{8\mathrm{cm}}{} \times \frac{\mathrm{cm} \cdot \mathrm{s}}{0.04\mathrm{g}} = 4,000$$

정답 ③

2018 지방직 9급 화학공학일반

10 내경 15cm인 원형 도관을 흐르는 유체의 레이놀즈수(Re)가 3,000일 때, 유체의 평균유속(m/s)은? (단, 유체의 밀도는 1,000kg/m³이며, 유체의 점도는 1cP이다.)

① 0.02　　　　　② 0.2　　　　　③ 2　　　　　④ 20

해설 레이놀즈수 – 유속

$$\mathrm{u} = \frac{\mathrm{Re}\,\mu}{\rho \mathrm{D}} = 3,000 \times \frac{0.01\mathrm{g}}{\mathrm{cm} \cdot \mathrm{s}} \times \frac{\mathrm{cm}^3}{1\mathrm{g}} \times \frac{1}{15\mathrm{cm}} \times \frac{1\mathrm{m}}{100\mathrm{cm}} = 0.02\,\mathrm{m/s}$$

정답 ①

2016 지방직 9급 화학공학일반

11 내경이 10cm인 원형 관에 밀도가 1.5g/cm³인 유체가 2cm/s 속도로 흐르고 있다. 레이놀즈(Reynolds)수가 60이라고 가정할 경우, 이 유체의 점도(g/cm·s)는?

① 0.2　　　　　② 0.3　　　　　③ 0.4　　　　　④ 0.5

해설 레이놀즈수 – 점도

$$\mu = \frac{\rho \mathrm{uD}}{\mathrm{Re}} = \frac{1.5\mathrm{g}}{\mathrm{cm}^3} \times \frac{2\mathrm{cm}}{\mathrm{s}} \times \frac{10\mathrm{cm}}{} \times \frac{1}{60} = 0.5\,\mathrm{g/cm} \cdot \mathrm{s}$$

정답 ④

2015 국가직 9급 화학공학일반

12 레이놀즈수(N_{Re})는 층류와 난류를 구분할 수 있는 무차원의 값이다. 내경 0.01m의 관내를 평균유속 0.7m/s로 진행하는 액체의 밀도가 100kg/m³, 점도가 0.1P일 경우 이 액체의 레이놀즈수와 흐름은?

① 70, 층류

② 70, 난류

③ 7,000, 난류

④ 7,000, 층류

해설 레이놀즈수

$$Re = \frac{\rho u D}{\mu} = \frac{100kg}{m^3} \times \frac{0.7m}{s} \times \frac{0.01m}{} \times \frac{cm \cdot s}{0.1g} \times \frac{1,000g}{1kg} \times \frac{1m}{100cm} = 70$$

정답 ①

2016 국가직 9급 화학공학일반

13 안지름이 5cm인 원형관을 통하여 비중 0.8, 점도 50cP(centipoise)의 기름이 2m/s로 이동할 때, 레이놀즈(Reynolds)수에 기초하여 계산된 흐름의 영역은?

① 플러그 흐름(plug flow) 영역

② 층류(laminar flow) 영역

③ 전이(transition) 영역

④ 난류(turbulent flow) 영역

해설 레이놀즈수

$$Re = \frac{0.8g}{cm^3} \times \frac{200cm}{s} \times \frac{5cm}{} \times \frac{cm \cdot s}{0.5g} = 1,600$$

따라서, 흐름은 층류이다.

정답 ②

14 다음 중 임펠러를 이용한 교반에 사용되는 레이놀즈(Reynolds)수는? (단, μ : 점도, D : 임펠러의 지름, n : 회전수(rpm), ρ : 유체의 밀도이다.)

① $\rho \cdot n \cdot D^2/\mu$
② $\rho \cdot n \cdot D/\mu^2$
③ $\rho^2 \cdot n^2 \cdot D/\mu$
④ $\rho^2 \cdot n^2 \cdot D^2/\mu$

해설 (1) 임펠러 유속(v)

$$u = D[m] \times n[1/min]$$

(2) 레이놀즈수

$$Re = \frac{\rho uD}{\mu} = \frac{\rho(nD)D}{\mu} = \frac{\rho nD^2}{\mu}$$

정답 ①

15 10cm의 지름을 가지는 원통형 반응기에서 1m/s의 유속으로 기체 A가 주입될 때의 레이놀즈(Reynolds)수를 N_{Re1}이라고 하자. 같은 기체가 1m의 지름을 가지는 원통형 반응기로 0.1m/s의 유속으로 주입될 때의 레이놀즈수를 N_{Re2}라고 할 때, 두 레이놀즈수의 비(N_{Re1}/N_{Re2})는? (단, 기체 A는 뉴턴 유체이다.)

① 0.1
② 1.0
③ 2.0
④ 10.0

해설 레이놀즈수

$$\frac{Re_1}{Re_2} = \frac{\dfrac{\rho u_1 D_1}{\mu}}{\dfrac{\rho u_2 D_2}{\mu}} = \frac{u_1 D_1}{u_2 D_2} = \frac{\dfrac{1m}{s} \times 0.1m}{\dfrac{0.1m}{s} \times 1m} \cdot \frac{0.8g}{cm^3} = 1$$

정답 ②

16 내경이 20cm인 관 속을 비중 0.8인 뉴턴 유체가 층류로 흐르고 있다. 관 중심에서의 유속이 20cm/sec라면 관 벽에서 5cm 떨어진 지점의 국부 속도는 몇 cm/s인가?

① 12cm/s   ② 13cm/s

③ 14cm/s   ④ 15cm/s

해설 국부 유속과 최대 유속의 관계

$$u = u_{max} \times \left[1 - \left(\frac{r}{R} \right)^2 \right] = 20 \times \left[1 - \left(\frac{5}{10} \right)^2 \right] = 15$$

정답 ①

17 다음은 흐름 단면이 원형인 관을 통해 흐르는 비압축성 유체의 속도 분포식이다. 이 유체의 평균 속도(m/s)는? (단, u는 유체의 속도, R은 관의 내반경, r은 관의 중심에서부터 반경 방향 거리이다.)

$$u = 20 \left[1 - \left(\frac{r}{R} \right)^2 \right] \ (m/s)$$

① 5   ② 10

③ 15   ④ 20

해설 국부 유속과 최대 유속의 관계

$$u = u_{max} \times \left[1 - \left(\frac{r}{R} \right)^2 \right] \ \text{이므로}$$

$$u_{max} = 20 \, m/s$$

$$\bar{u} = \frac{u_{max}}{2} = 10 \, m/s$$

정답 ②

18 내경이 2cm에서 4cm로 변하는 관에서 유체가 흐를 때 내경이 2cm인 관 내부에서 유체의 평균 유속이 1m/s 라면, 내경이 4cm인 관 내부에서 유체의 평균 유속(m/s)은? (단, 유체의 밀도와 유량은 변화가 없으며 마찰은 무시한다.)

① 4   ② 2   ③ 0.5   ④ 0.25

해설 연속 방정식

• 질량 유속(부하) : $\overline{m} = \rho_1 A_1 u_1 = \rho_2 A_2 u_2$

밀도가 같으면

• 부피 유속(유량) : $Q = A_1 u_1 = A_2 u_2$

$A_1 u_1 = A_2 u_2$

$\dfrac{\pi d_1^2}{4} u_1 = \dfrac{\pi d_2^2}{4} u_2$

$\dfrac{\pi \cdot 2^2}{4} \times 1 = \dfrac{\pi \cdot 4^2}{4} \times u_2$

$\therefore u_2 = 0.25$

정답 ④

19 비압축성 유체가 다음 그림과 같이 원형관 내에서 x축 방향으로 흐른다. 이때 직경이 4cm인 원형관에서 평균 속도가 v일 때, 직경이 8cm인 원형관에서의 평균 속도는? (단, 흐름은 정상상태이다.)

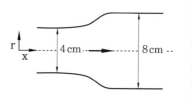

① v/8   ② v/4   ③ v/2   ④ v

해설 연속 방정식

$A_1 u_1 = A_2 u_2$

$\dfrac{\pi d_1^2}{4} u_1 = \dfrac{\pi d_2^2}{4} u_2$

$\dfrac{\pi \cdot 4^2}{4} \times v = \dfrac{\pi \cdot 8^2}{4} \times u_2$

$\therefore u_2 = \dfrac{v}{4}$

정답 ②

2018 국가직 9급 화학공학일반

20 단면적이 0.1m²인 원형관을 통해 비압축성 뉴턴 유체(Newtonian fluid)가 층류로 흐른다. 유체의 부피 유속이 0.04m³/s일 때, 원형관 중심에서 유체의 유속(m/s)은? (단, 흐름은 정상 상태 완전 발달 흐름이다.)

① 0.2 ② 0.4

③ 0.8 ④ 1.6

해설 연속 방정식

비압축성 뉴턴 유체이므로 밀도가 같다.

(1) 평균 유속

$Q = A\bar{u}$

$\bar{u} = \dfrac{Q}{A} = \dfrac{0.04\text{m}^3}{\text{s}} \times \dfrac{1}{0.1\text{m}^2} = 0.4\,\text{m/s}$

(2) 원형관 중심에서의 유속(최대 유속)$=2\times0.4=0.8$m/s

정답 ③

2016 서울시 9급 화학공학일반

21 관 직경이 2mm, 운동 점도(kinematic viscosity)가 0.1cm²/s, Reynolds수가 2,000일 때 유체의 부피 유량(cm³/s)을 구하면? (단, $\pi = 3$으로 계산한다.)

① 3cm³/s ② 30cm³/s

③ 300cm³/s ④ 3000cm³/s

해설 레이놀즈수, 연속방정식

(1) 유속

$\bar{u} = \dfrac{\text{Re} \cdot \nu}{D} = 2,000 \times \dfrac{0.1\text{cm}^2}{\text{s}} \times \dfrac{1}{0.2\text{cm}} = 1,000\,\text{cm/s}$

(2) 유량

$Q = A\bar{u} = \dfrac{\pi(0.2\text{cm})^2}{4} \times 1,000\text{cm/s} = 30\,\text{cm}^3/\text{s}$

정답 ②

2017 지방직 9급 화학공학일반

22 다음 그림과 같이 지름이 10in.인 실린더 관 내에서 비압축성 액체가 흐르고 있다. 지름 2in.인 작은 jet관이 고속의 액체를 배출하기 위해 관 중앙에 설치되어 있다. A지점에서의 두 평균 속도(V_A와 V_J)를 사용하여 멀리 떨어진 B지점에서의 액체 평균 속도(V_B)를 나타낸 식은?

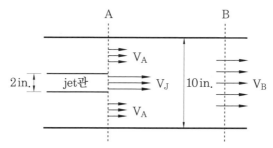

① $V_B = 0.2V_J + 0.8V_A$

② $V_B = 0.02V_J + 0.98V_A$

③ $V_B = 0.04V_J + 0.64V_A$

④ $V_B = 0.04V_J + 0.96V_A$

해설 연속 방정식

$$Q_A + Q_J = Q_B$$

$$A_A u_A + A_J u_J = A_B u_B$$

$$\frac{\pi}{4}(10^2 - 2^2)V_A + \frac{\pi}{4} \times 2^2 \times V_J = \frac{\pi}{4} \times 10^2 \times V_B$$

$$\therefore \ V_B = 0.04V_J + 0.96V_A$$

2018 국가직 9급 화학공학일반

23 상부가 개방되고 바닥에 배출구가 있는 탱크에 물이 높이 h만큼 채워져 유지된다. 탱크의 배출구를 통한 물의 배출 속도는? (단, 모든 마찰 손실은 무시하고, 배출 중 물의 높이 h는 일정하며, g는 중력 가속도이다.)

① $\sqrt{gh}$

② $\sqrt{2gh}$

③ gh

④ 2gh

해설 토리첼리의 정리

$$u = \sqrt{2gh}$$

정답 ②

2016 지방직 9급 화학공학일반

24 지름이 5m인 물탱크에 5m의 높이로 물이 채워져 있다. 지름이 10cm인 수평관이 물탱크 바닥에 연결되어 있는 경우 배출구를 통한 초기 배출 속도(m/s)는? (단, 수평관에서의 마찰 손실은 무시하며 중력 가속도는 10m/s^{2}로 가정한다.)

① 5 　　　　　　　　　② 10
③ 15 　　　　　　　　　④ 20

해설 토리첼리의 정리

$$u = \sqrt{2gh} = \sqrt{2 \times 10 \times 5} = 10 \mathrm{m/s}$$

정답 ②

2017 국가직 9급 화학공학일반

25 개방된 대형 물탱크에 물이 20m 높이로 들어 있다. 물탱크의 바닥에 면적이 2cm^{2}인 노즐이 설치되어 있다. 이 노즐을 통한 물의 초기 배출 유량(L/s)은? (단, 모든 마찰 손실은 무시하며, 중력 가속도는 10m/s^{2}로 가정한다.)

① 1 　　　　　　　　　② 2
③ 3 　　　　　　　　　④ 4

해설 (1) 유속

　　토리첼리의 정리

$$u = \sqrt{2gh} = \sqrt{2 \times 10 \times 20} = 20 \mathrm{m/s}$$

　(2) 유량

　　연속 방정식

$$Q = Au = 2\mathrm{cm}^2 \times 2,000\mathrm{cm/s} \times \frac{1\mathrm{L}}{1,000\mathrm{cm}^3} = 4\mathrm{L/s}$$

정답 ④

26 12,000kg · h^{-1}의 일정한 유량으로 물이 빠져나가고 있는 탱크에 유량이 10,000 kg · h^{-1}인 펌프 A와 유량을 모르는 펌프 B로 3시간 동안 물을 공급하였더니 탱크 내 물의 양이 6,000kg 증가하였다. 펌프 B가 공급한 물의 유량(kg · h^{-1})은?

① 2,000

② 3,000

③ 4,000

④ 5,000

해설 물질 수지

축적량＝유입량－유출량

$$6,000\text{kg} = \frac{(10,000 + Q_B)\text{kg}}{\text{h}} \times 3\text{h} - \frac{12,000\text{kg}}{\text{h}} \times 3\text{h}$$

$$\therefore Q_B = 40,000 \text{ kg/h}$$

정답 ③

CHAPTER 4 에너지 수지

흐르는 유체의 에너지 손실

1 손실의 종류

마찰 손실	• 관로의 마찰에 의한 에너지 손실
미소 손실	• 유입 손실 : 관로의 유입으로 발생한 에너지 손실 • 유출 손실 : 관로의 유출로 발생한 에너지 손실 • 밸브 손실 : 관로의 밸브로 발생한 에너지 손실 • 급확 손실 : 관로의 급격한 단면 확대로 발생한 에너지 손실 • 급축 손실 : 관로의 급격한 단면 축소로 발생한 에너지 손실

① 손실 중 마찰 손실의 크기가 가장 크다.
② 보통은 한 관에서 마찰 손실과 유입 손실, 유출 손실만 고려한다.

2 두손실의 계산

(1) 총 두손실

$$총\ 두손실 = \Sigma두손실 = (마찰\ 두손실) + \Sigma(미소\ 두손실)$$

(2) 두손실

$$손실두 = 손실계수 \times 속도두 \qquad h_L = f \times \frac{u^2}{2g}$$

4-2 ─○ 마찰 손실

1 직선 관의 마찰 손실

(1) 패닝(Fanning)식

적용 (가정)	• 정상 상태 유체, 관의 직경이나 곧은 직선 관(굴곡이 없는 관)에 적용
마찰 손실 (마찰력)	• $F = h_f\,g = \dfrac{\triangle P}{\rho} = \dfrac{2fLu^2}{d}$
마찰 손실두	• $h_f = \dfrac{\triangle P}{\rho g} = \dfrac{2fLu^2}{dg} = 4f\dfrac{L}{d}\dfrac{u^2}{2g}$
마찰 손실 계수	• $f = \dfrac{전단력}{운동\ 에너지} = \dfrac{F/A}{\rho \times \dfrac{u^2}{2}} = \dfrac{F}{\rho A \times \dfrac{u^2}{2}}$ • $f = \dfrac{전단\ 응력}{밀도 \times 속도두} = \dfrac{\tau}{\rho \times \dfrac{u^2}{2}}$
압력 손실 (압력 강하)	• $\triangle P = \dfrac{2\rho fLu^2}{d} = \dfrac{4L\tau}{d}$
압력 구배	• $\triangle P/L = \dfrac{2\rho fu^2}{d} = \dfrac{4\tau}{d}$

(2) 하겐-푸아죄유(Hagen-Poiseuille)식

적용 (가정)	• 층류, 정상 상태, 완전 발달 흐름, 비압축성 유체, 뉴턴 유체
마찰 손실 (마찰력)	• $F = h_f\,g = \dfrac{\triangle P}{\rho} = \dfrac{32Lu\mu}{\rho d^2}$
마찰 손실두	• $h_f = \dfrac{\triangle P}{\rho g} = \dfrac{32Lu\mu}{\rho g d^2}$
마찰 손실 계수	• 층류 : $f = \dfrac{16}{Re}$ • 난류 : 레이놀즈수(Re), 상대 조도(ε/d)의 함수
압력 손실 (압력 강하)	• $\triangle P = \dfrac{32Lu\mu}{d^2}$
압력 구배	• $\triangle P/L = \dfrac{32u\mu}{d^2}$
유량(Q)	• $Q = \dfrac{\pi \triangle P d^4}{128L\mu}$

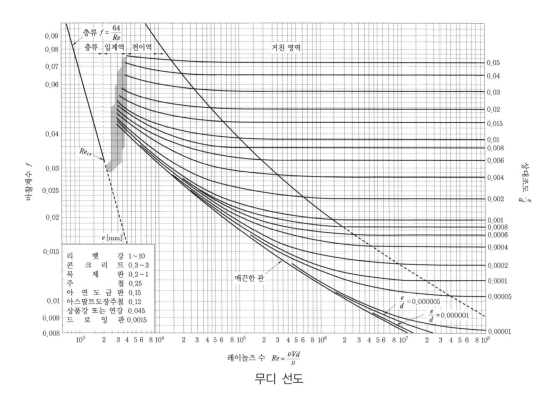

무디 선도

4-3 ─o 경심(R)과 상당 직경(De)

1 경심

$$R = \frac{D_e}{4} = \frac{A}{P}$$

R : 경심(m)
D_e : 상당 직경(m)
A : 관의 단면적(m^2)
P : 윤변(m)

2 상당 직경 (De)

직사각형 관을 원형관이라고 가정할 때의 직경

(1) 관수로의 상당 직경

$$D_e = 4R = 4\frac{A}{P} = \frac{4ab}{2(a+b)} = \frac{2ab}{a+b}$$

a : 폭(m)
b : 수심(m)

(2) 개수로의 상당 직경

$$D_e = 4R = 4\frac{A}{P} = \frac{4ab}{a+2b}$$

a : 폭(m)
b : 수심(m)

예제 ▶ 상당 직경

1. 유해가스를 배출시키기 위해 설치한 가로 30cm, 세로 50cm인 직사각형관의 상당 직경(De)은?

① 37.5cm

② 38.5cm

③ 39.5cm

④ 40.0cm

해설 상당 직경$(D_e) = \dfrac{2ab}{a+b} = \dfrac{2 \times 30 \times 50}{30 + 50} = 37.5\,cm$

정답 ①

연습문제

4. 에너지 수지

장답형

2015 서울시 9급 화학공학일반

01 다음 중 직관(pipe)의 마찰 손실 계산을 위한 Fanning식과 Hagen-Poiseuille식에 대한 설명으로 옳지 않은 것은?

① Hagen-Poiseuille식은 유체가 층류일 때 유체의 마찰 손실을 계산할 수 있다.
② Fanning식에서 유체 마찰 손실은 운동 에너지와 직관(pipe)의 직경에 비례한다.
③ Fanning식에서 유체 마찰 손실은 직관의 길이에 비례한다.
④ 마찰 계수의 차원은 무차원이다.

해설 패닝(Fanning) 식
② Fanning식에서 유체 마찰 손실은 직관의 직경에 반비례한다.

정답 ②

계산형

2017 지방직 9급 추가채용 화학공학일반

02 단면이 원형인 도관 내를 유체가 난류로 흐르고 있다. 도관 벽과 유체 사이의 Fanning 마찰계수와 유체의 평균 유속을 각각 2배로 증가시켰을 때, 마찰로 인한 압력 강하(pressure drop)는 Fanning 마찰 계수와 유체의 평균 유속을 변경하기 전 압력 강하의 몇 배가 되는가? (단, 유체의 밀도, 관의 길이 및 직경은 일정하다.)

① 2   ② 4   ③ 6   ④ 8

해설 Fanning - 압력 손실(압력 강하)

$$\triangle P / L = \frac{2\rho f u^2}{d} = \frac{4\tau}{d}$$

$$\therefore \frac{(\triangle P / L)_2}{(\triangle P / L)_1} = \frac{\dfrac{2\rho(2f)(2u)^2}{d}}{\dfrac{2\rho f u^2}{d}} = 8$$

정답 ④

CHAPTER 5° 유체의 수송과 계측

5-1 ○ 관 부속품

목적	관 부속품 종류
2관 연결	플랜지(flange), 유니언(union), 니플(nipple), 커플링(coupling), 소켓(socket)
유체의 흐름 변경	엘보(elbow), Y 지관(Y-branch), 십자(cross), 티(tee)
관경이 다른 관 연결	리듀서(reducer), 부싱(bushing)
유로 차단	밸브(valve), 캡(cap), 플러그(plug)
지름이 큰 관 연결	플랜지(flange), 개스킷(gasket), 볼트(bolt), 너트(nut)

엘보	45° 엘보	이경 엘보	티	이경 티
이경 티	이경 티	편심 이경 티	삼방 이경 티	크로스
소켓	이경 소켓	캡	부싱	로크 너드
플러그	니플	이경 니플	유니언	플랜지
플랜지	벤드	45° 벤드	크로스형 리턴 벤드	오픈형 리턴 벤드

관 부속품

5-2 ─o 밸브

관 또는 압력 용기에 장치하여 **유체의 흐름을 조절(흐름 차단, 유량 제어 등)**하는 장치

(1) 밸브의 사용 목적

① 유량 조절

② 속도 조절

③ 압력 조절

④ 유체 방향 전환

⑤ 유체의 단속 및 수송

(2) 밸브의 종류

볼 밸브 (ball valve)	• 둥근 재료에 구멍이 있고, 그 구멍을 유체 흐름 방향 혹은 **직각 방향**으로 놓아 개폐하는 밸브 • 밸브 개폐가 쉬워 신속 대응이 가능하다. • **유량 조절이 어렵다.**
구형 밸브 (glove valve)	• 유체의 흐름을 **90도 변형**시켜 흐름 방향으로 디스크를 눌러 개폐하는 밸브 • **미세한 유량 조절 가능, 유량조절에 널리 사용** • 압력 손실이 큼
게이트 밸브 (gate valve)	• 게이트가 유체의 흐름과 직각으로 이동하여 개폐하는 밸브 • **유로 개폐에만 이용, 유량 조절이 어렵다.** • 밸브가 커서 설치 시 공간의 제약이 발생한다.
버터플라이 밸브	• 밸브 원판이 중심에서 회전하여 개폐하는 밸브 • **개폐가 빠르고 간단하다.** • 다른 밸브보다 폭이 좁아 밸브 **설치 위치 제약이 작다.** • **유량 조절이 어렵다.** • 완전 오픈을 하여도 원판이 존재하여 압력 손실이 발생한다.
체크 밸브	• 유체를 **한 방향으로만** 보낼 때 사용하는 밸브 • **역류 방지용 밸브** • **왕복 펌프(피스톤 펌프, 플런저 펌프, 격막 펌프)에 필요한 밸브**

5-3 ···o 유량 측정 기구

1 유량 측정 기구의 분류

차압식 유량계	• 마노미터 전후의 압력 차로 유량을 측정 [종류] 오리피스, 벤투리미터, 피토관
면적식 유량계	• 관의 단면 차이로 유량을 측정 • 단면 수축 전후 압력 차가 일정하다. [종류] 로터미터

2 유량 측정 기구의 종류

(1) 오리피스

① 특징

장점	• 구조가 간단하고, 유량계 설치가 쉽다. • 정밀성이 높다. • 경제적이다.
단점	• 충분한 직선부가 필요하다. • **압력 손실(동력 소비)이 크다.** • 하류에 와류 발생 → 압력 손실 발생 • 경계층 분리현상 & 형태 마찰 손실이 발생 • 장치의 내구성이 작다.

② 오리피스 유량 공식

• **연속 방정식**

$$A_1 u_1 = A_2 u_2$$

$$\frac{\pi}{4} D^2 u_1 = \frac{\pi}{4} d^2 u_2$$

$$\therefore u_1 = \left(\frac{d}{D}\right)^2 u_2$$

• **베르누이 정리**

$$Z_1 + \frac{P_1}{\gamma_1} + \frac{u_1^2}{2g} = Z_2 + \frac{P_2}{\gamma_2} + \frac{u_2^2}{2g}$$

$$\hookrightarrow \frac{P_1}{\gamma_1} + \frac{u_1^2}{2g} = \frac{P_2}{\gamma_2} + \frac{u_2^2}{2g}$$

$$\hookrightarrow \frac{u_2^2 - u_1^2}{2g} = \frac{P_1 - P_2}{\gamma} = \frac{\triangle P}{\gamma}$$

$$\hookrightarrow \frac{u_2^2 - \left(\dfrac{d}{D}\right)^4 u_2^2}{2g} = \frac{\triangle P}{\gamma}$$

$$\hookrightarrow u_2 = \sqrt{\frac{2g\triangle P}{\gamma\left(1 - \left(\dfrac{d}{D}\right)^4\right)}}$$

$$\therefore \ u_2 = \sqrt{\frac{2\triangle P}{\rho(1 - m^2)}}$$

$$Q = CA\overline{u} = C\left(\frac{\pi d^2}{4}\right)\sqrt{\frac{2\triangle P}{\rho(1 - m^2)}}$$

d : 오리피스 직경(m)
C : 오리피스의 유량 계수(0.61)
ρ : 유체의 밀도(kg/m^3)
$\triangle P$: 압력 차(m)
m : 개구비(조임비)
$\left(m = \dfrac{a}{A} = \left(\dfrac{d}{D}\right)^2\right)$

$$Q = CA\overline{u} = C\left(\frac{\pi d^2}{4}\right)\left(\sqrt{\frac{2gR(\rho_a - \rho_b)}{\rho_b(1 - m^2)}}\right)$$

d : 오리피스 직경(m)
C : 오리피스의 유량 계수(0.61)
ρ_a : 마노미터 봉액의 밀도(kg/m^3)
ρ_b : 유체의 밀도(kg/m^3)
R : 마노미터 압력 차(m)
m : 개구비(조임비)

(2) 벤투리미터

① 특징

장점	• 오리피스, 노즐보다 **압력 손실(동력 소비)이 작다.** • **대유량 측정 가능** • 내구성 우수 • 상류측보다 하류측의 각도가 5~10° 작다.
단점	• 설치 범위(설치 공간)가 크다. • 가격이 비싸다. • 제작이 어렵다. • 목 지름/관 지름 비 변경이 어렵다.

② 벤투리미터 유량 공식

오리피스 공식과 같다. (유량 계수 값만 다르다.)

$$Q = C_v A \bar{u} = C_v \left(\frac{\pi d^2}{4} \right) \sqrt{\frac{2 \Delta P}{\rho(1 - m^2)}} = C_v \left(\frac{\pi d^2}{4} \right) \sqrt{\frac{2gh}{(1 - m^2)}}$$

벤투리미터의 유량 계수(0.98~0.99)

$$Q = C_v A \bar{u} = C_v \left(\frac{\pi d^2}{4} \right) \left(\sqrt{\frac{2gR(\rho_a - \rho_b)}{\rho_b(1 - m^2)}} \right)$$

d : 오리피스 직경(m)
C_v : 벤투리미터의 유량 계수(0.98~0.99)
ρ_a : 마노미터 봉액의 밀도(kg/m³)
ρ_b : 유체의 밀도(kg/m³)
R : 마노미터 압력 차(m)
m : 개구비(조임비)
$\left(m = \dfrac{a}{A} = \left(\dfrac{d}{D} \right)^2 \right)$

(3) 피토관

⑺ 특징

① 유체의 **국부 속도**를 측정하여 유량을 측정한다.

② 유선과 **평행**한 방향으로 설치해야 **한다.**

⑷ **피토관의 유속**

$$u = \sqrt{\frac{2(P_1 - P_2)}{\rho}} = \sqrt{\frac{2gR(\rho_a - \rho_b)}{\rho_b}}$$

(4) 로터미터

테이퍼관 속에 **부표(float)**를 띄우고, 측정 유체를 아래에서 위로 흘려보낼 때 유량의 증감에 따라 부표가 상하로 움직여 생기는 **가변 면적**으로 유량을 구하는 장치

5-4 ┈o 펌프

(1) 정의

압력으로 액체나 기체를 관을 통해 수송하거나, 저압의 용기 속에 있는 유체를 관을 통해 고압의 용기 속으로 압송하는 기계

(2) 구성

임펠러, 케이싱, 흡입측, 토출측

(3) 원리

① 임펠러를 회전시켜 임펠러 주변 압력을 낮춘다.

② 흡입측으로 유체를 빨아들여 토출측으로 유체를 원하는 곳으로 내보낸다.

5-5 ── 펌프의 성능

1 양정 (H)

(1) 정의

펌프가 액체를 운반할 수 있는 높이(m)

(2) 종류

전양정	• 펌프에 소요되는 양정 • 실양정에 손실수두를 고려한 양정 • 전양정＝실양정＋손실수두
실양정	• 펌프의 실제 양정 • 실양정＝흡입양정＋토출양정

2 양수량 (유량, Q)

단위시간에 송출할 수 있는 액체의 부피(m^3/min)

3 비교 회전도 (N_s)

(1) 정의

단위 유량($1m^3/min$)을 단위 양정(1m)까지 양수하는 데 필요한 펌프 회전날개(임펠러)의 회전수

(2) 특징

① 펌프 크기와 관계가 없다.

② 비교 회전도가 같으면 펌프 성능이 같다.

③ N_S이 크면 저양정, 고유량 펌프이다.

④ N_S이 크면 흡입 성능이 나쁘고, 공동현상이 발생한다.

⑤ N_S이 클수록 소형 펌프이고 저렴하다.

(3) 공식

$$N_s = N \frac{Q^{1/2}}{H^{3/4}}$$

N : 펌프의 회전수(rpm)

H : 양정(m)

Q : 양수량(m^3/min)

4 펌프 특성 곡선

펌프의 토출량을 가로축으로 하고, 회전수를 일정하게 할 때의 전양정, 축동력 및 펌프 효율의 변화를 세로축으로 표시한 곡선이다.

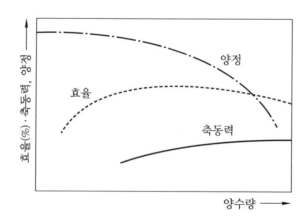

5-6 ···o 펌프의 종류

구분	펌프의 종류
왕복 펌프	피스톤 펌프, 플런저 펌프, 격막 펌프(다이어그램 펌프)
회전식 펌프	기어 펌프, 스크루 펌프, 베인 펌프, 로브 펌프
원심력 펌프	벌류트 펌프, 터빈 펌프
축류 펌프	프로펠러 펌프
특수 펌프	제트 펌프, 에어 리프트, 에시트 에그

(1) 왕복 펌프

정의	• 피스톤의 왕복 운동으로 압력 변화를 일으켜 불연속적으로 액체를 수송하는 펌프
특징	• 고양정–저유량 펌프 • 점도가 큰 액체 수속에 적합하다.

(2) 회전식 펌프

정의	• 톱니바퀴(회전자)로 유체를 수송하는 펌프 • 기계의 회전 운동으로 유체를 정방향으로 수송하는 펌프
특징	• 점도가 큰 유체에 적용 가능하다. • 맥동 없이 유체 수송 가능하다. • 회전 속도를 변화시켜 유량 조절이 가능하다.

(3) 원심력 펌프

정의	• 임펠러 회전으로 생기는 원심력으로 음압을 만들어 물을 이동시키는 펌프
특징	• 구조가 간단히다. • 운전 및 수리가 쉽다. • 소형 펌프 • 가격이 저렴하다. • 맥동이 없다. • 공기 바인딩 현상 발생이 가능하다.

(4) 축류 펌프

정의	• 물이 축방향으로 흡입, 토출되는 펌프
특징	• 저양정에 유리하다. (4m 이하) • 저양정에 가장 많이 사용된다. • 비교 회전도가 크다.

(5) 사류 펌프

정의	• 원심력 펌프와 축류 펌프의 중간 모양
특징	• 양정 변화에 따른 양수량 변화와 효율 저하가 작다. • 양정 변화가 큰 경우 적합하다. (3~12m)

5-7 ○ 펌프 비정상 현상

1 수격 작용 (water hammer)

(1) 원인

관내 유속이 급격히 변화하여 압력 변화가 발생하면 수격 작용이 일어난다.

(2) 현상

관이 파손을 유발하거나 소음을 일으킨다.

(3) 대책

① 펌프에 플라이휠 부착
② 토출측 관로에 한 방향 압력 조절 수조(one way surge tank)를 설치
③ 토출구 부근에 공기탱크를 두거나 부압 발생지점에 흡기 밸브 설치
④ 토출측에 급폐 체크 밸브 설치
⑤ 토출관측에 압력 릴리프 밸브 설치

2 공동현상 (cavitation)

(1) 정의

펌프의 내부에서 유속의 급속한 변화나 와류 발생, 유로 장애 등으로 인하여 **유체의**

압력이 포화증기압 이하로 떨어지게 되면 물 속에 용해되어 있던 기체가 기화되어 **공동 (기포)**이 발생되는 현상이다.

(2) 영향

① 충격압 발생

② 소음 진동 유발

③ 임펠러 및 케이싱 손상

④ 펌프 양수 기능 저하

(3) 공동현상의 영향 인자

① 펌프의 **흡입 유효흡입수두(필요 NPSH)가 클 경우**

② 시설의 **가용 NPSH가 작을 경우**

③ 펌프의 회전 속도가 클 경우

④ 토출량이 과대할 경우

⑤ 펌프의 흡입관경이 작을 경우

(4) 유효흡입수두(NPSH)

정의	• 펌프가 액체를 흡입할 수 있는 흡입측의 양정
종류	• 가용 NPSH : 펌프 설치 환경 조건에 따라 결정된다. • 필요 NPSH : 펌프 성능, 조건에 따라 결정된다.
특징	• 대기압이 낮을수록 수온이 높을수록 감소하다. • 가용 NPSH > 필요 NPSH이어야 공동현상이 발생하지 않는다. • 펌프 설치 위치가 낮을수록, 손실이 작을수록 → 가용 NPSH ↑ • 펌프 회전수가 작을수록 → 필요 NPSH ↓

(5) 방지 대책

가용 NPSH 증가	• **펌프의 설치 위치를 낮춤** • 흡입관 손실 감소
필요 NPSH 감소	• 펌프의 **회전 속도, 양정, 유량을 낮춤**
기타 대책	• 양흡입 사용 • 내구성 강한 임펠러 사용 • 흡입측 밸브를 **완전히 개방**하고 펌프를 운전한다.

3 맥동현상 (surging)

(1) 정의

밸브의 급작스런 개폐 또는 공동현상 등에 의해 관로 내의 유체 흐름이 일정하지 못하고 토출 압력과 토출 유량이 **주기적**으로 변동하는 현상

(2) 원인

① 배관 중에 물탱크나 공기탱크가 있을 때
② 유량 조절 밸브가 탱크 뒤쪽에 있을 때
③ 펌프의 급정지 또는 관내 공동이 발생한 경우

(3) 영향

① 소음과 진동 발생
② 압력계, 진공계 등 계기 유발

(4) 방지 대책

펌프의 양정을 조절하여 양정곡선 산고 상승부에서 운전되지 않도록 한다.

5-8 ○ 펌프 관련 공식

(1) 흡입구경

$$A = \frac{\pi}{4}d^2$$

$$Q = Au = \frac{\pi}{4}d^2u$$

$$\therefore d = \sqrt{\frac{4Q}{\pi u}}$$

d : 펌프의 흡입구경(m)
Q : 펌프의 토출량(m^3/min)
u : 흡입구의 유속(m/s)

(2) 펌프의 동력

$$P_s = \frac{\rho g Q H (1 + \alpha)}{\eta}$$

P_S : 펌프의 동력
Q : 펌프의 토출량(m^3/s)
ρ : 양정하는 물의 밀도(1,000kg/m^3)
g : 중력 가속도(9.8m/s^2)
H : 펌프의 전양정(m)
η : 펌프의 효율
α : 펌프의 여유율

$$P_s[kW] = \frac{9.8 Q H (1 + \alpha)}{\eta}$$

P_S : 펌프의 동력(kW)
Q : 펌프의 토출량(m^3/s)
H : 펌프의 전양정(m)
η : 펌프의 효율
α : 펌프의 여유율

$$P_s[HP] = \frac{13.33 Q H (1 + \alpha)}{\eta}$$

P_S : 펌프의 동력(HP)
Q : 펌프의 토출량(m^3/s)
H : 펌프의 전양정(m)
η : 펌프의 효율
α : 펌프의 여유율

(3) 전동기의 출력

$$P = \frac{P_s(1 + \alpha)}{\eta_b}$$

P : 전동기 출력
P_S : 펌프의 동력
α : 여유율
η_b : 선날효율

연습문제 5. 유체의 수송과 계측

단답형

2015 서울시 9급 화학공학일반

01 다음 중 가능한 한 값이 크면 좋은 계측기의 특성은?

① 시간 상수(time constant)

② 응답 시간(response time)

③ 감도(sensitivity)

④ 수송 지연(transportation lag)

해설 감도가 클수록 계측기 성능이 우수하다.

정답 ③

2017 지방직 9급 추가채용 화학공학일반

02 압력 강하가 커서 동력 소비(power consumption)가 가장 큰 유량계는?

① 벤투리 유량계(venturi meter)

② 오리피스 유량계(orifice meter)

③ 피토관(pitot tube)

④ 로터 유량계(rotameter)

해설 유량 측정 기구

• 압력 강하(동력 손실)가 최대인 유량계 : 오리피스

• 압력 강하(동력 손실)가 최소인 유량계 : 벤투리미터

• 가격이 최대인 유량계 : 벤투리미터

• 가격이 최소인 유량계 : 오리피스

정답 ②

2017 지방직 9급 추가채용 화학공학일반

03 왕복 펌프(reciprocating pump)에 해당하지 않는 것은?

① 피스톤 펌프(piston pump)

② 원심 펌프(centrifugal pump)

③ 격막 펌프(diaphragm pump)

④ 플런저 펌프(plunger pump)

해설 펌프의 종류

구분	펌프의 종류
왕복 펌프	피스톤 펌프, 플런저 펌프, 격막 펌프(다이어그램 펌프)
회전식 펌프	기어 펌프, 스크루 펌프, 베인 펌프, 로브 펌프
원심력 펌프	벌류트 펌프, 터빈 펌프
축류 펌프	프로펠러 펌프
특수 펌프	제트 펌프, 에어 리프트, 에시트 에그

정답 ②

장답형

04 유량의 조절 또는 개폐의 목적으로 사용되는 밸브의 종류와 이에 대한 설명으로 옳지 않은 것은?

① 게이트 밸브 : 유량 조절에 적합하며 압력 강하가 작다.
② 글로브 밸브 : 유량 조절에 널리 사용되며 압력 손실이 크다.
③ 버터플라이 밸브 : 원판 회전에 의해 작동되며 개폐 작용이 빠르고 간단하다.
④ 체크 밸브 : 유체를 한쪽 방향으로만 흐르게 하여 역류를 방지한다.

해설 밸브의 종류
① 게이트 밸브 : 유로 개폐만 가능하고, 유량 조절이 어렵다.

정답 ①

05 회전 펌프(rotary pump)에 대한 설명으로 옳지 않은 것은?

① 운전 속도가 한정되어 있다.
② 운동 부분과 고정 부분이 밀착되어 있다.
③ 배출 공간에서 흡입 공간으로 역류가 적다.
④ 피스톤 양쪽에서 교대로 액체를 끌어들인다.

해설 펌프의 종류
④ 회전식 펌프 : 톱니바퀴(회전자)로 유체를 수송하는 펌프

정답 ④

계산형

2017 지방직 9급 화학공학일반

06 노즐에서 $7m \cdot s^{-1}$의 속도로 물이 수직으로 분사될 때, 물이 노즐로부터 올라갈 수 있는 최대 높이(m)는? (단, 중력 가속도 = $9.8 \ m \cdot s^{-2}$이고, 물과 공기의 마찰은 무시한다.)

① 1   ② 2.5

③ 5   ④ 7.5

해설 노즐 – 토리첼리 정리 이용

$$u = \sqrt{2gh}$$

$$h = \frac{u^2}{2g} = \frac{7^2}{2 \times 9.8} = 2.5 \, m/s$$

정답 ②

2018 국가직 9급 화학공학일반

07 원형관 내 공기의 유속을 측정하기 위해 설치한 피토관의 압력차가 128Pa일 때, 공기의 유속(m/s)은? (단, 공기의 밀도는 $1kg/m^3$이며 비압축성 흐름으로 가정하고, 마찰 손실은 없다.)

① 16   ② 32

③ 64   ④ 128

해설 $u = \sqrt{\dfrac{2(P_1 - P_2)}{\rho}} = \sqrt{\dfrac{2 \times 128 kg}{m \cdot s^2} \times \dfrac{m^3}{1 kg}} = 16$

정답 ①

정리 피토관의 유속

$$u = \sqrt{\frac{2(P_1 - P_2)}{\rho}} = \sqrt{\frac{2gR(\rho_a - \rho_b)}{\rho_b}}$$

$P_1 - P_2$: 압력 차

ρ_a : 마노미터 봉액의 밀도(kg/m^3)

ρ_b : 유체의 밀도(kg/m^3)

R : 마노미터 압력 차(m)

08 수면이 지면보다 30m 낮게 유지되는 우물물을 2m³/s의 유량으로 지면보다 10m 높은 곳으로 퍼올린다. 이때 유체의 수송에 필요한 펌프의 동력(kW)은? (단, 모든 마찰은 무시하고, 중력 가속도 = 10m/s², 밀도 = 1g/cm³, 펌프 효율 = 80%이다.)

① 720   ② 800

③ 1,000   ④ 1,200

해설 펌프의 동력

$$P_s[kW] = \frac{9.8QH(1+\alpha)}{\eta} = \frac{10 \times 2 \times (30+10)}{0.8} = 1,000$$

정답 ③

CHAPTER

6 입자의 침강

6-1 ─○ 입자에 작용하는 힘

입자에 작용하는 힘＝중력－부력－항력

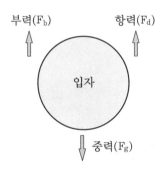

입자에 작용하는 힘

(1) 중력(F_g)

$$F_g = mg = (\rho V)g = \frac{1}{6}\pi\rho_p d_p^3 g$$

(2) 부력(F_b)

$$F_b = \frac{1}{6}\pi\rho d_p^3 g$$

(3) 항력(마찰력, F_d)

$$F_d = C_D A' \frac{\rho v^2}{2}$$

ρ_p : 입자의 밀도
ρ : 유체의 밀도
v : 유체에 대한 입자의 상대속도
μ : 유체의 점도(점성 계수)
C_D : 항력계수

① 투영 면적이 클수록 입자 상대속도(v) 제곱에 비례하여 항력이 증가한다.
② 항력계수(C_D)와 항력은 비례한다.
③ 층류 상태에서는 침강 속도에 대해서 Stokes 법칙이 성립한다.
④ 층류 상태(Stokes 영역, Re ≤ 1)에서의 항력계수

$$C_D = \frac{24}{Re}$$

C_D : 항력계수
Re : 레이놀즈수

6-2 ○ 입자의 종말침강속도(Stoke's 법칙)

입자가 가속됨에 따라 항력이 증가하면서 가속도를 감소시키며, 결국 가속도가 영(0)이 될 때 종말 속도에 도달한다.

(1) Stoke's 법칙 가정
① 층류
② 입자에 작용하는 힘의 합은 0
③ Re < 1인 경우 스토크식 성립

(2) 원리

입자에 작용하는 힘(가속력) = 중력 − 부력 − 항력 = 0

$$F_g - F_b - F_d = 0$$

$$\hookrightarrow \frac{1}{6}\pi\rho_p d_p^3 g - \frac{1}{6}\pi\rho d_p^3 g - C_D\left(\frac{\pi}{4}d_p^2\right)\frac{\rho v^2}{2} = 0$$

$$\hookrightarrow v^2 = \frac{4(\rho_p - \rho)g d_p}{3C_D \rho}$$

$$C_D = \frac{24}{Re} = \frac{24\mu}{\rho vd} \text{ 이므로,}$$

$$\hookrightarrow v^2 = \frac{4(\rho_p - \rho)gd_p}{3C_D\rho} = \frac{4(\rho_p - \rho)gd_p}{3\rho}\frac{\rho vd_p}{24\mu}$$

$$\therefore v = \frac{d_p^2 g(\rho_p - \rho_g)}{18\mu}$$

(3) 입자의 종말침강속도

$$v = \frac{d_p^2 g(\rho_p - \rho_g)}{18\mu}$$

d_p : 입자의 직경
g : 중력 가속도
ρ_p : 입자의 밀도
ρ : 유체의 밀도
μ : 점도(점성 계수)

6-3 o 침강 형태

자유 침강	• 입자에 작용하는 힘이 0인 침강 • 다른 입자의 영향을 받지 않는 침강 • 침강 속도가 일정하다. • stoke's 식이 적용된다.
간섭 침강	• 다른 입자의 영향을 받는 침강 • 입자 침강 속도가 점점 감소한다. • **간섭 침강의 항력계수> 자유 침강의 항력계수**

PART

3

열전달

CHAPTER 1 열전달 기구 및 전도

1-1 ○ 열전달

1 열전달 원리

① 온도가 다른 두 물질이 접촉하면, 열은 고온에서 저온으로 전달된다(열역학 제2법칙).

② 열은 항상 온도 감소 방향으로 진행된다.

③ 열전달 메커니즘 : 전도, 대류, 복사

2 열전달 메커니즘

(1) 전도

정의	• 두 물체가 **접촉**하였을 때 온도가 높은 물체의 분자가 느린 분자와의 충돌로 느린 분자를 빠르게 운동시켜 **열이 이동·전달되는** 현상
공식	• 푸리에(Fourier)의 전도법칙

(2) 대류

정의	• 액체나 기체 **분자가 직접 이동**하면서 열이 이동하는 현상
공식	• 뉴턴의 냉각법칙

(3) 복사

정의	• 절대 0K 이상에서 모든 물질이 그 온도에 따라 표면에서 모든 방향으로 **열에너지를 전자기파 형태로 방출**하는 것
공식	• 스테판 볼츠만 법칙

3 열전달 속도

$$\text{열전달 속도} = \frac{\text{추진력(온도차)}}{\text{열저항}}$$

① 추진력(온도차)이 클수록, 열저항은 작을수록 열전달 속도 증가
② 메커니즘별 열전달 속도 : **복사 > 전도 > 대류**
③ 상(phase)별 열전달 속도 : **기체 > 액체 > 고체**

1-2 ─o 전도

1 전도의 정의

두 물체가 접촉해있을 때 온도가 높은 물체의 분자가 느린 분자와의 충돌로 느린 분자를 빠르게 운동시켜 열이 이동·전달되는 현상

2 푸리에 (Fourier)의 전도법칙

(1) 푸리에(Fourier)의 전도법칙

$$\frac{dq}{dA} = -k\frac{dT}{dL}$$

(2) 열플럭스(q/A)

① 정의 : 단위면적당 열전달량
② 단위 : W/m^2, $kcal/m^2 \cdot hr$

$$\frac{q}{A} = -k\frac{\triangle T}{L} = k\frac{(T_1 - T_2)}{L}$$

q	: 열전달 속도, 열전달량(kcal/hr)
A	: 표면적(m^2)
q/A	: 열플럭스($kcal/m^2 \cdot hr$)
k	: 열전도도($kcal/m \cdot hr \cdot ℃$)
$\dfrac{\triangle T}{L}$	: 온도 구배(℃/m)
$\triangle T$	: 온도차(℃)
L	: 두께(m)

(3) 열전달 속도(열전달량, q)

① 정의 : 표면에 직각 방향으로 열이 전달되는 양

② 단위 : W, kcal/hr

$$q = -kA\frac{\triangle T}{L} = kA\frac{(T_1 - T_2)}{L}$$

3 열전도도 (k)

(1) 열전도도 개요

정의	• 열전도가 되는 정도를 나타내는 재료의 물리적 물성치
단위	• W/m · ℃, kcal/m · hr · ℃
특징	• 열전도도 크기 : 고체(금속) > 액체 > 기체

(2) 상에 따른 열전도도 특징

고체	• 물질 종류별로 열전도도 값이 다르다. • 전기전도도↑ → 열전도도↑
액체	• 온도↑ → 분자 간 간격↑ → 열전도도↓ (예외) 물 : 온도↑ → 열전도도 ↑
기체	• 온도↑ → 분자 운동 활발↑ → 열전도도↑ • 분자량 작은 기체는 열전도도 작다. • 단원자 기체 열전도도 < 다원자 기체 열전도도

4 단열재의 조건

① 열전도도가 낮을수록

② 저항이 클수록

성능이 우수하다.

| 1-3 | ---○ | **열전도 계산** |

1 정상 상태의 열전도 계산

(1) 단면적이 일정한 벽

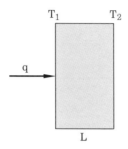

단면적이 일정한 벽

① 열전달 속도(q)

$$q = -kA \frac{\triangle T}{L} = kA \frac{(T_1 - T_2)}{L} = \frac{\triangle T}{\dfrac{L}{kA}} = \frac{\triangle T}{R}$$

② 열저항(R)

$$R = \frac{L}{kA}$$

(2) 여러 개의 벽

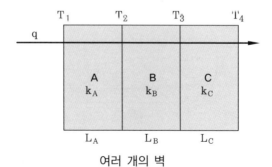

여러 개의 벽

각 벽마다 열은 모두 전달되므로 각 벽의 열은 같다.

$q = q_A = q_B = q_C$

$$\frac{q}{A} = \frac{q_A}{A} = \frac{q_B}{A} = \frac{q_C}{A}$$

$$\frac{q}{A} = \frac{k_A(T_1 - T_2)}{L_A} = \frac{k_B(T_2 - T_3)}{L_B} = \frac{k_C(T_3 - T_4)}{L_C}$$

각 벽의 온도차를 구하면

$$T_1 - T_2 = \frac{q}{A} \cdot \frac{L_A}{k_A}$$

$$T_2 - T_3 = \frac{q}{A} \cdot \frac{L_B}{k_B}$$

$$T_3 - T_4 = \frac{q}{A} \cdot \frac{L_C}{k_C}$$

$$\therefore \ T_1 - T_4 = \frac{q}{A}\left(\frac{L_A}{k_A} + \frac{L_B}{k_B} + \frac{L_C}{k_C}\right)$$

$$\therefore \ \frac{q}{A} = \frac{T_1 - T_4}{\left(\dfrac{L_A}{k_A} + \dfrac{L_B}{k_B} + \dfrac{L_C}{k_C}\right)}$$

$$q = \frac{T_1 - T_4}{\left(\dfrac{L_A}{k_A A} + \dfrac{L_B}{k_B A} + \dfrac{L_C}{k_C A}\right)}$$

$$= \frac{T_1 - T_4}{(R_A + R_B + R_C)}$$

$$= \frac{\triangle T}{\Sigma R}$$

L_A, L_B, L_C : 각 벽의 두께
k_A, k_B, k_C : 각 벽의 열전도도
R_A, R_B, R_C : 각 벽의 열저항

(3) 원통

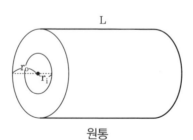

원통

$$q = -kA_{lm}\frac{\triangle T}{(r_o - r_i)}$$

$$= k \cdot \left(\frac{2\pi L(r_o - r_i)}{\ln(r_o/r_i)}\right)\frac{\triangle T}{(r_o - r_i)} = k \cdot \frac{2\pi L \triangle T}{\ln(r_o/r_i)}$$

r_o : 외경의 반지름
r_i : 내경의 반지름
A_{lm} : 대수평균면적

(4) 속이 빈 구

$$q = -kA_{gm}\frac{\triangle T}{L}$$

$$= k \cdot (4\pi r_o r_i)\frac{(T_i - T_o)}{(r_o - r_i)}$$

r_o : 외경의 반지름
r_i : 내경의 반지름
A_{gm} : 기하평균면적

The 알아보기 **평균의 종류**

1. 산술 평균

$$A_{avg} = \frac{A_1 + A_2}{2}$$

2. 대수 평균

$$A_{lm} = \frac{A_1 - A_2}{\ln(A_1/A_2)} = \frac{A_1 - A_2}{\ln A_1 - \ln A_2}$$

3. 기하 평균

$$A_{gm} = \sqrt{A_1 A_2}$$

2 비정상 상태의 열전도 – 열확산도

비정상 상태의 열전도는 열확산도에 영향을 받는다.

(1) 열확산도 정의

① 열에너지 저장 능력에 대한 열에너지 전도 능력의 비
② 물질의 내부 온도가 시간에 따라 변할 때, 물질 내부로 전파되는 열의 속도

(2) 열확산도 공식

$$\alpha = \frac{k}{\rho C_P}$$

α : 열확산도(m^2/s)
k : 열전도도
ρ : 물질의 밀도
C_P : 정압 비열

(3) 열확산도 특징

① 열확산도가 클수록 열전달 속도가 빠르다.
② 열확산도가 클수록 열평형에 빠르게 도달한다.

연습문제

1. 유체의 분류 및 성질

징답형

2016 국가직 9급 화학공학일반

01 물질의 상태에 따른 열전도도에 대한 설명으로 옳은 것은?

① 열전도도의 크기는 기체>액체>고체 순이다.

② 액체의 열전도도는 온도 상승에 의하여 증가한다.

③ 기체의 열전도도는 온도 상승에 의하여 감소한다.

④ 고체상의 순수 금속은 전기전도도가 증가할수록 열전도도는 높아진다.

해설 ① 열전도도의 크기는 고체>액체>기체 순이다.

② 액체의 열전도도는 온도 상승에 의하여 증가한다.

③ 기체의 열전도도는 온도 상승에 의하여 증가한다.

정답 ④

정리 열전달

열전도도 크기 : 고체 > 액체 > 기체

정리 상에 따른 열전도도 특징

고체	• 물질 종류별로 열전도도 값 다르다. • 전기전도도↑ → 열전도도↑
액체	• 온도↑ → 열전도도↓ [예외] 물 : 온도↑ → 열전도도↑
기체	• 온도↑ → 열전도도↑ • 분자량이 작은 기체는 열전도도 작다. • 단원자 기체 열전도도>다원자 기체 열전도도

2017 지방직 9급 화학공학일반

02 열의 이동 기구 중 하나인 전도는 분자의 진동 에너지가 인접한 분자에 전해지는 것이다. 벽면을 통해 열이 전도된다고 가정할 때, 열전달 속도를 빠르게 하는 방법이 아닌 것은?

① 벽면의 면적을 증가시킨다.

② 벽면 양 끝의 온도 차이를 작게 한다.

③ 열전도도가 큰 벽면을 사용한다.

④ 벽면의 두께를 감소시킨다.

해설 전도

② 벽면 양 끝의 온도 차이를 크게 한다(온도차, 온도 구배 증가시킴).

정답 ②

정리 전도의 기본 법칙 – Fourier 법칙

$$\frac{q}{A} = -k\frac{\Delta T}{L} = k\frac{(T_1 - T_2)}{L}$$

q : 열전달 속도, 열전달량(kcal/hr)

A : 표면적(m^2)

q/A : 열플럭스($kcal/m^2 \cdot hr$)

k : 열전도도($kcal/m \cdot hr \cdot ℃$)

$\dfrac{\Delta T}{L}$: 온도 구배(℃/m)

ΔT : 온도차(℃)

L : 두께(m)

계산형

2015 서울시 9급 화학공학일반

03 건물 벽의 두께가 10cm이고, 겨울철 바깥 표면의 온도가 0℃일 때, 안쪽 표면의 온도를 30℃로 유지하면 벽을 통한 단위면적당 열전달량은? (단, 건물 벽의 열전도도는 0.01kcal/m·hr·℃이다.)

① 0.005kcal/m² · min
② 0.05kcal/m² · min
③ 0.5kcal/m² · min
④ 5kcal/m² · min

해설 전도의 기본 법칙 – Fourier 법칙

$$\frac{q}{A} = -k\frac{\triangle T}{L} = k\frac{(T_1 - T_2)}{L}$$

$$\frac{q}{A} = \frac{0.01\,\text{kcal}}{\text{m}\cdot\text{hr}} \times \frac{(30-0)℃}{0.1\text{m}} \times \frac{1\text{hr}}{60\text{min}} = 0.05\,\text{kcal/m}^2\cdot\text{min}$$

정답 ②

2015 국가직 9급 화학공학일반

04 다음과 같은 금속벽을 통한 열전달이 일어날 때 고온부의 온도 T_1의 값은? (단, 열전도도는 20kcal/m·hr·°C이고, 열손실량은 10,000kcal/hr이다.)

① 60℃
② 120℃
③ 160℃
④ 220℃

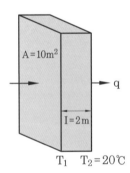

해설 전도의 기본 법칙 – Fourier 법칙 – 단면적이 일정한 벽

$$\frac{q}{A} = -k\frac{\triangle T}{L} = k\frac{(T_1 - T_2)}{L}$$

$$\frac{10,000\text{kcal/hr}}{10\text{m}^2} = \frac{20\,\text{kcal}}{\text{m}\cdot\text{hr}}\frac{(T_1 - 20)℃}{2\text{m}}$$

$$\therefore\ T_1 = 120℃$$

정답 ②

2018 지방직 9급 화학공학일반

05 두께가 500mm인 벽돌 벽에서 단위면적($1m^2$)당 80kcal/h의 열손실이 발생하고 있다. 벽 내면의 온도가 900℃라 할 때, 벽 외면의 온도(℉)는? (단, 이 벽돌의 열전도도는 0.1kcal/h · m · ℃이다.)

① 41　　　　　　　　　　　② 122

③ 932　　　　　　　　　　　④ 9,032

> 해설 전도의 기본 법칙 – Fourier 법칙 – 단면적이 일정한 벽
>
> $$\frac{q}{A} = -k\frac{\Delta T}{L} = k\frac{(T_1 - T_2)}{L}$$
>
> $$\frac{80kcal/hr}{1m^2} = \frac{0.1\,kcal}{m \cdot hr}\frac{(900 - T_2)℃}{0.5m}$$
>
> $$\therefore\ T_1 = 500℃$$
>
> $$\therefore\ ℉ = \frac{9}{5}℃ + 32 = \frac{9}{5} \times 500 + 32 = 932℉$$

> 정답 ③

2016 지방직 9급 화학공학일반

06 고체상의 수직벽에 의해 고온의 유체와 저온의 유체가 나뉘어져 있다. 두 유체 사이의 온도차가 2배로 증가된다면 이에 따른 열전달량은 몇 배인가? (단, 정상 상태를 가정하며 총괄 열전달 계수와 열전달 면적은 일정하다.)

① 0.5　　　　　　　　　　　② 1.0

③ 2.0　　　　　　　　　　　④ 4.0

> 해설 전도의 기본 법칙 – Fourier 법칙 – 단면적이 일정한 벽
>
> 열전달량(q)은 온도차에 비례하므로
>
> 온도차가 2배이면 열전달량도 2배가 된다.
>
> $$q' = -kA\frac{(2\Delta T)}{L} = -2kA\frac{\Delta T}{L} = 2q$$

> 정답 ③

2018 국가직 9급 화학공학일반

07 온도 차이 ΔT, 열전도도 k, 두께 x, 열전달 면적 A인 평면벽을 통한 1차원 정상 상태 열흐름 속도는 Q이다. 벽의 열전도도 k가 4배 증가하고 두께 x가 2배 증가할 때, 열흐름 속도는?

① Q/2 ② Q ③ 2Q ④ 4Q

해설 전도의 기본 법칙 – Fourier 법칙 – 단면적이 일정한 벽

$$q = -kA\frac{\Delta T}{L} \text{이므로}$$

$$q' = -(4k)A\frac{\Delta T}{(2L)} = -2kA\frac{\Delta T}{L} = 2q$$

정답 ③

2016 지방직 9급 화학공학일반

08 벽에 얇은 플라스틱판이 붙어 있다. 플라스틱판 양쪽의 온도는 각각 50℃와 55℃이다. 정상 상태에서 벽으로 전달되는 열 플럭스(heat flux)[J/m² · s]는? (단, 플라스틱판의 열전도도는 0.6J/m · s · ℃이다.)

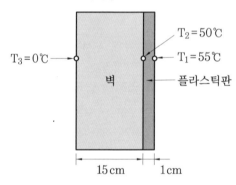

① 3 ② 30 ③ 300 ④ 3,000

해설 전도의 기본 법칙 – Fourier 법칙 – 단면적이 일정한 벽

$$\frac{q}{A} = -k\frac{\Delta T}{L} = k\frac{(T_1 - T_2)}{L}$$

$$\frac{q}{A} = k\frac{(T_1 - T_2)}{L}$$

$$\therefore \frac{q}{A} = -\frac{0.6J}{m \cdot s \cdot ℃}\frac{(55-50)℃}{0.01m} = 300 \ J/m^2 \cdot s$$

정답 ③

2017 지방직 9급 추가채용 화학공학일반

09 단면적이 A로 동일한 두 개의 층으로 구성된 단열 벽체의 열전달에 대한 총괄 열전달 저항은 2K/W이다. 첫 번째 층의 두께는 0.25m이고 열전도도는 2.5W/m·K이며, 두 번째 층의 두께는 0.2m이고 열전도도가 0.2W/m·K일 때 벽체의 단면적(A)[m²]은?

① 0.20   ② 0.55   ③ 1.00   ④ 1.75

해설 전도의 기본 법칙 – Fourier 법칙 – 여러 개의 벽

$$q = \frac{A \triangle T}{\left(\dfrac{L_A}{k_A} + \dfrac{L_B}{k_B} \right)} = \frac{\triangle T}{R}$$

$$\therefore \ A = \frac{1}{R}\left(\frac{L_A}{k_A} + \frac{L_B}{k_B} \right) = \frac{1}{2}\left(\frac{0.25}{2.5} + \frac{0.2}{0.2} \right) = 0.55\mathrm{m}^2$$

정답 ②

2018 서울시 9급 화학공학일반

10 외측이 반경 r_1, 내측이 반경 r_2인 쇠구슬이 있다. 구의 안쪽과 표면의 온도를 각각 $T_1[℃]$, $T_2[℃]$라고 할 때 이 구슬에서의 열손실(kcal/h) 계산식은? (단, 구벽의 재질은 일정하며 열전도도는 $k_{av}[kcal/m·h·℃]$로 일정하다.)

① $4\pi k_{av} \dfrac{(T_1 - T_2)}{(r_1 - r_2)}$ ② $4\pi k_{av} \dfrac{\ln(T_1/T_2)}{\ln(r_1/r_2)}$

③ $4\pi k_{av} \dfrac{(T_1 - T_2)}{\ln(r_1/r_2)}$ ④ $4\pi k_{av} \dfrac{(T_1 - T_2)}{(1/r_1 - 1/r_2)}$

해설 전도의 기본 법칙 – Fourier 법칙 – 속이 빈 구

$$\begin{aligned}
q &= -kA_{gm}\frac{\triangle T}{L} \\
&= k \cdot (4\pi r_o r_i)\frac{(T_i - T_o)}{(r_o - r_i)} \\
&= 4k\pi \cdot (T_1 - T_2)\frac{r_1 r_2}{(r_2 - r_1)} \\
&= 4k\pi \cdot (T_1 - T_2)\frac{1}{\left(\dfrac{1}{r_1} - \dfrac{1}{r_2} \right)}
\end{aligned}$$

정답 ④

11 온도가 일정하게 유지되고 있는 지름 10cm인 구형(sphere) 열원이 두께가 15cm이고 열전도도가 0.5W/m℃인 단열재로 덮여 있다. 정상 상태에서 전도에 의한 열흐름 속도가 30W이고, 단열재 외부 표면 온도가 25℃로 일정하게 유지될 때 열원과 접하고 있는 단열재 내부 표면의 온도(℃)는? (단, $\pi = 3$으로 가정한다.)

① 70　　　　② 80　　　　③ 90　　　　④ 100

해설 전도의 기본 법칙 – Fourier 법칙 – 속이 빈 구

$$q = 4k\pi \cdot (T_i - T_o)\frac{r_o r_i}{(r_o - r_i)}$$

$$30 = 4 \times 0.5 \times 3(T_1 - 25) \cdot \frac{0.2 \times 0.05}{(0.2 - 0.05)}$$

$$\therefore T_1 = 100℃$$

정답 ④

12 다음 그림은 초기에 온도가 T_0로 균일한 무한 평판의 단면이다. 평판의 양쪽 측면을 급격히 가열하여 표면온도를 T_S로 유지하면 평판 내부에서 비정상 상태 열전도가 진행된다. 평판의 중심선 온도(T_c)가 가장 빨리 상승하는 평판의 열전도도 k[W/m·K]와 비열 C_P[J/kg·K]는?
(단, 평판의 밀도는 일정하다.)

	k	C_P
①	1	500
②	1	1,000
③	5	500
④	5	1,000

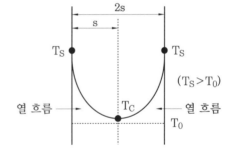

해설 비정상 상태의 열전도 – 열확산도

$$\alpha = \frac{k}{\rho C_P} \propto \frac{k}{C_P} \text{ 이다.}$$

$\frac{k}{C_P}$ 값은 ① 1/500　② 1/1,000　③ 1/100　④ 1/200

열확산도가 클수록 열평형에 빠르게 도달하므로 그래프 기울기가 작아지므로, 평판의 중심선 온도(T_c)가 가장 빨리 상승하는 것은 ③이다.

정답 ③

2017 국가직 9급 화학공학일반

13 반경(R)이 10cm인 고체 구(sphere)를 뜨거운 용액에 넣었을 때, 비정상 상태에서의 구 내부 온도 분포를 다음 그래프를 이용하여 구하고자 한다. 여기서, α는 열확산도 (thermal diffusivity), T_0는 고체 구의 초기 온도, T_1은 뜨거운 용액의 온도, T는 임의의 시간에서 구 내부의 온도, r은 고체 구 중심으로부터의 거리(cm), t는 경과시간(s)을 나타낸다. 고체 구의 중심(r = 0) 온도가 93.5℃에 도달할 때 걸리는 시간(t)은? (단, α = 20cm²/s, T_0 = 50℃, T_1 = 200℃이고, 용액의 온도 변화는 무시하며 구의 표면 온도는 용액의 온도와 같다고 가정한다.)

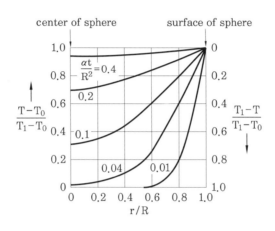

① 0.1s

② 0.5s

③ 1s

④ 2s

해설 비정상 상태의 열전도-열확산도

$T_0 = 50℃,\ T_1 = 200℃,\ T = 93.5℃$

$$\frac{T - T_0}{T_1 - T_0} = \frac{93.5 - 50}{200 - 50} = 0.29$$

그래프에서, 0.29인 지점의 $\dfrac{\alpha t}{R^2}$값은 0.1이다.

$$\frac{20 \times t}{10^2} = 0.1$$

$$\therefore\ t = 0.5s$$

정답 ②

CHAPTER

2

대류

2-1 ─○ 대류

1 대류의 정의

액체나 기체 **분자가 직접 이동**하여 밀도 차에 의한 혼합으로 열이 이동하는 현상

2 대류의 종류

자연 대류	• **온도차**에 의한 유체의 밀도 차가 생겨 자연적으로 분자가 이동하는 대류
강제 대류	• 유체를 교반하거나 펌프 등 **기계적으로** 열을 이동시키는 대류

3 뉴턴의 냉각 법칙

대류의 기본 법칙

(1) 열플럭스(q/A)

$$\frac{q}{A} = -h\triangle T = h(T_s - T_f)$$

q : 열전달 속도, 열전달량(kcal/hr)
A : 표면적(m^2)
q/A : 열플럭스($kcal/m^2 \cdot hr$)
h : 경막 열전달 계수($kcal/m^2 \cdot hr \cdot ℃$)
T_s : 고체의 온도(℃)
T_f : 유체의 온도(℃)

(2) 열전달 속도(q)

$$q = -hA\triangle T = hA(T_s - T_f)$$

4 경막 열전달 계수(경막 계수, h)

정의	• 유체와 고체 사이 이동하는 열과 온도차의 비례상수 • 열전달이 활발한 정도를 나타내는 계수
단위	• $kcal/m^2 \cdot hr \cdot ℃$, $W/m^2 \cdot ℃$
특징	• 물질 고유 특성값 아님 • 유체의 성질, 흐름 형태, 대류 조건, 장치의 구조, 전열면의 모양 등에 영향을 받음 • **기체 경막 열전달 계수<액체 경막 열전달 계수**

$$h = \frac{k}{L} \qquad k \ : \ 열전도도(kcal/m \cdot hr \cdot ℃)$$
$$L \ : \ 두께(m)$$

2-2 ○ 고체와 유체 사이의 열전달

① 고체와 유체 사이에 온도차가 있으면 둘 사이에서 열교환(전도 및 대류)이 발생한다.

② 뉴턴의 냉각법칙으로 계산한다.

$$q = -hA \triangle T = hA(T_s - T_f)$$

q : 열전달 속도, 열전달량(kcal/hr)
A : 표면적(m^2)
h : 경막 계수, 열전달 계수($kcal/m^2 \cdot hr \cdot ℃$)
T_s : 고체의 온도(℃)
T_f : 유체이 온도(℃)

2-3 ○ 고체벽을 사이에 둔 두 유체의 열전달

1 원리 – 경막

① 고체와 유체 사이에 온도차가 있으면 둘 사이에서 열교환(전도 및 대류)이 발생한다.

② 유체가 **빠른** 속도로 흐르다가 고체 벽면에 접근하면 유체가 거의 흐르지 못하게 된다.

③ 이 층을 경막이라 한다.

④ **경막에서 유체-고체 사이 온도 구배(변화)가 크고, 직선 형태이다.**

⑤ 경막에서 **열저항이 높다.**

⑥ **경막에서 발생하는 열전달은 전도로 볼 수 있다.**

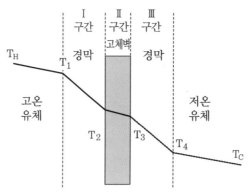

고체벽을 사이에 둔 유체의 열전달

각 구간에 전달되는 열은 모두 동일하다. ($q = q_1 = q_2 = q_3$)

I 구간 유체 냉각 구간(대류, 경막) : $T_1 - T_2 = \dfrac{q}{A} \cdot \dfrac{1}{h_1}$

II 구간 고체 전도 구간(전도) : $T_2 - T_3 = \dfrac{q}{A} \cdot \dfrac{L_2}{k_2}$

III 구간 유체 냉각(대류, 경막) : $T_3 - T_4 = \dfrac{q}{A} \cdot \dfrac{1}{h_3}$

$\therefore T_1 - T_4 = \dfrac{q}{A}\left(\dfrac{1}{h_1} + \dfrac{L_2}{k_2} + \dfrac{1}{h_3}\right)$

$\therefore q = \dfrac{A(T_1 - T_4)}{\left(\dfrac{1}{h_1} + \dfrac{L_2}{k_2} + \dfrac{1}{h_3}\right)} = \dfrac{A \triangle T}{\left(\dfrac{1}{h_1} + \dfrac{L_2}{k_2} + \dfrac{1}{h_3}\right)}$

$q = \dfrac{A \triangle T}{\left(\dfrac{1}{h_1} + \dfrac{L_2}{k_2} + \dfrac{1}{h_3}\right)} = hA \triangle T$ 이라 하면

$\therefore h = \dfrac{1}{\left(\dfrac{1}{h_1} + \dfrac{L_2}{k_2} + \dfrac{1}{h_3}\right)}$

2 면적이 같은 경우

(1) 열전달 속도

$$q = hA\triangle T = \frac{A(T_1 - T_4)}{\left(\dfrac{1}{h_1} + \dfrac{L_2}{k_2} + \dfrac{1}{h_3}\right)} = \frac{A\triangle T}{\left(\dfrac{1}{h_1} + \dfrac{L_2}{k_2} + \dfrac{1}{h_3}\right)}$$

(2) 총괄 열전달 속도

$$q = UA\triangle T$$

(3) 총괄 열전달 계수

$$U = \frac{1}{\left(\dfrac{1}{h_1} + \dfrac{L_2}{k_2} + \dfrac{1}{h_3}\right)}$$

3 원통인 경우 열교환기

원통은 내경(D_o)과 외경(D_i)의 면적이 다르다.

(1) 열전달 속도

① 각 구간에 전달되는 열은 모두 동일하다($q = q_1 = q_2 = q_3$).

② 각 구간의 열전달량

- 원통 내경 – 고온 유체 구간(대류) : $q_1 = h_i A_i (T_1 - T_2)$

- 원통(고체) 전도 구간(전도) : $q_2 = \dfrac{k}{L} A_{lm}(T_2 - T_3)$

- 원통 외경 – 저온 유체 구간(대류) : $q_3 = h_o A_o (T_3 - T_4)$

③ 열전달 속도

$$T_1 - T_2 = \frac{q}{h_i A_i}$$

$$T_2 - T_3 = \frac{q}{A_{lm}} \cdot \frac{L}{k}$$

$$T_3 - T_4 = \frac{q}{h_o A_o}$$

$$\therefore \ T_1 - T_4 = q\left(\frac{1}{h_i A_i} + \frac{L}{k A_{lm}} + \frac{1}{h_o A_o}\right)$$

$$\therefore \ q = \frac{(T_1 - T_4)}{\left(\frac{1}{h_i A_i} + \frac{(r_o - r_i)}{k A_{lm}} + \frac{1}{h_o A_o}\right)} = \frac{A\triangle T}{\left(\frac{A}{h_i A_i} + \frac{(r_o - r_i)A}{k A_{lm}} + \frac{A}{h_o A_o}\right)}$$

$$q = \frac{A\triangle T}{\left(\frac{A}{h_i A_i} + \frac{(r_o - r_i)A}{k A_{lm}} + \frac{A}{h_o A_o}\right)} = UA\triangle T \text{이라 하면,}$$

$$\therefore \ U = \frac{1}{\left(\frac{A}{h_i A_i} + \frac{L_2}{k_2} \cdot \frac{A}{A_{lm}} + \frac{A}{h_o A_o}\right)}$$

단, $A_i = 2\pi L r_i$, $A_o = 2\pi L r_o$, $A_{lm} = \dfrac{A_o - A_i}{\ln(A_o/A_i)} = \dfrac{2\pi L(r_o - r_i)}{\ln(r_o/r_i)}$

$$q = \frac{(T_1 - T_4)}{\left(\frac{1}{h_1 A_1} + \frac{(r_2 - r_1)}{k A_{lm}} + \frac{1}{h_2 A_2}\right)} = \frac{A\triangle T}{\left(\frac{A}{h_1 A_1} + \frac{(r_2 - r_1)A}{k A_{lm}} + \frac{A}{h_2 A_2}\right)} = UA\triangle T$$

(2) 총괄 열전달 속도

$$q = UA\triangle T = U_i A_i \triangle T = U_o A_o \triangle T$$

(3) 총괄 열전달 계수

$$U = \frac{1}{\left(\frac{A}{h_i A_i} + \frac{L_2}{k_2} \cdot \frac{A}{A_{lm}} + \frac{A}{h_o A_o}\right)}$$

(4) 내부 총괄 열전달 계수

면적을 내부 면적으로 한다($A = A_i$).

$$U = \cfrac{1}{\left(\cfrac{1}{h_i} + \cfrac{r_2 - r_1}{k} \cdot \cfrac{A_1}{A_{lm}} + \cfrac{1}{h_o} \right)}$$

(5) 외부 총괄 열전달 계수

면적을 외부 면적으로 한다($A = A_o$).

$$U = \cfrac{1}{\left(\cfrac{1}{h_i} + \cfrac{r_2 - r_1}{k} \cdot \cfrac{A_o}{A_{lm}} + \cfrac{1}{h_o} \right)}$$

2-4 ┄o 열전달 관련 무차원수

■1 정상 상태의 열전달 관련 무차원수

(1) 프란틀 수 (Prandtl number)

⑺ 정의

① 열전달 속도 중에서 대류 열전달 속도가 차지하는 비율

② 열확산도에 대한 운동량 확산도의 비율

⑷ 공식

$$Pr = \frac{운동량\ 확산\ 계수}{열\ 확산\ 계수} = \frac{유체\ 동역학적\ 경계층}{열\ 경계층}$$

$$Pr = \frac{\nu}{\alpha} = \frac{c_p \mu}{k}$$

α : 열확산도

ν : 동점도(운동량 확산 계수)

c_p : 정압비열

k : 열전도도

(다) 특징

Pr<1	• 유체 동역학적 경계층 두께< 열 경계층 두께 • 열전도 속도 높음 예 액상 금속 Pr 0.01~0.04
Pr=1	• 유체 동역학적 경계층 두께= 열 경계층 두께 • 온도↑ → 동점도 및 열확산도↑(증가 비율 동일) → Pr 일정 • 기체 예 공기 Pr 0.69, 수증기 Pr 1.06
Pr>1	• 유체 동역학적 경계층 두께> 열 경계층 두께 • 열전도 속도 낮음 • 대부분의 액체 • 액체 온도↑ → 동점도↓, Pr↓ 예 70℃ 물 Pr 2.5, 점성 액체 및 농축액 Pr 600

(2) 넛셀 수 (Nusselt number)

유체의 전도 열전달에 대한 대류 열전달의 비율

$$Nu = \frac{\text{대류 열전달}}{\text{전도 열전달}} = \frac{\text{전도 열저항}}{\text{대류 열저항}} = \frac{hD}{k}$$

$$Nu = \frac{hD}{k_f}$$
h : 경막 열전달 계수
D : 관의 직경
k : 유체의 열전도도

① 강제 대류에서 $Nu = f(Re, Pr)$
② 자연 대류에서 $Nu = f(Gr, Pr)$
③ 층류일 때는 $Nu = f(D/L)$

(3) 레이놀즈 수(Reynold number)

$$Re = \frac{\text{관성력}}{\text{점성력}} = \frac{\rho u D}{\mu} = \frac{uD}{\nu}$$
ρ : 밀도
μ : 점성 계수
D : 관의 직경
u : 유속
ν : 동점성 계수

(4) 그라스호프 수(Grashof number)

점성력에 대한 부력의 비율

$$Gr = \frac{부력}{점성력} = \frac{g\rho^2 D^3 \beta \triangle T}{\mu^2}$$

ρ : 밀도
D : 관의 직경
β : 부피 팽창계수($\degree C^{-1}$)$\left(\beta = \frac{1}{V}\left(\frac{\partial V}{\partial T}\right)_p\right)$
$\triangle T$: 온도차
μ : 점도

(5) 페클렛 수(Péclet number)

고체 전도 열전달에 대한 대류 열전달의 비율

$$Pe = Re \times Pr = \frac{\rho u D}{\mu} \times \frac{c_p \mu}{k} = \frac{c_p \rho u D}{k}$$

(6) 스탠턴 수(Stanton number)

유체의 열용량에 대한 유체에 전달된 열의 비율

$$St = \frac{h}{c_p \rho u} = \frac{Nu}{Pe} = \frac{Nu}{Re \times Pr}$$

(7) 그레이츠 수(Greatz number)

유체 체류시간에 대한 흐름 수직 방향으로의 열평형 도달 시간

$$Gz = \frac{\dot{m} c_p}{kL}$$

2 비정상 상태의 열전도 관련 무차원수

(1) 푸리에 수(Fourier number)

$$Fo = \frac{\alpha t}{L^2} = \frac{\alpha t}{(V/A)^2}$$

α : 열확산도
t : 냉각 시간(가열 시간)
L : 특성 길이
V : 부피
A : 넓이

(2) 비오트 수(Biot number)

물질 내부 온도가 균일한지 한 곳에 집중되었는지 판별하는 수

$$Bi = \frac{\text{외부 대류 열전달}}{\text{내부 전도 열전달}} = \frac{\text{전도 열저항}}{\text{대류 열저항}}$$

$$Bi = \frac{hL}{k} = \frac{h(V/A)}{k}$$

α : 열확산도
k : 열전도도
L : 특성 길이
V : 부피
A : 넓이

Bi = 0	• 내부 온도가 균일 • 대류가 지배적 • 전도 열저항 0
0 < Bi < 0.1	• 내부 온도가 거의 균일 • 전도가 지배적
Bi > 0.1	• 물체의 외부(표면)와 내부 온도차 큼 • 전도 열저항 큼

예제 ▶ 비정상 상태의 열전달 관련 무차원수 – 푸리에 수

1. 초기 균일 온도 80℃, 반지름이 1cm인 유리구슬을 0℃의 얼음물에 넣은 후, 5분 후에 구슬의 평균 온도가 20℃까지 떨어졌다. 만일 이 유리구슬의 반지름이 2cm로 커지면 동일한 조건 하에서 구슬의 평균 온도가 80℃에서 20℃까지 떨어지는 데 걸리는 시간은? (이때 Bi값은 무한대라고 가정한다.)   [2016 서울시 9급]

① 5분   ② 10분   ③ 20분   ④ 40분

해설 $N_{Fo} = \dfrac{\alpha t}{L^2}$

$$N_{Fo} = \frac{\alpha t_1}{(r_1/3)^2} = \frac{\alpha t_2}{(r_2/3)^2}$$

$$\frac{5\alpha}{(1/3)^2} = \frac{\alpha t_2}{(2/3)^2}$$

$\therefore \ t_2 = 20분$

정답 ③

The 알아보기 | **구의 특성 길이(L)**

$$L = \frac{V}{A} = \frac{\frac{4\pi r^3}{3}}{4\pi r^2} = \frac{r}{3} = \frac{D}{6}$$

연습문제

2. 대류

단답형

2018 지방직 9급 화학공학일반

01 대류에 의한 열전달에 해당하는 법칙은?

① Stefan–Boltzmann 법칙

② Fourier의 법칙

③ Fick의 법칙

④ Newton의 냉각법칙

해설 열전달 관련 법칙

• 전도 : 푸리에 법칙

• 내류 : 뉴턴의 냉각법칙

• 복사 : 스테판볼츠만 법칙, 비인 법칙, 플랑크 법칙, 키르호프 법칙

③ Fick의 법칙 : 확산(물질 전달) 관련 법칙

정답 ④

장답형

2018 국가직 9급 화학공학일반

02 넓은 평판 표면에서 표면 위의 유체로 대류 열전달이 발생하고 있다. 이때 열흐름 속도를 높이는 방법으로 옳은 것은?

① 평판 표면에 핀(fin) 등 확장 표면 장치를 설치한다.

② 유체의 흐름 속도를 낮춘다.

③ 평판 표면에 열저항이 큰 또 다른 평판을 올려놓는다.

④ 유체의 온도와 평판 표면의 온도 차이를 줄인다.

해설 ① 열전달 속도는 면적에 비례하므로, 확장 표면 장치를 설치하면 열흐름 속도가 증가한다.

정답 ①

정리 대류–뉴턴의 냉각법칙

$$\frac{q}{A} = -h\triangle T = h(T_s - T_f)$$

$$q = -hA\triangle T = hA(T_s - T_f)$$

- q : 열전달 속도, 열전달량(kcal/hr)
- A : 표면적(m^2)
- q/A : 열플럭스(kcal/m^2·hr)
- h : 경막 계수, 열전달 계수(kcal/m^2·hr·℃)
- T_s : 고체의 온도(℃)
- T_f : 유체의 온도(℃)

CHAPTER 3 복사

3-1 ○ 복사

(1) 복사의 정의

절대 0K 이상에서 모든 물질이 그 온도에 따라 표면에서 모든 방향으로 열에너지를 전자기파 형태로 방출하는 것

(2) 복사의 특징

① **전자기파** 형태의 열전달

② **매질없이 열이 전달된다.**

③ 전자기장의 진동에 의한 **파동 형태의 에너지 전달**

④ 주어진 온도에서 어떤 물질의 열복사 속도는 응집 상태 및 분자 구조에 따라 변한다.

⑤ 다원자 기체 : 여러 파장에서 복사를 흡수 및 방출한다.

⑥ 단원자 및 이원자 기체 : 약한 복사, 복사를 흡수 및 방출하지 않는다.

⑦ 고체 및 액체 : 두께와 상관없이 전 파장(스펙트럼)에서 복사를 흡수 및 방출한다.

3-2 ○ 복사 관련 용어

(1) 에너지 보존법칙

입사량＝반사량＋흡수량＋투과량

(2) 흡수율(α)

$$\alpha = \frac{흡수량}{입사량} = \frac{I_a}{I_0}$$

(3) 반사율

$$\rho = \frac{반사량}{입사량} = \frac{I_r}{I_0}$$

(4) 투과율

$$\tau = \frac{투과량}{입사량} = \frac{I_t}{I_0}$$

(5) 흡수율, 반사율, 투과율의 관계

$$\alpha + \rho + \tau = 1$$

(6) 방사율(ε)

$$\varepsilon = \frac{W}{W_0} = \frac{어떤 물질의 복사량(에너지)}{흑체의 복사량(에너지)}$$

① $0 < \varepsilon < 1$
② 흑체의 방사율 $= 1$

(7) 흑체와 회색체

흑체	• 들어오는 복사량을 모두 흡수하는 이상적인 물체 • 반사, 투과 없다. • 주어진 온도에서 최대의 방사율(emissivity)을 가진다. • 흡수율 = 1, 반사율 = 0, 투과율 = 0, 방사율 = 1
회색체	• 열복사의 방사율(복사율)이 파장이나 온도에 관계없이 일정한 물체 • 방사율이 일정하다.

(8) 단색광

단일의 주파수로 진동하는 빛 또는 하나의 파장(선스펙트럼)

(9) 정반사

① 입사각과 반사각이 같은 반사

② 정반사(specular reflection)가 일어나는 물체 표면에서 **반사율은 거의 1이며, 흡수율은 거의 0이다.**

3-3 ○ 복사 관련 법칙

(1) 슈테판 볼츠만 법칙

흑체에서 방출되는 복사량은 표면온도의 4승에 비례한다.

$$E = \sigma T^4$$

E : 복사량(방사량)
T : 절대온도
σ : 상수

(2) 비인(Wein)의 법칙

최대량 파장과 흑체 표면의 절대온도는 반비례한다.

$$\lambda = \frac{2,897}{T}$$

λ : 파장
T : 표면 절대온도

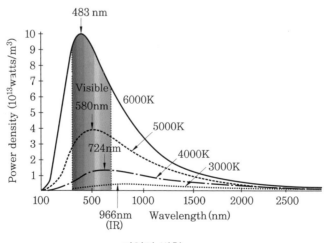

비인의 법칙

(3) 플랑크 복사법칙

온도가 증가할수록 복사선의 파장이 짧아지도록 그 중심이 이동한다.

(4) 키르호프(Kirchhoff) 법칙

열적 평형일 때(물체와 주위온도가 같을 때)

① 물체의 **흡수율**과 총복사력의 비는 매질의 종류와 상관없이 일정하다.
② 물체의 **흡수율**에 대한 총복사력의 비는 온도에만 의존한다.

$$\frac{복사량}{흡수율} = 일정 \qquad \frac{W_1}{\alpha_1} = \frac{W_2}{\alpha_2}$$

③ 물체의 흡수율과 방사율은 같다.

$$\alpha_1 = \varepsilon_1$$

(5) 코사인(Cosine) 법칙

확산 반사(완전 난반사)의 경우 반사율과 흡수율은 입사각과 상관없다.

3-4 ○ 두 물체 사이의 복사전열

(1) 두 물체 사이의 복사전열

$$q = \sigma F_{12} A_1 \left(T_1^4 - T_2^4 \right)$$

σ : 상수
F_{12} : 시각인자
A_1 : 고온 물체의 표면적

(2) 시각인자 (F_{12})

물체 1의 복사 에너지가 물체 2의 표면에 도달하는 정도

$$F_{12} = \frac{1}{\dfrac{1}{\varepsilon_1} + \dfrac{A_1}{A_2}\left(\dfrac{1}{\varepsilon_2} - 1\right)}$$

F_{12} : 시각인자
A_1 : 고온 물체의 표면적
A_1 : 저온 물체의 표면적
ε_1 : 고온 물체의 방사율
ε_2 : 저온 물체의 방사율

3-5 ○ 온실 효과

구분	표면온도(K)	복사량	복사 파장
태양	6,000	크다.	단파 복사
지구	300	작다.	장파 복사

① 지구의 복사 에너지는 장파장(적외선)이다.

② 대기 중 온실가스(CO_2, H_2O 등)가 장파를 흡수하여 지구온실 효과가 발생한다.

연습문제

3. 복사

단답형

2017 국가직 9급 화학공학일반

01 복사(radiation)에 대한 설명으로 옳지 않은 것은?

① 흑체(black body)는 주어진 온도에서 최대의 방사율(emissivity)을 가진다.

② 정반사(specular reflection)가 일어나는 물체 표면에서 반사율은 거의 1이며, 흡수율은 0에 가깝다.

③ 불투명 고체의 반사율과 흡수율의 합은 1이다.

④ 회색체(gray body)는 파장에 따라 단색광 방사율이 변한다.

해설 복사 관련 용어

④ 회색체(gray body) : 파장에 따라 단색광 방사율이 일정한 물체

정답 ④

계산형

02 복사에 의해 열전달이 일어나고 있는 물체의 복사 에너지 반사율이 0.4이고, 흡수율이 0.3이라면, 이 물체의 투과율은?

① 0.1　　　　　　　　　　② 0.3

③ 0.7　　　　　　　　　　④ 1.0

해설 흡수율, 반사율, 투과율의 관계

$\alpha + \rho + \tau = 1$

$0.3 + 0.4 + \tau = 1$

$\therefore \tau = 0.3$

정답 ②

03 우리나라에서 8월에 측정된 복사체의 표면온도는 A ℃였으며, 같은 해 12월에 측정된 복사체의 표면온도는 B ℃였다. 동일한 복사체 표면에서 8월에 방출된 단위시간당 복사 에너지는 12월의 몇 배인가? (단, 복사체의 복사율은 일정하다고 가정한다.)

① $\dfrac{A^2}{B^2}$　　　　　　　　② $\dfrac{A^4}{B^4}$

③ $\dfrac{(A + 273.15)^2}{(B + 273.15)^2}$　　　　④ $\dfrac{(A + 273.15)^4}{(B + 273.15)^4}$

해설 슈테판 볼츠만 법칙

$E = T^4$ 이므로

$\dfrac{E_{8월}}{E_{12월}} = \dfrac{(A + 273)^2}{(B + 273)^2}$

정답 ④

CHAPTER 4 열교환기

4-1 ○ 열교환기

1 정의

① 고체 벽을 사이에 두고 두 유체 간 열교환을 하는 장치
② 두 유체 간의 열교환으로 가열, 냉각, 응축 조작을 하는 장치

2 열교환기의 분류

응축기(condenser), 재비기(reboiler), 증발기(evaporator), 증류기(still) 등

(1) 전열 방식

분류	종류	특징
간접 전열기	일반적인 열교환기	• 전열면을 형성하는 벽으로 열전달
	축열식 열교환기	• 기내 축열체를 매개로 열전달
직접 접촉 전열기	기체-고체 접촉 열교환기	• 이동층 또는 유동층 등의 기체-고체 직접 접촉으로 열전달
	기체-액체 접촉 열교환기	• 충전층, 스프레이 등의 기체-액체 직접 접촉으로 열 전달

(2) 사용 목적

분류	종류	특징
냉각	냉각기(cooler)	물, 공기로 고온 유체를 대기 온도 부근까지 냉각
	냉동기(freezer)	냉매(암모니아, 염화메틸, 프레온 등)로 $-40 \sim 70$ ℃ 까지 냉각
	심랭기(chiller)	$-160 \sim 200$ ℃의 초극저온까지 냉각
가열	예열기(preheater)	유체를 요구 온도 이전까지 가열
	가열기(heater)	유체를 요구 온도로 가열
	과열기(superheater)	유체를 포화 온도 이상으로 가열
응축	응축기(condenser)	기체를 액화 온도까지 냉각하여 증발열을 회수한다.
	전축기 (total condenser)	액화점이 서로 다른 기체 혼합물을 한 번에 모두 응축
	분축기 (partial condenser)	액화점이 서로 다른 기체 혼합물 중 고비점 성분만 응축
증발	증발기(evaporator)	액체를 포화 온도까지 가열하여 증발, 기화
	재비기(reboiler)	증류탑에서 탑저액의 일부를 가열 증발시킨다.
	증화기 (supervaporizer)	한쪽에서는 증발이 일어나고, 동시에 다른 쪽에서는 응축이 일어난다.
폐열회수	폐열 회수기	고온의 폐수를 일반수와 열교환시켜 폐열을 회수
단순 열교환	열교환기	고온의 물체(유체)에서 저온의 물체로 열을 이동시키는 장치

4-2 ─o 열교환기의 설계 요소

① 총괄 열전달 계수
② 면적
③ 평균 온도차

4-3 ○ 열교환기의 열전달 원리

열교환기의 주된 열전달 방식은 **대류와 전도**

1 열전달량

① 총괄 열전달 계수가 주어진 경우

$$q = UA\Delta T_{lm} = UA\frac{\Delta T_1 - \Delta T_2}{\ln(\Delta T_1/\Delta T_2)}$$

q : 열전달량(kcal/hr)
U : 총괄 열전달 계수
ΔT_{lm} : 대수 평균 온도차

② 비열이 주어진 경우

$$q = cm\Delta T$$

2 총괄 열전달 계수

$$U = \frac{1}{\left(\dfrac{A}{h_1} + \dfrac{r_2 - r_1}{k} \cdot \dfrac{A}{A_{lm}} + \dfrac{A}{h_2} + \dfrac{1}{h_d}\right)}$$

① 열교환기의 오염(관석(scale), 생물막 오염 등)은 열 흐름을 방해하므로, 총괄 열전달 계수는 오염 저항을 고려해야 한다.
② 오염도↑ → h_d↓, 오염 저항($1/h_d$)↑

3 평균 온도차

(1) 평균 온도차의 종류

산술 평균 온도차	$\dfrac{\Delta T_1}{\Delta T_2} < 2$일 때 사용	$\Delta T_{am} = \dfrac{\Delta T_1 - \Delta T_2}{2}$
대수 평균 온도차	$\dfrac{\Delta T_1}{\Delta T_2} > 2$일 때 사용	$\Delta T_{lm} = \dfrac{\Delta T_1 - \Delta T_2}{\ln(\Delta T_1/\Delta T_2)}$

대수 평균 온도차를 주로 사용한다.

(2) 흐름별 입구 및 출구 온도차

구분	향류	병류
방식	두 유체가 서로 **반대 방향**으로 흘러감	두 유체가 서로 **같은 방향**으로 흘러감
입구 온도차 ($\triangle T_1$)	$\triangle T_1 = \triangle T_{ha} - \triangle T_{cb}$	$\triangle T_1 = \triangle T_{ha} - \triangle T_{ca}$
출구 온도차 ($\triangle T_2$)	$\triangle T_2 = \triangle T_{hb} - \triangle T_{ca}$	$\triangle T_2 = \triangle T_{hb} - \triangle T_{cb}$

$\triangle T_{ha}$: 고온 유체의 입구(주입) 온도
$\triangle T_{hb}$: 고온 유체의 출구(배출) 온도
$\triangle T_{ca}$: 저온 유체의 입구(주입) 온도
$\triangle T_{cb}$: 저온 유체의 출구(배출) 온도

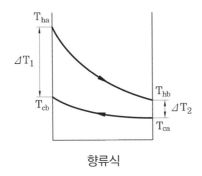

향류식

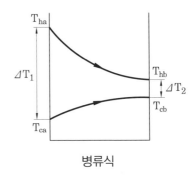

병류식

4-4 ○ 흐름에 따른 열교환기 방식

(1) 향류 흐름

정의	• 두 유체가 서로 **반대 방향**으로 흘러가는 방식
특징	• 병류보다 두 유체의 온도차가 작다. • 고온 유체의 출구 온도는 저온 유체(냉각 유체)의 출구 온도보다 높거나 낮을 수 있다. • **열교환기는 주로 향류 방식을 사용한다.** • 십자 흐름(교차 흐름)의 경우, 향류에 보정인자를 고려한다.

(2) 병류 흐름

정의	• 두 유체가 서로 **같은 방향**으로 흘러가는 방식
특징	• 향류보다 두 유체의 온도차가 크다. • 두 유체의 온도차는 **입구에서 최대**, 출구로 갈수록 감소한다. • 저온 유체(냉각 유체)의 출구 온도는 고온 유체의 출구 온도보다 높을 수 없다. • 급랭 등 급격한 온도 변화가 필요할 때 병류 방식을 사용한다.

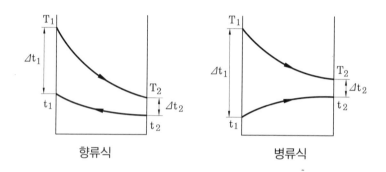

향류식   병류식

(3) 십자 흐름(교차 흐름)

① 유체가 관다발에 직각으로 흐르는 방식
② 향류 흐름을 기본으로 하여 보정인자를 고려한다.

4-5 ─○ 열교환기 특징

① 관을 통한 열교환은 대류－전도－대류의 방식으로 이루어진다.
② 열교환 효율 향상을 위해 유체의 유속을 조절할 수 있다.
③ 유체 흐름 방향은 열교환기 성능에 영향을 준다.
④ **열교환 효율 : 향류 > 병류**
⑤ **열교환 효율 : 판상형 열교환기 > 다관 원통형 열교환기**
⑥ 두 관 액체 사이의 평균 온도차를 구하는 경우, 입구에서의 온도 차이와 출구에서의 온도 차이의 대수 평균을 주로 사용한다.
⑦ 관의 길이가 길수록 전체 열 교환량이 증가한다.

4-6 ○ 이중관식(원통형) 열교환기의 열전달

원통은 내경(D_o)과 외경(D_i)의 면적이 다르다.

(1) 열전달 속도(열전달량)

$$q = \frac{A \triangle T_m}{\left(\dfrac{A}{h_1 A_1} + \dfrac{(r_2 - r_1)A}{k A_{lm}} + \dfrac{A}{h_2 A_2} \right)} = UA \triangle T_m$$

(2) 총괄 열전달 계수

$$U = \frac{1}{\left(\dfrac{A}{h_i A_i} + \dfrac{r_2 - r_1}{k} \cdot \dfrac{A}{A_{lm}} + \dfrac{A}{h_o A_o} + \dfrac{1}{h_d} \right)}$$

연습문제

단답형

2015 서울시 9급 화학공학일반

01 다음 중 열교환기의 필수적인 설계 요소에 해당하지 않는 것은?

① 열전달 시간　　　　　　　　② 열전달 면적

③ 대수 평균 온도차　　　　　　④ 총괄 열전달 계수

해설 열교환기 설계 요소
- 총괄 열전달 계수
- 열전달 면적
- 대수 평균 온도차

정답 ①

정리 열교환기의 전열 속도

$$q = cm\triangle T$$
$$= UA\triangle T_{lm} = UA\frac{\triangle T_1 - \triangle T_2}{\ln(\triangle T_1/\triangle T_2)}$$

장답형

2016 서울시 9급 화학공학일반

02 다음 〈보기〉에서 열교환기에 대한 설명으로 옳은 것을 모두 고르면?

> 가. 두 유체 간의 열교환으로 가열, 냉각, 응축 조작을 하는 장치이다.
> 나. 열교환기의 주된 열전달 방식에는 대류와 전도가 있으며, 전도는 고체 벽
> 　각 면의 유체 경계층에서 일어난다.
> 다. 열교환 효율 향상을 위해 유체의 유속을 조절할 수 있다.
> 라. 흐름 배열은 병류와 향류가 있으며, 향류의 열교환 효율이 더 높다.

① 가, 다　　　　　　　　　　② 나, 다

③ 가, 다, 라　　　　　　　　④ 나, 다, 라

해설 나. 열교환기의 주된 열전달 방식에는 대류와 전도가 있으며, 전도는 고체 벽 각 면의 유체 경막층에서 일어난다.

정답 ③

2017년 지방직 9급 화학공학일반

03 열교환기에서 유체의 흐름에 대한 설명으로 옳지 않은 것은?

① 유체가 흘러가는 방향은 열교환기의 성능에 영향을 준다.

② 병류(cocurrent flow) 열교환기는 열교환기 입구에서 두 유체의 온도 차이가 가장 작다.

③ 향류(countercurrent flow) 열교환기에서는 저온 유체의 출구 온도가 고온 유체의 출구 온도보다 더 높을 수도 있다.

④ 향류 열교환기는 두 유체 사이의 온도 차이가 병류 교환기처럼 급격히 변하지 않는다.

해설 이중관식 열교환기

② 병류 : 열교환기 입구에서 두 유체의 온도 차이가 가장 크다.

정답 ②

2018 지방직 9급 화학공학일반

04 이중관식 열교환기(double pipe heat exchanger)에 대한 설명으로 옳은 것은?

① 병류(parallel flow)의 경우, 두 관 액체 사이의 온도 차이가 입구에서는 작지만 출구로 갈수록 커진다.

② 열교환기를 설계하기 위해 두 관 액체 사이의 평균 온도 차이를 구하는 경우, 입구에서의 온도 차이와 출구에서의 온도 차이의 산술 평균을 주로 사용한다.

③ 관의 길이가 길수록 선체 열교환량은 감소한다.

④ 관을 통한 열교환은 대류 – 전도 – 대류의 방식으로 이루어진다.

해설 이중관식 열교환기

① 병류(parallel flow)의 경우, 두 관 액체 사이의 온도 차이가 입구에서는 최대이고, 출구로 갈수록 작아진다.

② 두 관 액체 사이의 평균 온도 차이를 구하는 경우, 입구에서의 온도 차이와 출구에서의 온도 차이의 대수 평균을 주로 사용한다.

③ 관의 길이가 길수록 전체 열교환량은 증가한다.

정답 ④

계산형

2015 국가직 9급 화학공학일반

05 이중관식 열교환기에서 관 내부로는 120℃의 오일이 들어가고, 외부에는 20℃의 물이 흐르면서 열교환을 하여 물은 75℃로 데워져 나가고, 오일의 온도는 85℃로 내려간다. 병류(parallel flow)일 경우 대수 평균 온도차는? (단, 열손실은 없다고 가정하며, lnx = 2.3logx이고, 대수 평균 온도차는 소수점 이하 둘째 자리에서 반올림한다.)

① 27.5℃ ② 32.5℃

③ 35.0℃ ④ 39.1℃

해설 열교환기 – 대수 평균 온도차 – 병류

(1) 주입 온도, 배출 온도

$$\triangle T_1 = \triangle T_{ha} - \triangle T_{ca} = 120 - 20 = 100$$

$$\triangle T_2 = \triangle T_{hb} - \triangle T_{cb} = 85 - 75 = 10$$

(2) 대수 평균 온도차

$$\triangle T_{lm} = \frac{\triangle T_1 - \triangle T_2}{\ln(\triangle T_1 / \triangle T_2)} = \frac{100 - 10}{\ln\left(\frac{100}{10}\right)} = \frac{90}{\ln 10} = \frac{90}{2.3 \log 10} = 39.13 \, ℃$$

정답 ④

정리 흐름별 온도차

구분	향류	병류
입구 온도차 ($\triangle T_1$)	$\triangle T_1 = \triangle T_{ha} - \triangle T_{cb}$	$\triangle T_1 = \triangle T_{ha} - \triangle T_{ca}$
출구 온도차 ($\triangle T_2$)	$\triangle T_2 = \triangle T_{hb} - \triangle T_{ca}$	$\triangle T_2 = \triangle T_{hb} - \triangle T_{cb}$

$\triangle T_{ha}$: 고온 유체의 입구(주입) 온도

$\triangle T_{hb}$: 고온 유체의 출구(배출) 온도

$\triangle T_{ca}$: 저온 유체의 입구(주입) 온도

$\triangle T_{cb}$: 저온 유체의 출구(배출) 온도

2016 서울시 9급 화학공학일반

06 이중관 열교환기의 내부관에 원유가 흐르면서 90°F에서 200°F로 가열된다. 외부관에서는 등유가 향류 흐름 형태로 흐르면서 400°F에서 110°F로 냉각된다. 열전달 속도가 180,000Btu/hr, 열전달 면적이 23ft²인 경우 총괄 열전달 계수(Btu/hr·ft²·°F)는 얼마인가? (단, 장치 내에서 총괄 열전달 계수와 비열은 일정하다고 가정하며, ln10 = 2.3으로 계산한다.)

① 1 ② 10
③ 100 ④ 1,000

해설 열교환기의 전열 속도 – 총괄 열전달 계수

(1) 향류 – 주입 온도, 배출 온도

$\triangle T_1 = 400 - 200 = 200$

$\triangle T_2 = 110 - 90 = 20$

(2) 대수 평균 온도차

$$\triangle T_{lm} = \frac{\triangle T_1 - \triangle T_2}{\ln(\triangle T_1/\triangle T_2)} = \frac{200 - 20}{\ln\left(\dfrac{200}{20}\right)} = \frac{180}{\ln 10} = \frac{180}{2.3 \log 10}$$

(3) 총괄 열전달 계수

$q = UA \triangle T_{lm}$

$$U = \frac{q}{A \triangle T_{lm}} = \frac{180,000 \text{Btu}}{\text{hr}} \cdot \frac{1}{23 \text{ft}^2} \cdot \frac{2.3}{180°\text{F}} = 100 \text{ Btu/hr·ft}^2 \cdot °\text{F}$$

정답 ③

07 향류(countercurrent flow) 이중관 열교환기 내에서 알코올과 물 사이에 열 이동이 일어난다. 알코올은 60℃로 주입되어 30℃로 배출되고, 물은 16℃로 주입되어 32℃로 배출된다. 관을 통한 단위면적당 열흐름 속도(W/m²)는? (단, 총괄 열전달 계수는 600W/m²·℃ 이고, ln2 = 0.7이다.)

① 12,000 ② 14,000

③ 16,000 ④ 18,000

해설 열교환기의 전열 속도 – 단위 면적당 열흐름 속도

(1) 향류 – 주입 온도, 배출 온도

$\triangle T_1 = 60 - 32 = 28$

$\triangle T_2 = 30 - 16 = 14$

(2) 대수 평균 온도차

$$\triangle T_{lm} = \frac{\triangle T_1 - \triangle T_2}{\ln(\triangle T_1 / \triangle T_2)} = \frac{28 - 14}{\ln\left(\dfrac{28}{14}\right)} = \frac{14}{\ln 2} = \frac{14}{0.7}$$

(3) 단위면적당 열흐름 속도

$q = UA \triangle T_{lm}$

$$\frac{q}{A} = U \triangle T_{lm} = 600 \times \frac{0.7}{14} = 12,000 \ \text{W/m}^2$$

정답 ①

2016 지방직 9급 화학공학일반

08 총 외부 표면적이 100ft^{2}인 향류(countercurrent) 이중관 열교환기 내에서 유체 A가 질량 유속 10,000lb/h로 흐르며, 200°F에서 100°F로 냉각된다. 냉각을 위해 50°F인 유체 B가 5,000lb/h의 유속으로 열교환기에 주입될 경우 대수 평균 온도차(log mean temperature difference)[°F]는? (단, 유체 A와 B의 열용량은 각각 0.5Btu/(lb·°F), 0.8Btu/(lb·°F)이며 ln2 = 0.7, 대수 평균 온도차 값은 소수점 첫째 자리에서 반올림한다.)

① 36
② 48
③ 60
④ 72

해설 열교환기의 전열 속도 – 대수 평균 온도차

(1) 저온(냉각) 유체의 주입 온도(x)

$q = c\dot{m}\triangle T$

$q_A = c_A\dot{m}_A\triangle T_A = \dfrac{0.5\text{Btu}}{\text{lb·°F}}\times\dfrac{10,000\text{lb}}{\text{h}}\times\dfrac{(200-100)°\text{F}}{} = 500,000\,\text{Btu/h}$

$q_B = c_B\dot{m}_B\triangle T_B = \dfrac{0.8\text{Btu}}{\text{lb·°F}}\times\dfrac{5,000\text{lb}}{\text{h}}\times\dfrac{(x-50)°\text{F}}{} = 500,000\,\text{Btu/h}$

$q_A = q_B$ 이므로

$\therefore x = 175°\text{F}$

(2) 향류 – 주입 온도, 배출 온도

$\triangle T_1 = 200-175 = 25$

$\triangle T_2 = 100-50 = 50$

(3) 대수 평균 온도차

$\triangle T_{lm} = \dfrac{\triangle T_1 - \triangle T_2}{\ln(\triangle T_1/\triangle T_2)} = \dfrac{25-50}{\ln\left(\dfrac{25}{50}\right)} = \dfrac{-25}{-\ln2} = \dfrac{25}{0.7} = 35.7$

정답 ①

CHAPTER

5 증발

5-1 ○ 증발 조작

비휘발성의 용질을 포함한 용액을 가열하여 용매를 기화시켜 용액을 농축하는 조작

5-2 ○ 증발 조작 시 발생 현상

(1) 비점 상승(끓는점 오름)

순수한 액체(용매)에 용질을 첨가하여 용액이 되면, 증기압이 감소하여, 끓는점이 높아지는 현상

(2) 비말 동반

정의	• 용액이 증발(비등)될 때 생성되는 증기 중 작은 액체 방울이 섞여 증기와 더불어 증발관 밖으로 배출되는 현상
발생	• 액체 표면에서 기포가 파괴될 때 발생
영향	• 용액 손실 • 응축액 오염 • 장치 부식 발생 가능
방지 대책	• 비말분리기 사용 • 침강법 − 증발된 상부 속도를 감소시켜 큰 비말을 침강시키는 방법 • 방해판 설치 • 원심력 분리

(3) 거품

정의	• 액체가 비등점(끓는점)에 도달하면 거품이 발생하여 증발이 방해된다.
방지 대책	• 소포제 첨가 　– 식물유(황화피마자유, 면실유, 파인유 등), 폴리에틸렌글리콜, 옥틸알코올 등 • 스팀 주입 　– 액면에 스팀을 주입하여 거품 제거 • 열 주입 　– 액면에 열을 주어 거품 제거

(4) 관석(scale)

정의	• 증발관, 보일러, 열교환기 등의 기관류의 내벽에 침전되는 고체 침전물(앙금)
방지 대책	• 화학약품 주입(산, 알칼리) • 관석 제거 기구 사용 • 강제 순환법 : 유체 유속을 증가시켜 관석 생성속도 감소

5-3 ○ 증발관

1 열매체별 분류

구분	직접 가열식	다관식
방식	• 고점도 **용액**을 가열하여 증발 건조하는 방식	• 수증기로 증발하는 방식
종류	• 수산화나트륨 농축	• 수평관식 : 원관 내 수증기를 통과시키는 방식 • 수직관식 : 열매체를 순환시키는 방식

2 조작 방법별 분류

(1) 다중 효용 증발(다중 효용관)

방식	• 여러 개의 증발관을 직렬로 연결하여 증발된 증기를 다음 관의 가열에 재사용하는 방식
특징	• 여러 번 증발시켜 증발 효율을 높인다. • 증발관을 2개 이상 설치한다. • 마지막 증발관으로 갈수록 압력 및 온도 감소 → 감압 펌프와 응축기를 설치한다. • 같은 크기의 증발관을 여러 개 사용하여 시설비 및 보수비를 조작한다. • 조작이 간편하다. • 대규모 증발에 사용한다.

(2) 자기 증기 압축

방식	• 1개의 증발관에서 증발된 증기를 재가열에 사용하는 방식이다.
특징	• 압축기로 증기를 고온·고압으로 만들어 열원으로 사용한다(에너지 절감).

(3) 진공 증발

방식	• 진공 펌프로 감압시켜, 저온에서 증발시키는 방식
특징	• 제품의 분해, 변질, 착색 등 방지 가능 • 증발기 내 진공 유지를 위해, 비응축 기체와 응축액을 계속 제거해야 한다.

5-4 ─○ 증발관의 열전달

1 단일 효용 증발관

(1) 증발 능력($\dot{m}$)

단위시간당 증발 수분의 양

$$q = UA \triangle T = \dot{m}\lambda$$

q : 열전달량(kcal/hr)
U : 총괄 열전달 계수
$\triangle T$: 온도차
$\dot{m}$: 증발 능력(kg/hr)
λ : 수증기 증발 잠열(kcal/kg)

(2) 물질 수지

$$F = V + L$$
$$F \cdot x_F = V \cdot x_V + L \cdot x_L$$

2 다중 효용 증발관

$$q = q_1 + q_2 + q_3$$
$$= U_1 A_1 \triangle T_1 + U_2 A_2 \triangle T_2 + U_3 A_3 \triangle T_3$$
$$= UA \triangle T$$

연습문제

5. 증발

단답형

2015 국가직 9급 화학공학일반

01 증발 조작에 대한 설명으로 옳지 않은 것은?

① 거품을 제거하기 위하여 식물유 소포제인 황화피마자유 등을 소량 첨가한다.

② 수증기 가열 장비 중 수직관식에는 바스켓형, 장관형, 표준형 등이 있다.

③ 용액의 비등 시 생성되는 증기 중의 작은 액체 방울이 섞여 증기와 더불어 증발관 밖으로 배출되는 현상을 거품이라 한다.

④ 비휘발성의 용질을 포함한 용액을 가열하여 용매를 기화시켜 용액을 농축하는 조작을 증발이라 한다.

해설 ③ 용액의 비등 시 생성되는 증기 중의 작은 액체 방울이 섞여 증기와 더불어 증발관 밖으로 배출되는 현상을 비말 동반이라 한다.

정답 ③

정리 증발 관련 용어

증발	비휘발성의 용질을 포함한 용액을 가열하여 용매를 기화시켜 용액을 농축하는 조작
비점 상승 (끓는점 오름)	순수한 액체(용매)에 용질을 첨가하여 용액이 되면, 증기압이 감소하여, 끓는점이 높아지는 현상
비말 동반	용액의 비등 시 생성되는 증기 중의 작은 액체 방울이 섞여 증기와 더불어 증발관 밖으로 배출되는 현상
거품	액체가 비등점에 도달하면 거품이 발생하여 증발이 방해된다.

PART

4

분리 공정 (단위 조작)

1

물질 전달 및 확산

1-1 ╍o 물질 전달(이동)

1 물질 전달의 정의

상 사이의 경계면에서 물질이 서로 이동하는 것이다.

2 물질 전달의 원리

(1) 확산

① 물질 전달은 확산으로 일어난다.

② 확산의 분류

분자 확산	분자 운동으로 물질이 이동하는 것(유체 속을 불규칙하게 움직이는 분자 이동)
난류 확산	난류 흐름으로 물질이 이동하는 것(교반, 빠른 유속 등)

③ 보통 분자 확산과 난류 확산이 같이 일어난다.

④ 대부분 난류 확산으로 물질 이동이 일어난다.

(2) 물질 전달의 추진력(Driving Force)

물질 전달은 혼합 성분에서 두 지점의 농도 차이가 있을 때 발생한다.

물질 전달의 추진력	• 농도차(농도 구배)
물질 전달의 방향	• 고농도 → 저농도
물질 전달의 크기	• 농도차가 클수록 물질 전달 활발

3 물질 전달의 종류

구분	원리	상변화
흡수	용해도 차이	기체 → 액체
증류	끓는점 차이(휘발성 차이)	액체 → 기체
추출(액–액 추출)	용매의 선택적 용해	액체 → 액체
침출(고–액 추출)	액체의 응축	고체 → 액체
흡착	농도차	기체, 액체 → 고체

1-2 ─o 단위 조작의 전달 과정

(1) 전달 과정의 종류

전달 과정의 종류	기본 법칙	공식	속도차	예
운동량 전달	Newton 법칙	$\tau = -\mu \dfrac{du}{dy}$	속도차	교반, 유체의 흐름, 침전, 여과
열전달	Fourier 법칙	$\dfrac{q}{A} = -k \dfrac{dT}{dL}$	온도차	건조, 증발, 증류
물질 전달	Fick 법칙	$J_A = -D_{AB} \dfrac{dC_A}{dz}$	농도차	증류, 흡수, 건조, 추출

(2) 전달 속도

$$\text{전달 속도} = \frac{\text{추진력}}{\text{저항}}$$

1-3 ○ Fick의 확산 제1법칙

분자 확산에 적용하는 식

1 가정

① 분자 확산 : 각 분자는 무질서한 개별 운동(분자 확산)으로 유체 속을 이동한다.

② 불규칙한 직선 운동 : 각 분자는 직선 운동을 하나, 다른 분자와 충돌할 때 그 운동 방향이 무작위로 변경된다.

③ 정상 상태 : 어떤 지점에서도 시간에 따른 농도 변화가 없다($dC/dt = 0$).

④ 비슷한 2성분계(유사 2성분계)에 적용된다.

⑤ 고체, 액체, 기체에 모두 적용된다.

2 Fick의 확산 제1법칙

$$J_A = -D_{AB} \frac{dC_A}{dx}$$

J_A : 확산 플럭스($mol/m^2 \cdot s$)
D_{AB} : 확산도(확산 계수, m^2/s)
dC_A/dx : 농도 구배(mol/m^4)
C_A : 성분 A의 농도(mol/m^3)
x : 확산 거리(m)

① 2성분계 혼합물에서 각 성분의 **확산 속도(확산 플럭스, 몰 플럭스)**는 그 성분의 **농도 구배에 비례한다.**

② 거리가 가까울수록, 농도차가 클수록 확산 속도는 증가한다.

3 확산 속도 (u)

① 계면에 정지해 있는 관측자가 느끼는 속도

② **확산 속도 : 액상 ≪ 기상**

③ 평균 확산 속도

$$u_0 = \frac{C_A}{C_A + C_B} u_A + \frac{C_B}{C_A + C_B} u_B$$

4 몰 플럭스 (N)

(1) 혼합물의 총 몰 플럭스 (N)

① 정의 : 정지면에 수직인 방향으로 혼합물의 단위면적당 단위시간당 확산 양

② 단위 : $mol/m^2 \cdot s$, $g/cm^2 \cdot s$

$$N = Cu_0 = \rho_M u_0$$

N : 몰 플럭스 $(mol/m^2 \cdot s)$
C : 혼합물의 몰 농도 (mol/m^3)
u_0 : 확산 속도(부피 평균 속도, m/s)
ρ_M : 혼합물의 몰 밀도

(2) 정지면을 가로지르는 성분 A와 B의 몰 플럭스(N)

$$N_A = C_A u_A$$
$$N_B = C_B u_B$$
$$N = N_A + N_B = C_A u_A + C_B u_B = (C_A + C_B)u_0$$

5 확산 플럭스 (J)

정지면에 대한 것이 아니라 부피 평균 속도 u_0로 움직이는 면에 상대적인 것

$$J_A = C_A u_A - C_A u_0 = C_A(u_A - u_0)$$
$$J_B = C_B u_B - C_B u_0 = C_B(u_B - u_0)$$

6 몰 플럭스와 Fick의 제1법칙

$$J_A = -D_{AB}\frac{dC_A}{dx} = C_A(u_A - u_0)$$

J_A : 성분 A의 확산 플럭스
D_{AB} : 성분 B와 함께 있는 성분 A의 확산도
dC_A/dx : 농도 구배
C_A : 성분 A의 농도
x : 확산 거리(m)
u : 성분 A의 확산 속도
u_0 : 평균 확산 속도

1-4 ○ 확산의 유형

(1) 혼합물의 한 성분만 확산하는 경우

  ① 혼합물의 한 성분만이 두 상의 계면으로부터 또는 계면으로 전달한다.

  ② 적용 : 기체 흡수, 증발, 추출 등

(2) 2성분이 반대 방향, 동일한 양으로 확산하는 경우(등몰 확산)

  ① 혼합물 속의 성분 A가 성분 B와 반대 방향으로, 동일한 몰 플럭스(확산 속도)로 확산하는 경우

  ② 적용 : 증류

(3) 2성분이 반대 방향, 다른 양으로 확산하는 경우

  ① A와 B의 확산이 반대 방향으로 일어나고, 몰 플럭스(확산 속도)가 다른 경우

  ② 적용 : 반응물의 촉매 표면으로의 확산(흡착) 등

(4) 2성분이 같은 방향, 다른 양으로 확산하는 경우

  ① A와 B의 확산이 같은 방향으로 일어나고, 몰 플럭스(확산 속도)가 다른 경우

  ② 적용 : 막분리(membrane)

1-5 ○ 확산 속도

1 일반적인 확산 속도

$$N_A = C_A u_A = C_A u_0 + J_A = C_A u_0 - D_{AB} \frac{dC_A}{dx}$$

$$J_A = -D_{AB} \frac{dC_A}{dx} = C_A u_A - C_A u_0$$

이상기체이고, 온도와 압력이 일정하다면,

$$C_A + C_B = C = \frac{n}{V} = \rho_M = \frac{P}{RT}$$

$$dC_A + dC_B = d\rho_M = 0$$

부피 흐름이 없는 기준면이라면,

$$J_A + J_B = -D_{AB}\frac{dC_A}{dx} - D_{BA}\frac{dC_B}{dx} = 0$$

$$\therefore \ D_{AB} = D_{BA}$$

따라서, 2성분 혼합물의 확산 계수는 크기가 같다.

• 몰 플럭스

몰 플럭스는 새로운 하나의 확산 계수 D_V를 사용하여 다음과 같이 나타낼 수 있다.

$$N_A = C_A u_0 - D_V \frac{dC_A}{dx}$$

기체의 경우 몰 농도(C) 대신 몰분율(y)로 식을 나타낼 수 있다.

$$\left(y_A = \frac{C_A}{C} = \frac{C_A}{\rho_M}, \ N = Cu_0 = \rho_M u_0, \ N = N_A + N_B \right)$$

$$N_A = y_A(N_A + N_B) - D_V \frac{dC_A}{dx}$$

2 2성분이 반대 방향, 동일한 양으로 확산하는 경우 (등몰 확산)

① 혼합물 속의 성분 A가 다른 성분 B와 반대 방향으로, 동일한 몰 유량으로 확산한다.

② 알짜(net) 몰 유량이 없다 ($N = N_A + N_B = 0$).

③ 적용 : 증류

④ 몰 플럭스 (확산 플럭스)

$$N_A = y_A(N_A + N_B) - D_V \frac{dC_A}{dx} \ 에서$$

$N = N_A + N_B = 0$ 조건이므로

$$N_A = -D_V \frac{dC_A}{dx} = J_A$$

$dC_A = C \cdot dy_A$ 이므로

$$N_A = -D_V \frac{C \cdot dy_A}{dx} \ 이다.$$

$C = \rho_M = \dfrac{P}{RT}$ 이므로

$$N_A = -D_V \cdot \frac{P}{RT} \cdot \frac{dy_A}{dx} = -D_V \cdot \frac{P}{RT} \cdot \frac{(y_{A1} - y_{A2})}{(x_2 - x_1)}$$

$p_{A1} = y_{A1}P, \ p_{A2} = y_{A2}P$ 이므로

$$N_A = -\frac{D_V}{RT} \cdot \frac{(p_{A1} - p_{A2})}{(x_2 - x_1)}$$

3 혼합물의 한 성분만 확산하는 경우 (한 방향 확산)

① B성분은 정체되어 있고, A성분만 한 방향으로 확산하는 경우 $(N_B = 0)$
② 적용 : 기체 흡수, 증발, 추출 등

$N_A = y_A(N_A + N_B) - D_V \dfrac{dC_A}{dx}$ 에서 $N_B = 0$

$$N_A = y_A N_A - D_V \frac{dC_A}{dx}$$

$(1 - y_A)N_A = -D_V \dfrac{dC_A}{dx}$

$(1 - y_A)N_A = -D_V \dfrac{C \cdot dy_A}{dx}$

$N_A dx = -D_V C \dfrac{1}{(1 - y_A)} dy_A$

$N_A \displaystyle\int_{x_1}^{x_2} dx = -D_V C \int_{y_{A1}}^{y_{A2}} \frac{1}{(1 - y_A)} dy_A$

$N_A(x_2 - x_1) = -D_V C \cdot \ln\left(\dfrac{1 - y_{A2}}{1 - y_{A1}}\right)$

$$N_A = -D_V \frac{C}{(x_2 - x_1)} \cdot \ln\left(\frac{1 - y_{A2}}{1 - y_{A1}}\right)$$

$y_{A1} + y_{B1} = 1$, $y_{A2} + y_{B2} = 1$ 이므로

$$N_A = -D_V \frac{C}{(x_2 - x_1)} \ln\left(\frac{y_{B2}}{y_{B1}}\right) = -D_V \frac{C}{(x_2 - x_1)} \cdot \frac{y_{B2} - y_{B1}}{y_{B_{lm}}}$$

$C = \rho_M = \dfrac{P}{RT}$, $p_{A1} = y_{A1}P$, $p_{A2} = y_{A2}P$ 이므로

$$N_A = -D_V \frac{P}{RT(x_2 - x_1)} \cdot \ln\left(\frac{1 - y_{A2}}{1 - y_{A1}}\right)$$

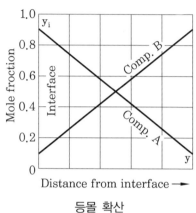

등몰 확산

• 농도 기울기 선형
• A, B 농도 기울기는 크기는 같고, 부호는 반대

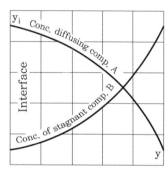

한 방향 확산

• 농도 기울기 곡선형
• B 농도 기울기는 크지만, B 성분의 확산은 없음

1-6 ○ 확산도(diffusivity) 예측

(1) 기체의 확산도

① 기체의 확산도(D_V)는 평균 자유이동거리(λ)와 기체의 평균분자속도($\bar{u}$)에 비례한다.

$$D_V = \frac{1}{3}\lambda\bar{u}$$

D_V : 기체의 확산도
λ : 평균 자유이동거리
$\bar{u}$: 평균분자속도

② 평균 자유이동거리(λ)는 절대온도(T)에 비례, 압력(P)에 반비례한다.

③ 평균분자속도($\bar{u}$)는 절대온도$^{0.5}$에 비례, 분자량(M)$^{0.5}$에 반비례한다.

④ 기체확산도(D_V)는 절대온도$^{1.5}$에 비례, 압력에 반비례, 분자량$^{0.5}$에 반비례한다.

⑤ 기체 확산도 > 액체 확산도

(2) 작은 기공에서 기체의 확산

특징	• 작은 기공에서는 기공 벽에 기체 분자가 충돌하므로, 확산도(확산계수)가 작다. • 중간 크기의 기공 : 기공 벽과의 충돌, 다른 분자와의 충돌을 모두 고려
예	• 흡착, 다공성 고체의 건조, 막분리 등
Knusen 확산도	• 기공 크기 < 평균자유이동거리일 때 사용 • 중간 크기에서 기공의 확산도 $$\frac{1}{D_{기공}} = \frac{1}{D_{AB}} + \frac{1}{D_K}$$ $D_{기공}$: 기공의 확산도(cm^2/s) D_K : Knusen 확산도(cm^2/s) D_{AB} : A의 확산도 • Knusen 확산도(원통형 기공의 확산도 공식) $$D_K = 9,700\, r \sqrt{\frac{T}{M}}$$ D_K : Knusen 확산도(cm^2/s) r : 기공의 반경(cm) T : 절대 온도(K) M : 분자량

(3) 액체의 확산도

① 액체의 확산은 분자의 불규칙한 운동으로 일어난다.

② 액체의 확산도 < 기체의 확산도

③ 액체 분자 직경 > 평균자유이동거리

1-7 ──o 물질 전달 관련 무차원수

(1) 슈미트 수(Schmidt number)

정의	• 분자확산도에 대한 동점도(운동학점도)의 비 $$Sc = \frac{동점도}{분자확산도} = \frac{\nu}{D_V} = \frac{\mu}{\rho D_V}$$
기체의 경우	• 0℃, 1기압(STP 상태)에서 기체 Sc 0.5~2 • 온도↑ → 기체 점도↑→ Sc↑ • 기체의 Sc는 압력과는 상관없다.
액체의 경우	• Sc 10^2~10^5 • 온도↑ → 액체 점도↓, 확산도↑ → Sc↓

(2) 셔우드 수(Sherwood number)

대류에 의한 물질 전달과 분자 간 물질 전달의 비

$$Sh = \frac{대류 \ 물질 \ 전달 \ 저항}{분자 \ 물질 \ 전달 \ 저항}$$

① 원통에 수직인 흐름

$$Sh = 0.61 \, Re^{1/2} Sc^{1/3}$$

② 관다발에 수직인 흐름

$$Sh = 1.29 \, Re^{0.4} Sc^{1/3}$$

연습문제

1. 물질 전달 및 확산

단답형

2017 국가직 9급 화학공학일반

01 A와 B의 2성분계 혼합물(binary mixture)에서 성분 A의 확산이 성분 B의 몰 유량 (molar flow)과 양이 같으면서 반대 방향이 되어 알짜 몰유량(net molar flow)이 없는 경우로 해석될 수 있는 단위 조작 공정은?

① 흡착(adsorption)   ② 흡수(absorption)

③ 정류(rectification)   ④ 추출(extraction)

해설 물질 전달 단위 조작 공정
- 혼합물의 한 성분만 확산하는 경우 : 기체 흡수, 증발, 추출
- 2성분이 반대 방향, 동일한 양으로 확산하는 경우(등몰 확산) : 증류(정류)
- 2성분이 반대 방향, 다른 양으로 확산하는 경우 : 반응물의 촉매 표면으로의 확산 (흡착)
- 2성분이 같은 방향, 다른 양으로 확산하는 경우 : 막분리(membrane)

정답 ③

2017 지방직 9급 추가채용 화학공학일반

02 고체상에서 액체상으로 물질 전달이 이루어지는 단위 공정은?

① 증류   ② 흡착   ③ 흡수   ④ 침출

해설 물질 전달 단위 조작 공정

구분	원리	상변화
흡수	용해도 차이	기체 → 액체
증류	끓는점 차이(휘발성 차이)	액체 → 기체
추출(액-액 추출)	용매의 선택적 용해	액체 → 액체
침출(고-액 추출)	액체의 응축	고체 → 액체
흡착	농도차	기체, 액체 → 고체

정답 ④

2018 지방직 9급 화학공학일반

03 휘발성의 차이를 이용하여 액체 혼합물의 각 성분을 분리하는 조작은?

① 추출 ② 흡수
③ 흡착 ④ 증류

해설 물질 전달 단위 조작 공정 – 원리

① 추출 : 용매의 선택적 용해
② 흡수 : 용해도 차이
③ 흡착 : 농도차
④ 증류 : 끓는점 차이(휘발성 차이)

정답 ④

장답형

2015 국가직 9급 화학공학일반

04 Fick의 확산 제1법칙에 대한 설명으로 옳지 않은 것은?

① 2성분계 혼합물에서 각 성분의 확산 플럭스가 그 성분의 농도 구배에 비례함을 설명한다.
② 각 분자는 직선 운동을 하나, 다른 분자와 충돌할 때 그 운동 방향이 무작위로 변경됨을 가정한다.
③ 분자 확산에 적용하는 식으로, 각 분자가 무질서한 개별 운동에 의해 유체 속을 이동할 때 사용할 수 있다.
④ 용질이 고체 표면에 용해되어 균일 용액을 형성하는 고체의 확산에는 적용되지 않는다.

해설 Fick의 확산 제1법칙

④ 기체, 액체, 고체에 모두 적용된다.

정답 ④

05 혼합물 내의 확산에 대한 설명으로 옳지 않은 것은?

① 확산의 가장 주된 원인은 농도 구배(gradient)이다.

② 몰 플럭스(molar flux)는 단위면적당 단위시간당 몰 수로 표시한다.

③ 일반적으로 기체의 확산도(diffusivity)가 액체의 확산도보다 크다.

④ mol/s는 확산도의 단위이다.

해설 ④ 확산도 단위: m^2/s

정답 ④

정리 $[L^2/T]$ 차원의 단위

동점도, 확산도(확산계수), 열확산도

06 2성분계 기체 확산계수(diffusion coefficient)에 대한 설명으로 옳은 것만을 모두 고른 것은? (단, 이상기체이며 반응성이 없다.)

> ㄱ. 온도가 일정할 때 압력이 높아지면, 확산계수는 커진다.
> ㄴ. 분자량이 크면, 확산계수는 작아진다.
> ㄷ. 압력이 일정할 때 온도가 높아지면, 확산계수는 커진다.

① ㄱ, ㄴ   ② ㄱ, ㄷ

③ ㄴ, ㄷ   ④ ㄱ, ㄴ, ㄷ

해설 기체의 확산도

ㄱ. 기체의 확산계수는 압력과 반비례한다.

정답 ③

계산형

2016 국가직 9급 화학공학일반

07 고압의 질소가스가 298K에서 두께가 3cm인 천연고무로 된 2m×2m×2m의 정육면체 용기에 담겨 있다. 고무의 내면과 외면에서 질소의 농도는 각각 0.067kg/m³과 0.007kg/m³이다. 이 용기로부터 6개의 고무 면을 통하여 확산되어 나오는 질소가스의 물질 전달 속도(kg/s)는? (단, 고무를 통한 질소의 확산 계수는 $1.5×10^{-10}$m²/s이다.)

① $2.2×10^{-10}$ ② $4.2×10^{-10}$
③ $6.2×10^{-9}$ ④ $7.2×10^{-9}$

해설 물질 전달 속도

$$= N_A A = -D_{AB} A \frac{dC_A}{dx}$$

$$= \frac{1.5×10^{-10}\,\mathrm{m}^2}{\mathrm{s}} × (2×2×6)\mathrm{m}^2 × \frac{(0.067-0.007)\mathrm{kg}}{\mathrm{m}^3} × \frac{}{0.03\mathrm{m}}$$

$$= 7.2×10^{-9}\,\mathrm{kg/s}$$

정답 ④

정리 몰 플럭스

$$N_A = -D_V \frac{dC_A}{dx} = J_A$$

J_A : 확산 플럭스(mol/m²·s)
N_A : 몰 플럭스
D_V : 확산도(확산계수, m²/s)
dC_A/dx : 농도 구배(mol/m⁴)
C_A : 성분 A의 농도(mol/m³)
x : 확산거리(m)

08 성분 A, B로 구성된 2성분 혼합물이 x축 방향으로만 이동하고 있다. A, B 성분들의 밀도는 각각 $\rho_A = 1.5\,g/cm^3$, $\rho_B = 1.0\,g/cm^3$이며 속도는 각각 $v_{A,x} = 2\,m/s$, $v_{B,x} = -0.5\,m/s$이다. Fick의 법칙에 의한 성분 A의 질량 플럭스($g/cm^2 \cdot s$)는?

① 150   ② 200

③ 250   ④ 300

해설 확산 플럭스(J)

(1) 평균확산속도

$$u_0 = \frac{C_A}{C_A + C_B}u_A + \frac{C_B}{C_A + C_B}u_B$$

$$= \frac{1.5}{1.5 + 1.0} \times 2 + \frac{-1.0}{1.5 + 1.0} \times 0.5 = 1\,m/s$$

(2) 확산 플럭스(J)

$$J_A = C_A(u_A - u_0) = \frac{1.5g}{cm^3} \times \frac{(2-1)m}{s} \times \frac{100cm}{1m} = 150\,g/cm^2 \cdot s$$

정답 ①

정리 평균확산속도

$$u_0 = \frac{C_A}{C_A + C_B}u_A + \frac{C_B}{C_A + C_B}u_B$$

정리 확산 플럭스(J)

정지면에 대한 것이 아니라 부피평균속도 u_o로 움직이는 면에 상대적인 것

$$J_A = C_A u_A - C_A u_0 = C_A(u_A - u_0)$$
$$J_B = C_B u_B - C_B u_0 = C_B(u_B - u_0)$$

2017 지방직 9급 추가채용 화학공학일반

09 물에 용해되는 성분을 포함하는 반경 R인 구형 입자가 있다. 구형 입자 표면에서 용해 성분(A)의 농도와 입자의 크기는 변하지 않는다고 가정할 때, 구형 입자 주변의 물에서 용해 성분의 농도(C_A)는 다음과 같다.

$$C_A(r) = C_{A,R} \frac{R}{r}$$

여기에서, r은 반경 방향 좌표이고, $C_{A,R}$은 입자 표면에서의 농도를 나타낸다. 확산에 의해서만 물질 전달이 일어날 때, 입자 표면에서 용해 성분의 몰 플럭스(N_A)는? (단, 물에 대한 용해 성분의 확산도는 D_A이다.)

① $\dfrac{C_{A,R} \, D_A}{R}$

② $\dfrac{C_{A,R} \, D_A}{2R}$

③ $\dfrac{C_{A,R} \, D_A}{R^2}$

④ $\dfrac{C_{A,R} \, D_A}{2R^2}$

해설

$$N_A = -D_V \frac{dC_A}{dx}$$

$$= -D_V \frac{d\left(C_{A,R} \dfrac{R}{r}\right)}{dr}$$

$$= -D_V \, C_{A,R} \, R \, \frac{d\left(\dfrac{1}{r}\right)}{dr}$$

$$= -D_V \, C_{A,R} \, R \left(-\frac{1}{R^2}\right)$$

$$= \frac{D_V \, C_{A,R}}{R}$$

J_A : 확산 플럭스($\mathrm{mol/m^2 \cdot s}$)

N_A : 몰 플럭스

D_v : 확산도(확산계수, $\mathrm{m^2/s}$)

dC_A/dx : 농도 구배($\mathrm{mol/m^4}$)

C_A : 성분 A의 농도($\mathrm{mol/m^3}$)

x : 확산 거리(m)

정답 ①

10 기체 A가 지점 1에서 δ 떨어진 지점 2로 확산하고 있다. 지점 2의 촉매 표면에서 화학 반응(A → B)이 순간 반응(instantaneous reaction)으로 진행되어 A는 모두 반응한다. 생성된 기체 B는 지점 2에서 지점 1로 확산한다. 이때 기체 A의 몰 플럭스는? (단, 정상 상태이며 등온이다. 모든 기체는 x방향으로만 확산한다. 확산 계수는 D_{AB}이고, x = 0에서 A의 농도는 C_{A_0}이다.)

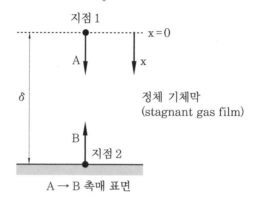

① $\dfrac{D_{AB}C_{A_0}}{2\delta}$ ② $\dfrac{D_{AB}C_{A_0}}{\delta}$

③ $\dfrac{3D_{AB}C_{A_0}}{2\delta}$ ④ $\dfrac{2D_{AB}C_{A_0}}{\delta}$

해설 2성분이 반대 방향, 동일한 양으로 확산하는 경우(등몰 확산)

$$N_A = -D_V \frac{dC_A}{dx} = J_A$$

$$\therefore \ N_A = \frac{D_{AB}C_{A_0}}{\delta}$$

정답 ②

CHAPTER

2 흡수

2-1 ○ **흡수**

혼합 기체 중 한 성분을 흡수액에 용해(흡수)시켜 분리하는 단위 조작

흡수액	• 혼합 기체 중 특정 성분 A를 용해시켜 흡수하는 액체
피흡수 기체	• 흡수액에 용해되어 흡수되는 기체(성분 A)
운반 기체 (동반 기체, carrier gas)	• 혼합 기체 중 피흡수 기체를 제외한 나머지 기체 • 동반 기체의 특징 　– 용매에 흡수가 안 된다. 　– 흡수 전후로 양이 변하지 않는다(일정).
탈리	• 흡수의 역반응

2-2 ○ **흡수의 원리**

1 헨리의 법칙

기체의 입력과 액체에 대한 용해도(농도)의 관계를 나타낸 식

(1) 원리

① 일정 온도에서 액체에 용해되는 성분의 용해도(농도)는 그 기체의 분압(압력)에 비례한다.

$$p_A = H_A C_A$$

p_A : 기상 중 A의 분압(atm)
C_A : 액 중 A의 농도($kmol/m^3$)
H_A : A의 헨리상수($atm \cdot m^3/kmol$)

② 용해도가 작을수록 헨리상수(H)는 커진다.

물질별 헨리상수

$(atm \cdot m^3/kmol)$

온도 가스 성분	30℃	70℃	온도 가스 성분	30℃	70℃
H_2	7.2×10^4	7.61×10^4	CO	3.04×10^3	−
N_2	9.24×10^4	1.25×10^5	CO_2	1.86×10^3	3.9×10^3
공기	7.71×10^4	1.05×10^5	H_2S	6.09×10^2	1.19×10^3
CO	6.2×10^4	8.45×10^4	SO_2	1.6×10^1	1.3×10^2
O_2	4.75×10^4	6.63×10^4	HCHO	1.2×10^1	1.4×10^2
NO	3.1×10^4	4.38×10^4	CH_2COOH	2.7×10^{-2}	1.8×10^{-1}
CH_4	4.49×10^4	6.66×10^4	HF	3.0×10^{-3}	5.5×10^{-2}
C_2H_6	3.42×10^4	6.23×10^4	HCl	2.0×10^{-6}	1.3×10^{-5}

③ 헨리의 법칙은 A가 액 상에서 이온화되지 않을 때, 묽은 용액일 때($x_A \fallingdotseq 0$) 잘 맞아 들어간다.

④ 헨리의 법칙이 잘 적용되는 기체와 적용되기 어려운 기체

헨리의 법칙이 잘 적용되는 기체	헨리의 법칙이 적용되기 어려운 기체
용해도가 작은 기체 CO, NO_2, H_2S, N_2, O_2 등	용해도가 크거나 반응성이 큰 기체 Cl_2, HCl, HF, SiF_4, SO_2 등

(2) 기상 중 성분 A의 분압

$$p_A = y_A P$$

p_A : 기상 중 A의 분압(atm)
y_A : 기상 중 A의 몰분율
P : 전체압(atm)

(3) 액 중 성분 A의 농도

$$p_A = x_A H_A = C_A H_A$$

p_A : 기상 중 A의 분압(atm)
x_A : 액상 중 A의 몰분율
C_A : 액 중 A의 농도(kmol/m³)
H_A : A의 헨리상수(atm·m³/kmol)

$$p_A = y_A P = x_A H_A = C_A H_A$$

2 이중 경막론

(1) 가정

① 기상 경막 전달 속도＝액상 경막 전달 속도

② 정상 상태

③ 경계에서 헨리의 법칙이 성립

④ 기상에서의 압력은 일정

⑤ 경막에서 기상 압력은 선형(일정한 기울기)으로 감소한다.

⑥ 경계에서 기상은 액상으로 바뀐다.

⑦ 경막에서 액상 농도는 선형으로 감소한다.

⑧ 액상에서 액상 농도는 일정하다.

(2) 원리

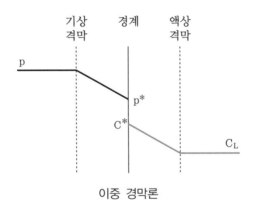

이중 경막론

① 기체 경막에서의 물질전달속도

$$N_{A,G} = k_G(p_G - p_i)$$
$$= k_G P(y_G - y_i)$$

$N_{A,G}$: 기상 경막 전달속도
k_G : 기상 개별 물질전달계수
p_G : 기상 압력
p_i : 경계에서의 기상 압력

② 액체 경막에서의 물질전달속도

$$N_{A,L} = k_L(C_i - C_L)$$
$$= k_L \cdot C(x_i - x_L)$$
$$= k_L \cdot \rho_M(x_i - x_L)$$

$N_{A,L}$: 액상 경막 전달속도
k_L : 액상 개별 물질전달계수
C_L : 액상 농도
C_i : 경계에서의 액상 농도

③ 기상 경막 전달속도 = 액상 경막 전달속도

$$N_{A,G} = N_{A,L}$$
$$k_G(p_G - p_i) = k_L(C_i - C_L)$$
$$\therefore \frac{k_L}{k_G} = \frac{p_G - p_i}{C_i - C_L}$$

④ 기-액 계면에서 저항이 없고 순간 평형 상태일 때 **경계에서, 헨리의 법칙이 성립한다**($p_i = HC_i$). 그러나 C_i, p_i 값을 실제 구하기가 쉽지 않아 총괄 물질 전달 계수 개념을 적용한다.

⑤ 기상 경막 전달속도

$$N_{A,G} = K_G(p_G - p^*)$$

$N_{A,G}$: 기상 경막 전달속도
K_G : 총괄 기상 물질전달계수
p_G : 기상 압력
p^* : 경계에서의 임의의 압력

⑥ 액상 경막 전달속도

$$N_{A,L} = K_L(C^* - C_L)$$

$N_{A,L}$: 액상 경막 전달속도
K_L : 총괄 액상 물질전달계수
C_L : 액중 농도
C^* : 경계에서의 임의의 액중 농도

⑦ 기체 경막 저항 $\left(\dfrac{1}{K_G}\right)$

총괄 기체 물질전달계수(K_G)의 역수

$$\frac{1}{K_G} = \frac{(p_G - p_i) + (p_i - p^*)}{N_A} = \frac{(p_G - p_i)}{N_A} + \frac{(p_i - p^*)}{N_A}$$

$$= \frac{1}{k_G} + \frac{H(C_i - C_L)}{N_A} = \frac{1}{k_G} + \frac{H}{k_L}$$

$$\frac{1}{K_G} = \frac{1}{k_G} + \frac{H}{k_L}$$

$\dfrac{1}{k_G}$: 기체(물질 이동) 전달 저항

$\dfrac{1}{k_L}$: 액체(물질 이동) 전달 저항

H : 헨리상수

용해도가 크면 $\dfrac{1}{k_G} \gg \dfrac{H}{k_L}$, $\dfrac{1}{K_G} = \dfrac{1}{k_G}$, 기체 경막 지배

⑧ 액체 경막 저항 $\left(\dfrac{1}{K_L}\right)$

총괄 액체 물질전달계수(K_L)의 역수

$$\frac{1}{K_L} = \frac{(C^* - C_i) + (C_i - C_L)}{N_A} = \frac{(C^* - C_i)}{N_A} + \frac{(C_i - C_L)}{N_A}$$

$$= \frac{\left(\dfrac{p^*}{H} - \dfrac{p_i}{H}\right)}{N_A} + \frac{1}{k_L} = \frac{1}{H \cdot k_G} + \frac{1}{k_L}$$

$$\frac{1}{K_L} = \frac{1}{k_L} + \frac{1}{H \cdot k_G}$$

용해도가 작으면 $\dfrac{1}{k_L} \gg \dfrac{1}{H \cdot k_G}$, $\dfrac{1}{K_L} = \dfrac{1}{k_L}$, 액체 경막 지배

(3) 용해도에 따른 흡수장치 선정

구분	용해도가 큰 가스	용해도가 작은 가스
헨리상수(H)	작다.	크다.
경막 저항	기체 저항 지배 (액상 물질 저항이 작음)	액체 저항 지배 (액상 물질 저항이 큼)
총괄 물질 이동 계수	$K_G = k_G$	$K_L = k_L$
적합한 흡수 장치	액 분산형 흡수 장치 (충전탑, 분무탑, 벤투리 스크러버 등)	기스 분산형 흡수장치 (단탑, 기포탑)

2-3 ◦ 흡수 효율(흡수 속도)을 증가시키는 방법

① K_L, $K_G \uparrow$

② 접촉 면적 $\uparrow$, 접촉 시간 $\uparrow$ → 접촉 기회 $\uparrow$

③ 추진력(농도차, 분압차) $\uparrow$

2-4 ○ 좋은 흡수액의 조건

① 용해도가 높아야 한다(원하는 기체에 대한 선택적 흡수능이 있어야 함).
② 흡수와 탈리가 쉬워야 한다.
③ 화학적으로 안정해야 한다.
④ 독성, 부식성이 없어야 한다.
⑤ 휘발성이 작아야 한다(낮은 증기압).
⑥ 점성이 작아야 한다.
⑦ 어는점이 낮아야 한다.
⑧ 가격이 저렴해야 한다.

2-5 ○ 흡수장치의 종류

가스 분산형 흡수장치	다공판탑(plate tower), 포종탑(tray tower), 기포탑 등
액 분산형 흡수장치	충전탑(충진탑, packed tower), 분무탑(액저탑, spray tower), 벤투리 스크러버 등

2-6 ○ 충전탑

(1) 원리

원통형 탑 내에 충전물을 쌓아두고 흡수액은 상부에서 하부로, 원료가스를 하부에서 상부로 통과시켜 접촉 처리한다.

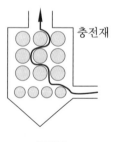

충전탑

(2) 유지 관리 시 고려 사항

홀드 업 (hold-up)	• 충전층 내 액 보유량
부하 (loading)	• 흡수탑 내에서 기상의 상승 속도가 증가함에 따라 각 단의 액 보유량 (hold-up)이 증가해 압력 손실이 급격히 증가하는 현상
부하점 (loading point)	• 유속 증가 시 액의 hold-up이 현저히 증가(loading)하는 지점
범람점(왕일점) (flooding point)	• 부하점을 초과하여 유속이 증가할 때 가스가 액 중으로 분산·범람 (flooding)하는 지점

(3) 충전탑의 유지 관리상 문제

① 범람(floating)

현상	• 물이 충전물 위로 넘치는 현상 • 흡수탑에서 기체의 상승 속도가 높아서 액체가 범람하는 현상
원인	• 함진가스 유입 속도가 너무 빠른 경우 발생
대책	• 유속을 floating이 발생하는 유속의 40~70% 속도로 주입

② 편류(channelling)

현상	• 액 분배가 잘되지 않아 한쪽으로만 액이 지나가는 현상
원인	• 충전물의 입도가 다를 경우, 충전 밀도가 작을 경우 발생
대책	• 탑의 직경(D)과 충전물 직경(d)비(D/d)를 최소 8~10으로 설계 • 입도가 고른 충전물로 충전함(불규칙하게 충전함) • 충전물을 나누어 여러 단으로 충전함 • 3~10m 간격마다 액체용 재분배장치를 설치

(4) 충전물

재질	• 도자기, 목재, 카본, 강철 등
종류	• 라시히 링(raschig ring), 레싱 링, 벌 새들, 팔 링, 사이클로 헬릭스 링, 인터럭스 새들, 십자 간격 링 등
조건	• 내열성, 내식성이 커야 한다. • 충분한 강도를 지녀야 한다. • 화학적으로 불활성이어야 한다. • 충전밀도가 커야 한다. • 공극률이 커야 한다. • 비표면적이 커야 한다. • hold-up이 작아야 한다. • 가스 저항이 작아야 한다. • 압력 손실이 작아야 한다.

2-7 ○ 충전탑의 설계

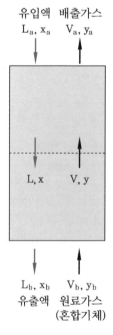

유입액 배출가스
L_a, x_a V_a, y_a

L, x V, y

L_b, x_b V_b, y_b
유출액 원료가스
(혼합기체)

흡수장치(충전탑)의 물질 수지

1 흡수탑의 물질 수지

(1) 가정

① 용매는 증발하지 않는다.
② 운반 가스(동반 기체)는 용해(흡수)되지 않는다.
③ 흡수장치 유입액과 유출액의 양은 같다.

(2) 흡수탑 전체 물질 수지

$$유입량 = 유출량$$

- 전체 물질 수지 $L_a + V_b = L_b + V_a$
- 성분 A의 물질 수지 $x_a L_a + y_b V_b = x_b L_b + y_a V_a$

$$\hookrightarrow \quad y_b V_b - y_a V_a = x_b L_b - x_a L_a$$

2 흡수 조작선

(1) 조작선(운전 곡선)

$$유입량 = 유출량$$

전체 물질 수지 : $L_a + V = L + V_a$

성분 A의 물질 수지 : $x_a L_a + yV = xL + y_a V_a$

$$\hookrightarrow \quad yV - y_a V_a = xL - x_a L_a$$

$$\therefore \quad y = \frac{L}{V} x + \frac{y_a V_a - x_a L_a}{V}$$

L_a : 탑 상부로 유입되는 액체 전체 몰 유량(mol/time)
V_a : 탑 상부로 배출되는 가스 전체의 몰 유량(mol/time)
L_b : 탑 하부로 배출되는 액체 전체 몰 유량(mol/time)
V_b : 탑 하부로 유출되는 가스 전체의 몰 유량(mol/time)
L : 액체 전체 몰 유량(mol/time)
V : 가스 전체 몰 유량 (mol/time)
L' : 순수 액상 용매만의 몰 유량(mol/time)
V' : 순수 운반 가스만의 몰 유량 (mol/time)
$x_a,\ x_b$: $L_a,\ L_b$에 포함된 원료가스의 액상분율
$y_a,\ y_b$: $V_a,\ V_b$에 포함된 원료가스의 기상분율

$$y = \frac{L}{V}x + \frac{y_a V_a - x_a L_a}{V}$$

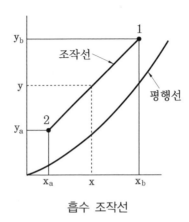

흡수 조작선

(2) 액가스비(L/V)

① 처리가스 유량에 대한 용액의 유량비

② 조작선(operating line)의 기울기

(3) 최소 액가스비(기액한계비, L′/V′)

(가) 정의

① 순수 용매의 유량(L′)과 순수 운반 가스의 유량(V′)

② 흡수액의 유량이 최소일 때의 조작선의 기울기

(나) 그래프상의 최소 액가스비

$$yV - y_a V_a = xL - x_a L_a$$

$$\frac{y}{1-y}V' - \frac{y_a}{1-y_a}V' = \frac{x}{1-x}L' - \frac{x_a}{1-x_a}L'$$

$$Y = \frac{y}{1-y} \ , \ X = \frac{x}{1-x} \ \text{라고 하면}$$

$$\therefore \ Y - Y_a = \frac{L'}{V'}(X - X_a)$$

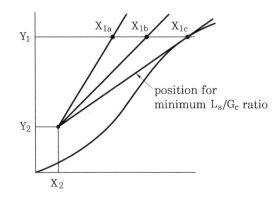

① 조작선이 평형선에 접하는 점(X_{1c})을 지날 때 세정액의 유량이 최소가 된다.
② 이때의 조작선 기울기를 최소 액가스비(기액한계비, L'/V')라고 한다.

3 흡수 운전 조건

① 액가스비(조작선 기울기, L/V)와 최소 액가스비(기액한계비, L'/V')의 크기를 비
교한다.

$L/V > L'/V'$	흡수 발생
$L/V = L'/V'$	흡수 발생하지 않음(추진력 0)
$L/V < L'/V'$	탈착 발생

② 너무 액가스비가 크면 탈착(회수)이 어려워 실제로는 기액한계비의 1.1~1.5배 범
위로 설정한다.

4 흡수 추진력 증가 방법

조작선 기울기가 기액한계비보다 클수록 흡수 추진력이 증가한다.
① 세정액량↑
② 펌프 동력 사용량↑
③ 탑의 높이 축소 가능

2-8 ┄o 충전탑의 높이 결정

충전탑 높이는 물질 이동에 대한 총괄 저항, 평균 추진력, 유효 접촉면적에 의해 결정된다.

(1) 총괄 이동 단위 높이(HTU, HOG)

각 가스막 계수에 기초한 전달 단위 높이

$$HTU = \frac{G_M}{K_y a}$$

G_M : 단위시간당 흡착제 단위면적당 가스 $mol(kmol/m^2 \cdot hr)$
K_y : 기상 총괄 물질 이동 계수$(kmol/m^2 \cdot hr) = K_G \cdot P$
a : 단위용적당 유효 접촉 면적(m^2/m^3)

(2) 총괄 이동 단위 수(NTU, NOG)

각 구동력에 기초한 전달 단위 수

$$NTU = \int_{y_2}^{y_1} \frac{dy}{y - y^*}$$

(3) 충전탑의 높이(Z)

$$Z = HTU \times NTU$$

연습문제

2. 흡수

단답형

2016 국가직 9급 화학공학일반

01 기체 흡수 공정에 사용되는 흡수액의 필요 성질이 아닌 것은?

① 원하는 기체에 대한 선택적 흡수능
② 용이한 흡수와 탈리
③ 가격의 경제성
④ 높은 증기압

해설 좋은 흡수액의 조건
④ 낮은 증기압

정답 ④

장답형

2016 국가직 9급 화학공학일반

02 기체 흡수에 적용되는 헨리의 법칙에 대한 설명으로 옳은 것은?

① 기체의 압력과 액체에 대한 용해도와의 관계를 나타낸 식
② 기체의 온도와 액체의 비열과의 관계를 나타낸 식
③ 기체의 온도와 기체의 증기압과의 관계를 나타낸 식
④ 기체의 온도와 액체에 대한 확산 속도와의 관계를 나타낸 식

정답 ①

정리 헨리의 법칙

• 기체의 압력과 액체에 대한 용해도와의 관계를 나타낸 식
• 일정 온도에서 액체에 용해되는 성분의 용해도(농도)는 그 기체의 분압(압력)에 비례한다.

$$p_A = x_A H_A$$

p_A : 기상 중 A의 분압(atm)
x_A : 액 중 A의 농도($kmol/m^3$)
H_A : A의 헨리상수($atm \cdot m^3/kmol$)

2017 지방직 9급 화학공학일반

03 흡수 조작에서 편류(channeling) 현상을 방지하기 위한 수단에 해당하지 않는 것은?

① 불규칙하게 충전하기 위하여 주로 충전물을 쏟아넣는 방식으로 충전한다.
② 탑 지름과 충전물 지름의 비를 최소 8 : 1로 한다.
③ 충전부의 적당한 위치에 액체용 재분배장치를 설치한다.
④ 충전탑의 높이를 증가시킨다.

해설 충전탑 – 편류 방지 대책
④ 충전탑을 여러 단으로 나눈다.

정답 ④

2018 서울시 9급 화학공학일반

04 기체 흡수탑에서 발생할 수 있는 현상 중 편류(channeling)에 대한 설명은?

① 흡수탑에서 기체의 상승 속도가 높아서 액체가 범람하는 현상
② 흡수탑 내에서 액체가 어느 한 곳으로 모여 흐르는 현상
③ 흡수탑 내에서 기상의 상승 속도가 증가함에 따라 각 단의 액상체량(hold up)이 증가해 압력 손실이 급격히 증가하는 현상
④ 액체의 용질 흡수량 증가에 따라 증류탑 내부 각 단에서 증기의 용해열에 의해 온도가 상승하는 현상

해설 충전탑 관련 용어
① 범람(floating)
③ 부하(loading)

정답 ②

계산형

2017 국가직 9급 화학공학일반

05 2mol%의 에테인(ethane)이 포함된 가스가 20℃, 15atm에서 물과 접해 있다. 헨리(Henry)의 법칙이 적용 가능할 때 물에 용해된 에테인의 몰분율은? (단, 헨리 상수는 2.5×10^4atm/mole fraction으로 가정한다.)

① 1.2×10^{-5} 　　　　　② 2.4×10^{-5}

③ 3.6×10^{-5} 　　　　　④ 6.0×10^{-5}

해설 (1) 기상 중 A의 분압

$$p_A = y_A P = 0.02 \times 15atm = 0.3atm$$

(2) 수 중 에테인의 몰분율

$$x_A = \frac{p_A}{H_A} = \frac{0.3atm}{2.5 \times 10^4 atm} = 1.2 \times 10^{-5}$$

정답 ①

정리 헨리의 법칙과 라울의 법칙

• 기상 중 A의 분압 : $p_A = y_A P$

• 액 중 A의 농도 : $p_A = x_A H_A = C_A H_A$

　　p_A : 기상 중 A의 분압(atm)

　　y_A : 기상 중 A의 몰분율

　　P : 전체압(atm)

　　x_A : 액상 중 A의 몰분율

　　C_A : 액 중 A의 농도(kmol/m^3)

　　H_A : A의 헨리상수(atm·m^3/kmol)

06 기체 흡수탑에서 A가 기상으로부터 액상으로 흡수된다. A의 액상 몰분율(x)이 0.1이고 기상 몰분율(y)이 0.2일 때, 기액 계면에서의 A의 조성(x_i, y_i)은? (단, 기체 흡수는 이중 경막론을 따르고, 액상 개별 물질 전달 계수($k_x a$)는 기상 개별 물질 전달 계수($k_y a$)의 두 배이다. 기액 계면에서 액상 몰분율(x_i)과 기상 몰분율(y_i)의 평형 관계는 $y_i = 0.5 x_i$이다.)

① (0.12, 0.06) ② (0.16, 0.08)

③ (0.28, 0.14) ④ (0.40, 0.20)

해설 흡수 – 이중 경막론 – 개별 물질 전달 계수

$$\frac{k_L}{k_G} = \frac{p_G - p_i}{C_i - C_L}$$

$$\frac{k_x a}{k_y a} = \frac{(y_G - y_i)}{(x_i - x_L)}$$

$$\therefore \ \frac{2}{1} = \frac{(0.2 - y_i)}{(x_i - 0.1)}$$

$y_i = 0.5 x_i$이므로

$$\therefore \ x_i = \frac{4}{25} = 0.16, \ y_i = \frac{2}{25} = 0.08$$

정답 ②

07 흡수탑을 사용하여 성분(A)을 흡수할 때 기액 계면 근처에서의 농도구배는 그림 (가)와 같다. 이 그림에서 x_A와 y_A는 각각 벌크 액체와 벌크 기체의 몰분율이고, x_{Ai}와 y_{Ai}는 각각 기액 계면에서 액체와 기체의 몰분율이다. A의 물질 전달 속도(r)는 총괄 물질전달계수(K_y, overall mass transfer coefficient)를 사용하여 식 (나)와 같이 나타낼 수 있다. 개별 물질전달계수(individual mass transfer coefficient)는 액상에서 $0.2 mol/m^2 \cdot s$이고 기상에서 $0.1 mol m^2/ \cdot s$라고 할 때, 총괄 물질전달저항 $\left(\dfrac{1}{K_y}\right)$의 값($m^2 \cdot s/mol$)은? (단, 기체 흡수는 이중 경막론을 따르고, $y_A = 0.8 x_{Ai}$ 이며, $y_A^* = 0.8 x_A$ 이다.)

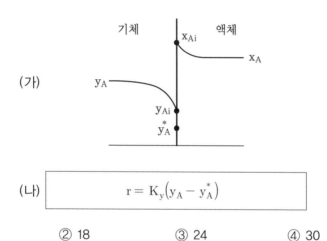

(가)

(나)
$$r = K_y \left(y_A - y_A^* \right)$$

① 14   ② 18   ③ 24   ④ 30

해설 흡수 – 이중 경막론 – 총괄 물질전달계수
- A의 물질 전달 속도 : $N_{A,G} = K_G (p_G - p^*)$
- 헨리의 법칙 : $p_G = HC^*$, $p^* = HC_L$

(1) 헨리상수

　　$y_A = 0.8 x_{Ai}$, $y_A^* = 0.8 x_A$ 에서, 헨리상수 H=0.8이다.

(2) A의 물질전달속도

　　$\dfrac{1}{K_G} = \dfrac{1}{k_G} + \dfrac{H}{k_L}$

　　$\dfrac{1}{K_G} = \dfrac{1}{0.1} + \dfrac{0.8}{0.2} = 14$

정답 ①

CHAPTER

3

흡착

3-1 ──o 흡착(adsorption)

(1) 흡착의 정의

① 유체가 고체 표면에 접촉하여 부착하는 현상

② 서로 다른 두 상(액체-고체, 기체-고체, 기체-액체) 사이에서 어떠한 물질이 계면에 농축되는 현상

(2) 흡착 관련 용어

흡착제	• 피흡착제를 흡착시키는 물질
피흡착제	• 흡착제에 흡착되는 물질
흡착	• 피흡착제가 흡착제에 흡착되는 과정
탈착(재생)	• 피흡착제가 흡착제에서 떨어지는 과정 • 흡착의 역반응 • 탈착이 되면 흡착제를 재사용할 수 있으므로 재생이라 한다.

3-2 ┄o 흡착의 종류

1 물리적 흡착과 화학적 흡착

구분	물리적 흡착	화학적 흡착
원리	흡착제-용질 간의 분자 인력이 용질-용매 간의 인력보다 클 때 흡착	흡착제-용질 사이의 화학 반응에 의해 흡착
구동력	분자 간의 인력(반데르발스 힘)	화학 반응
속도	큼	작음
활성화 에너지	활성화 에너지가 낮아 흡착 과정에서 포함되지 않음	활성화 에너지가 높아 흡착 과정에서 포함될 수 있음
반응	가역 반응	비가역 반응
탈착(재생)	가능	불가능
분자층	다분자층 흡착	단분자층 흡착
흡착열	작음 (40kJ/mol 이하)	큼 (80kJ/mol 이상)
온도 의존성	온도가 높을수록 흡착량 감소	온도 상승에 따라 흡착량이 증가하다가 감소
압력과의 관계	압력이 높을수록 흡착량 증가	압력이 높을수록 흡착량 감소
표면 흡착량	피흡착 물질의 함수	피흡착물, 흡착제 모두의 함수

보통 흡착 현상은 물리적 흡착과 화학적 흡착이 동시에 발생한다.

2 기상 흡착과 액상 흡착

(1) 기상 흡착의 특징

① 흡착 속도 : 기상 흡착 > 액상 흡착
② 피흡착제 농도↑, 상대 증기압↑, 비점(끓는점), 임계점↑ → 흡착량↑
③ 온도↑ → 흡착량↓

(2) 액상 흡착의 특징

피흡착제가

① 소수성일수록

② 무극성 > 극성

③ 방향족 > 지방족 화합물

④ 용해도가 적을수록

⑤ 이온화가 덜 될수록

⑥ 표면장력이 작을수록

⑦ 유기물 농도가 높을수록

흡착량은 증가한다.

3-3 ──○ 흡착 과정

Ⅰ 단계	• 용액에서 유기물질이 고액 경계면까지 이동하는 단계
Ⅱ 단계	• 경계막을 통한 용질의 확산 단계(경막 확산, film diffusion) • 흡착제 주위의 막을 통하여 피흡착제의 분자가 이동하는 단계
Ⅲ 단계	• 공극을 통한 내부 확산 단계(공극 확산, pore diffusion) • 흡착제 공극을 통하여 피흡착제가 확산하는 단계
Ⅳ 단계	• 입자의 미세 공극의 표면 위에 흡착되는 단계 • 흡착이 되면서 흡착제와 피흡착제 사이에 결합이 일어나는 단계

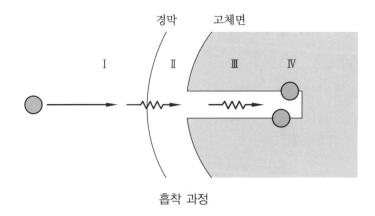

흡착 과정

3-4 ○ 등온 흡착식

온도가 일정할 때 흡착제와 흡착제에 흡착되는 피흡착제의 양의 관계를 나타낸 곡선

1 랭뮤어 (Langmuir) 등온 흡착식

(1) 가정 조건

① 약한 화학적 흡착

② 단분자층 흡착(한정된 표면에만 흡착 발생)

③ 가역 반응

④ 평형 상태(흡착 속도＝탈착 속도)

⑤ 모든 흡착점의 흡착 에너지가 같다.

⑥ 흡착된 분자 간 상호작용이 없다.

(2) 등온 흡착식

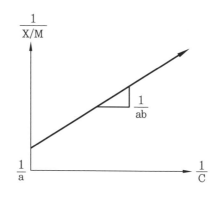

$$\frac{X}{M} = \frac{abC}{1 + bC}$$

$$\frac{1}{X/M} = \frac{1}{ab} \cdot \frac{1}{C} + \frac{1}{a}$$

X : 흡착된 피흡착물의 농도
  (흡착으로 제거된 오염 물질 농도)

M : 주입된 흡착제의 농도

C : 피흡착물질의 평형 농도
  (흡착 후 남은 오염 물질 농도)

a : 흡착제의 최대 피흡착제 수용 능력
  (피흡착제 질량/흡착제 질량)

b : 흡착제의 피흡착제 친화도

2 프로인들리히 (Freundlich) 등온 흡착식

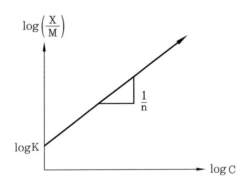

$$\frac{X}{M} = K\,C^{1/n}$$

$$\log\left(\frac{X}{M}\right) = \frac{1}{n}\log C + \log K$$

X : 흡착된 피흡착물의 농도
   (흡착으로 제거된 오염 물질 농도)
M : 주입된 흡착제의 농도
C : 피흡착 물질의 평형 농도
   (흡착 후 남은 오염 물질 농도)
K, n : 경험 상수

① $\frac{1}{n}$ = 0.1~0.5인 경우 : 저농도에서 흡착 효율 높음

② $\frac{1}{n}$ > 2인 경우 : 저농도에서 흡착 효율 낮음

3 BET 등온 흡착식

다분자층 흡착식

$$\frac{X}{M} = \frac{V_m A_m C}{(C_s - C)\{1 + (A_m - 1)(C/C_s)\}}$$

X : 흡착된 피흡착물의 농도(흡착으로 제거된 오염 물질 농도)
M : 주입된 흡착제의 농도
C_s : 포화 농도
C : 피흡착 물질의 평형 농도(흡착 후 남은 오염 물질 농도)
A_m, V_m : 상수

3-5 ○ 흡착장치

1 흡착장치의 종류

고정층 흡착장치	• 고정된 흡착층(입상 활성탄)을 가스가 통과 • 흡·탈착 동시 진행을 위해 흡착장치가 2대 이상 필요
이동층 흡착장치	• 흡착제는 상부에서 하부로, 가스는 하부에서 상부로 이동
유동층 흡착장치	• 흡착제가 유동하면서 흡착을 진행하는 방식 • 가스 유속 큼, 흡착 효과 큼 • 흡착제 마모 큼 • 조업 중 조건 변동 곤란

2 흡착장치 설계 및 선택 시 고려사항

① 흡착 시설 내 가스의 체류시간이 충분히 길어야 한다.
② 흡착제의 사용 기간(수명)이 길어야 한다.
③ 가스 흐름에 대한 저항성이 적어야 한다.
④ 흡착 방해 물질은 전처리 제거해야 한다.
⑤ 흡착제를 재생시킬 수 있는 시설이 있으면 좋다.

3 흡착제

(1) 흡착제의 조건

① 단위질량당 표면적이 큰 것(큰 표면적)
② 흡착 효율이 높아야 한다(높은 선택성).
③ 내구성 및 내마모성이 커야 한다.
④ 가스 흐름에 대한 압력 손실이 적어야 한다.
⑤ 재생과 회수가 쉬워야 한다.

(2) 흡착제의 종류

① 활성탄

② 실리카 겔

③ 활성 알루미나

④ 합성 제올라이트

⑤ 마그네시아

(3) 흡착제 재생법

① 가열 공기 통과 탈착식

② 수세 탈착식

③ 수증기 탈착식

④ 감압 탈착식

⑤ 고온의 불활성 기체 주입 방법

4 파과 현상

파과 현상	• 흡착 시 처음에는 흡착이 잘 이루어지다가 파과점(break point) 이후부터 가스 중의 피흡착제 농도가 급격히 상승하는 현상
파과점(break point)	• 흡착 영역이 이동하여 흡착층 전체가 포화되는 지점
파과 시간	• 흡착이 시작되면서부터 파과점에 도달하기까지 걸린 시간
재생 주기	• 파과점에 도달하면, 처리 효율이 급격히 떨어지므로, 파과점에 도달하기 전에 재생을 해주어야 한다. • 재생 주기＝흡착 시간

3-6 ⟶o 흡착 공정의 구분

압력 교대 흡착 공정	고압(상압)에서 흡착, 상압(감압)에서 탈착되는 공정
열 교대 흡착 공정	일정 압력에서 저온에서 흡착, 고온에서 탈착하는 공정

연습문제

3. 흡착

장답형

2017 국가직 9급 화학공학일반

01 흡착에 대한 설명으로 옳은 것만을 모두 고른 것은?

> ㄱ. 흡착을 이용한 분리는 주로 분자량, 분자모양, 분자극성 등의 차이 또는 기공과 분자 간의 크기 차를 이용한다.
>
> ㄴ. 화학 흡착은 흡착제와 흡착 분자 간 반데르발스(Van der Waals) 힘 등의 비교적 약한 인력을 가진 가역적인 현상이다.
>
> ㄷ. 흡착제의 요건으로 높은 선택성, 큰 표면적, 내구성 및 내마모성 등이 요구된다.
>
> ㄹ. 랭뮈어(Langmuir) 흡착 등온선(adsorption isotherm)은 비가역적 흡착을 설명하는 식이다.

① ㄱ, ㄴ   ② ㄱ, ㄷ

③ ㄴ, ㄹ   ④ ㄷ, ㄹ

해설 흡착

ㄴ. 물리적 흡착 : 반데르발스 힘, 약한 흡착

화학적 흡착 : 화학 반응, 강한 흡착

ㄹ. 랭뮈어(Langmuir) 흡착 등온선(adsorption isotherm)은 약한 화학적 흡착, 가역적 흡착을 설명하는 식이다.

정답 ②

02 다음 흡착에 대한 설명으로 옳은 것을 모두 고른 것은?

> ㄱ. 흡착은 고체와 기체, 기체와 액체 등의 계면에서 기체 또는 액체 혼합물 중의 목적 성분을, 제3의 물질을 이용하여 분리하는 조작이다.
> ㄴ. 물리 흡착은 흡착제와 흡착질 사이의 화학 작용에 의한 흡착이다.
> ㄷ. 열 교대 흡착 공정(thermal swing adsorption)은 감압 조건에서 탈착되고 상압 조건에서 흡착되는 공정이다.
> ㄹ. Langmuir식은 모든 흡착점의 흡착 에너지가 균일하고 흡착된 분자 간 상호작용이 없음을 가정하여 유도한다.

① ㄱ, ㄴ　　　　　　② ㄱ, ㄹ
③ ㄴ, ㄷ　　　　　　④ ㄴ, ㄹ

해설 ㄴ. 물리 흡착은 흡착제와 흡착질 사이의 반데르발스 힘에 의한 흡착이다.
ㄷ. 열 교대 흡착 공정은 일정 압력에서 저온에서 흡착, 고온에서 탈착하는 공정이다.

정리 흡착 공정의 구분

압력 교대 흡착 공정	고압(상압)에서 흡착, 상압(감압)에서 탈착되는 공정
열 교대 흡착 공정	일정 압력에서 저온에서 흡착, 고온에서 탈착하는 공정

정답 ②

CHAPTER 4 증류

4-1 ──o 증류(distillation)의 정의

① **상대휘발도(끓는점)의 차이**를 이용하여 액체 상태의 혼합물을 분리하는 방법
② 단위 조작 중 2가지 이상의 휘발성 물질의 혼합물을 분리시키는 조작

4-2 ──o 증류의 원리

1 라울의 법칙

(1) 정의

① 액상(용액)과 기상의 증기압 관계를 나타내는 식
② 용액의 증기압 내림은 용액 중에 녹아 있는 용질의 몰분율에 비례한다.

(2) 라울의 법칙 가정

① 2성분 액체가 혼합할 때 열 출입은 없다.
② 2성분 액체가 혼합할 때 용질-용매 사이 인력은 변화 없다.
   (용매-용매 사이 인력=용질 - 용매 사이 인력)
③ **이상 용액, 이상기체**로 가정
④ 이상 용액의 활동도 계수는 1

(3) 용액의 증기압(라울의 법칙)

$$P_A = x_A P_A{}^\circ = y_A P$$

P_A : A의 증기압

$P_A{}^\circ$: 순수한 A의 증기압

P : 기상 전압

x_A : 액상 A의 몰분율

y_A : 기상 A의 몰분율

(4) 2성분이 혼합 용액일 때 증기압(라울의 법칙)

① 두 가지 액체(액체 A와 B)가 혼합될 때 혼합 용액의 전체 증기압은 라울의 법칙을 따른다.

② 용액의 전체 증기압은 각 액체의 부분 압력의 합과 같다.

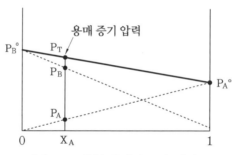

액체 A, B 혼합 용액의 증기 압력

$$
\begin{aligned}
P &= P_A + P_B \\
&= x_A P_A{}^\circ + x_B P_B{}^\circ \\
&= x_A P_A{}^\circ + (1 - x_A) P_B{}^\circ \\
&= y_A P + y_B P \\
&= y_A P + (1 - y_A) P
\end{aligned}
$$

P : 기상 전압

P_A : 기상 A의 분압

P_B : 기상 B의 분압

$P_A{}^\circ$: 순수한 A의 증기압

$P_B{}^\circ$: 순수한 B의 증기압

x_A : 액상 A의 몰분율

x_B : 액상 B의 몰분율

y_A : 기상 A의 몰분율

y_B : 기상 B의 몰분율

단, $x_A + x_B = 1$, $y_A + y_B = 1$

(5) 이상 용액

① 라울의 법칙이 그대로 적용되는 용액

② 혼합에 의한 부피 변화가 없고, 열 출입이 없다.

③ 실제 용액이 이상 용액에 가까운 경우

  • 용질의 농도가 낮을수록(묽은 용액일수록)

  • 용질과 용매 분자의 크기나 분자 간 인력이 비슷할 때

(6) 라울의 법칙과의 편차

두 가지 액체가 혼합될 때, 실제 용액의 증기압은 이상 용액이 아니므로 라울의 법칙과 편차를 가진다.

액체 A와 B의 혼합 시 라울의 법칙과의 편차

용매(A) 용질(B) 간의 힘	$\triangle H_{용해}$	라울의 법칙과의 편차	예
(A–A, B–B)=(A–B)	0	없음 (이상 용액)	벤젠–톨루엔 메탄올–에탄올 메탄–에탄 • 둘 다 휘발성이 강한 물질일 때 • 구조가 비슷한 물질일 때
(A–A, B–B)<(A–B)	− (발열 반응)	−	아세톤–물
(A–A, B–B)>(A–B)	+ (흡열 반응)	+	에탄올–헥세인

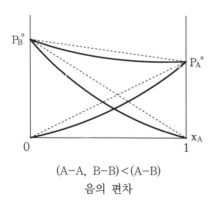

(A–A, B–B)<(A–B)
음의 편차

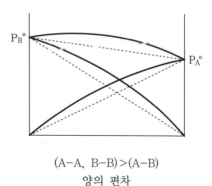

(A–A, B–B)>(A–B)
양의 편차

증기압 도표

2 휘발도

① 성분 A의 휘발도

$$k_A = \frac{y_A}{x_A}$$

② 성분 B의 휘발도

$$k_B = \frac{y_B}{x_B}$$

3 상대 휘발도 (비휘발도, 비활도)

(1) 특징

① 일정 온도에서 액 중 각 성분의 휘발 정도
② 상대 휘발도가 클수록 2성분 분리가 쉽다.

(2) 성분 A의 상대 휘발도

액상과 기상이 평형 상태일 때, 성분 B에 대한 성분 A의 상대 휘발도

$$\alpha_{AB} = \frac{k_A}{k_B} = \frac{\dfrac{y_A}{x_A}}{\dfrac{y_B}{x_B}} = \frac{\dfrac{y_A}{y_B}}{\dfrac{x_A}{x_B}} = \frac{\dfrac{y_A}{(1-y_A)}}{\dfrac{x_A}{(1-x_A)}} = \frac{\dfrac{y_A}{x_A}}{\dfrac{(1-y_A)}{(1-x_A)}} = \frac{증기\ 조성}{액\ 조성}$$

기상이 Dalton 법칙을 따르는 이상기체라면

$$\alpha_{AB} = \frac{k_A}{k_B} = \frac{\dfrac{y_A}{x_A}}{\dfrac{y_B}{x_B}} = \frac{\dfrac{P_A}{x_A}}{\dfrac{P_B}{x_B}} = \frac{\dfrac{x_A P_A^\circ}{x_A}}{\dfrac{x_B P_B^\circ}{x_B}} = \frac{P_A^\circ}{P_B^\circ}$$

4 활동도 계수 (γ)

이상 용액과 실제 용액의 차이를 보정해 주기 위한 계수이다.

(1) 활동도 계수와 라울의 법칙과의 관계

구분	라울의 법칙과의 편차	특징
$\gamma = 1$	없음	A-B=A-A(또는 A-B) 액상 : 이상 용액, 기상 : 이상기체
$\gamma > 1$	양(+)의 편차	A-B<A-A(또는 A-B)
$1 > \gamma$	음(-)의 편차	A-B>A-A(또는 A-B)

(2) 활동도 계수를 적용한 라울의 법칙

$$P = P_A + P_B = \gamma_A x_A P_A^{\circ} + \gamma_B x_B P_B^{\circ} = y_A P + y_B P$$

5 비점도표 (온도 조성 도표)

일정 압력에서 액체 혼합물을 가열해서 발생된 증기의 조성과 이와 평형 상태에 있는 액체의 조성 관계를 나타낸 그래프이다.

액상 영역	• 액상선(비등선) 이하 영역에서 물질은 액체 상태로 존재한다.
기상 영역	• 기상선(응축선) 이상 영역에서 물질은 기체 상태로 존재한다.
2상 영역	• 기상-액상 공존
이슬점	• 온도를 감소시킬 때 액적(물방울)이 생기기 시작하는 온도 • 주어진 몰분율에서 기상선과 만나는 점의 온도
기포점	• 온도를 증가시킬 때 증기 기포가 생기기 시작하는 온도 • 주어진 몰분율에서 액상선과 만나는 점의 온도

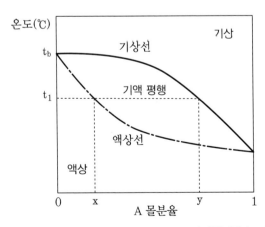

x : 저비점 성분의 액상 몰분율
y : 저비점 성분의 기상 몰분율

저비점 성분 A의 비점도표

6　기액 평형 도표(x-y 도표)

(1) 기액 평형 도표(x-y 도표)

비점 도표를 이용하여 여러 온도에서 평형 상태인 액상 및 기상 조성을 동시에 나타 낸 그래프

평형선 기울기 > 1	(평형선이 $y=x$ 위에 있으면) 성분 A는 휘발성 큼(저비점 물질)
평형선 기울기< 1	(평형선이 $y=x$ 아래 있으면) 성분 A는 휘발성이 작음(고비점 물질)

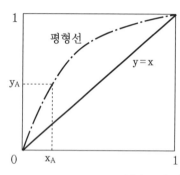

x_A : 성분 A의 액상분율
y_A : 성분 A의 기상분율

성분 A의 기액 평형 도표

(2) 유형별 기액 평형 도표(x-y 도표)

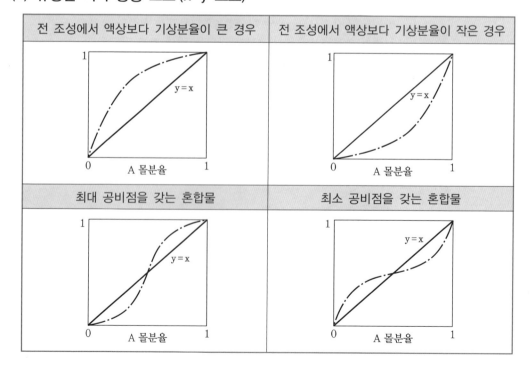

4-3 ○ 공비 혼합물

1 공비 상태

(1) 원리

① 일반적으로 용액을 증류하면 조성이 변하게 되면서 끓는점도 변한다.

② 그러나 어떤 종류의 특별한 성분비의 액체는 순수 액체와 같이 일정한 온도에서 성분비가 변하지 않고 끓는다(용액과 증기의 성분비 같아짐).

③ 이 상태를 공비 상태라 한다.

공비 조성	• 공비 상태의 성분비
공비점	• 공비 혼합물의 끓는점 • 한 온도에서 평형 상태에 있는 증기 조성과 액 조성이 동일한 점
공비 혼합물	• 공비 상태의 용액 • 공비점이 있는 혼합물

(2) 특징

① 기-액평형 상태

② 혼합물이 순물질처럼 끓는점이 동일

③ 모든 성분이 같이 끓음

④ 증류가 어려움

⑤ 압력이 변하면, 공비점 변함

2 최고 공비 혼합물과 최저 공비 혼합물

공비점은 비점도표 상에서 최솟값 또는 최댓값이 있다.

구분	이상 용액	최고 공비 혼합물	최저 공비 혼합물
분자 간의 인력	A–A(또는 B–B)=A–B	A–A(또는 B–B)<A–B	A–A(또는 B–B)>A–B
라울의 법칙 과의 편차	없음	음의 편차	양의 편차
휘발성 (휘발도)	–	작음	큼
활동도 계수	1	$\gamma<1$	$1<\gamma$
증기압 도표		증기압 낮음	증기압 높음
비점도표		끓는점 높음	끓는점 낮음
기액 평형 도표			
예	벤젠–톨루엔	아세톤–클로로포름 물–황산 물–질산 물–염산	에탄올–물 에탄올–벤젠 아세톤–이황화탄소

4-4 ┄o 증류 공정의 종류

(1) 증류 공정의 분류

조작 압력 방법	• 상압 증류 • 감압 및 진공 증류
급액 방법	• 회분 증류 • 연속 증류
특수 증류	• 수증기 증류, 공비 혼합물의 증류
환류 여부	• 환류가 없는 증류 : 단증류, 평형 증류, 수증기 증류, 진공 증류 • 환류가 있는 증류 : 정류

(2) 단증류 (미분 증류, 회분 단증류)

정의	• 일정량의 액체 혼합물을 가열하여 생긴 증기를 냉각기로 보내어 응축시켜 저비점 성분이 풍부한 액체를 얻는 방법
특징	• 회분 증류 중 가장 간단한 증류 • 분리 효율 낮음 • 실험실 또는 소규모 공업에 이용

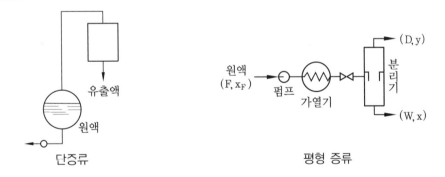

단증류   평형 증류

(3) 평형 증류(flash 증류, 적분 증류)

정의	• 평형 상태를 만든 다음, 증류 분리하는 방법 • 원액을 연속적으로 공급하며 발생된 증기와 남아있는 액체가 평형을 이루면서 액체에서 증기를 분리한 다음, 증기를 응축시키는 방법
특징	• 증기 분리가 주목적이 아니고, 증류의 보조 조작으로 사용된다. • 용액을 증기와 액체로 급속히 분리한다.
적용	• 석유공업, 해수의 탈염, 폐액의 처리

(4) 정류

정의	• 응축액을 다시 정류탑으로 환류시켜 증류 효율을 높인 방법
특징	• **농축부**(정류부, 탑상부)에는 **저비점(높은 증기압)** 성분이 많다. • 탈거부(회수부, 탑저부)에는 고비점(낮은 증기압) 성분이 많다. • 증발 효율이 높다. • 열에너지 손실이 작다. • 조작 간편
장치 구성	• 농축부(정류부, 탑상부) : 응축기(냉각기), 환류장치 • 탈거부(회수부, 탑저부) : 재비기(증발기) • 공급단(plate, stage) • 정류탑

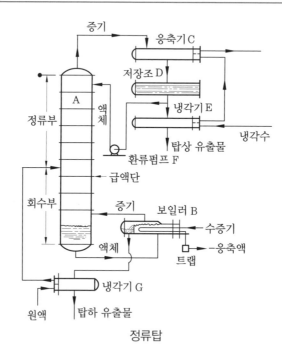

정류탑

(5) 수증기 증류

정의	• 뜨거운 수증기를 주입하여 수증기와 같이 증류하는 방법
적합 물질 조건	• 물과 전혀 혼합되지 않는 물질 • 비점(끓는점)이 높고, 증기압이 낮은 물질 • 고온에서 분해하는 물질
적용	• 아닐린, 니트로벤젠($C_6H_5NH_2$), 글리세린, 고급 지방산, 윤활유

(6) 진공 증류(감압 증류)

정의	• 감압하여 열분해가 일어나지 않도록 하여 증류하는 방법
적합 물질 조건	• 비점(끓는점)이 높고, 증기압이 낮은 물질 • 열에 민감한 물질
적용	• 석유, 윤활유

(7) 공비 혼합물의 증류

① 추출 증류

정의	• 혼합물의 한 성분과 친화력이 크고 비교적 비휘발성의 첨가제(solvent)를 첨가하여 원래 **혼합물의 비휘발도를 변화시켜 물질을 분리**해 내는 것
첨가제의 조건	• 비휘발성, 끓는점 높은 물질
적용	• 질산-물 분리(첨가제 : 황산) • 에탄올-물 분리(첨가제 : 글리세린)

② 공비 증류

정의	• 보통 증류로는 분리하기 어려운 혼합물을 분리할 때 제3의 성분(공비제)을 첨가해 공비 혼합물을 만들어 증류에 의해 분리하는 방법
적용	• 알코올-물 분리(공비제 : 벤젠)

③ 압력 변화 증류 : 압력을 변화시켜, 공비점을 이동시켜 증류하는 방법

4-5 ○ 증류의 물질 수지

1 평형 증류의 물질 수지

$$F = D + W$$
$$F \cdot x_F = D \cdot y_D + W \cdot x_D$$

F : 공급량(혼합액량)
D : 증류량
W : 유출액량
x_F : 공급액 중 저비점 성분의 몰분율
y_D : 증류액 중 저비점 성분의 몰분율
x_D : 유출액 중 저비점 성분의 몰분율

2 정류의 물질 수지

(1) 정류부(농축부, 탑상부)

① 정류부의 물질 수지

$$V = L + D$$
$$V \cdot y = L \cdot x + D \cdot x_D$$

V : 공급액의 증기량
L : 환류액량
D : 정류부 유출액량
x : 액중 저비점 성분의 몰분율
y : 기상 저비점 성분의 몰분율
x_D : 정류부 유출액 중 저비점 성분의 몰분율

② 정류부 조작선

$$y = \frac{L}{V}x + \frac{D}{V}x_D$$

$$y = \frac{L}{L+D}x + \frac{D}{L+D}x_D$$

D로 나누면

$$y = \frac{L/D}{L/D+1}x + \frac{1}{L/D+1}x_D$$

$$y = \frac{R}{R+1}x + \frac{1}{R+1}x_D$$

The 알아보기 　　상대 휘발도로 표현한 정류부 조작선

상대 휘발도로 나타내면

$$\alpha_{AB} = \frac{k_A}{k_B} = \frac{\dfrac{y_A}{x_A}}{\dfrac{y_B}{x_B}} = \frac{\dfrac{y_A}{y_B}}{\dfrac{x_A}{x_B}} = \frac{\dfrac{y_A}{(1-y_A)}}{\dfrac{x_A}{(1-x_A)}} = \frac{\dfrac{y_A}{x_A}}{\dfrac{(1-y_A)}{(1-x_A)}} = \frac{\text{증기 조성}}{\text{액 조성}}$$

$$\hookrightarrow \alpha_{AB} = \frac{\dfrac{y_A}{x_A}}{\dfrac{(1-y_A)}{(1-x_A)}} = \frac{y_A}{(1-y_A)}\frac{(1-x_A)}{x_A}$$

위 식을 y로 정리하면

$$\hookrightarrow y_A = \frac{\alpha_{AB}x_A}{(\alpha_{AB}-1)x_A + 1}$$

③ 환류비(R)

$$R = \frac{환류액}{유출액} = \frac{L}{D} = \frac{L}{V-L}$$

(2) 탈거부(회수부, 탑저부)

① 탈거부의 물질 수지

$$\overline{L} = V + B$$
$$\overline{L} \cdot x = V \cdot y + B \cdot x_B$$

$\overline{L}$: 탈거부의 유입액량

V : 탈거부의 증기량

B : 탈거부 유출량

x : 액상 저비점 성분의 몰분율

y : 기상 저비점 성분의 몰분율

x_B : 탈거부 유출액 중 저비점 성분의 몰분율

② 탈거부 조작선

$$y = \frac{\overline{L}}{V}x - \frac{B}{V}x_B$$

$$y = \frac{\overline{L}}{\overline{L}-B}x - \frac{B}{\overline{L}-B}x_B$$

$$y = \frac{\overline{L}/B}{\overline{L}/B-1}x - \frac{1}{\overline{L}//B-1}x_B$$

$$y = \frac{\overline{L}/B}{\overline{L}/B-1}x - \frac{1}{\overline{L}//B-1}x_B$$

$$y = \frac{\overline{L}/B}{\overline{L}/B-1}x - \frac{1}{\overline{L}/B-1}x_B$$

4-6 ─○ 정류탑의 단수 계산 – 맥케이브 타일레(McCabe-Thiele)법

(1) 개요

① 2성분계 연속 증류의 이론 단수 산출 방법

② 몰분율과 그에 따른 x-y 도표를 이용하여 단수를 결정

(2) 가정

① 각 단에서의 액상과 증기상은 평형 상태를 유지하면서 접촉이 일어난다.

② 각 성분의 몰 증발열(증발 잠열, λ)과 액체의 엔탈피 일정

③ 각 단의 현열 일정

④ 탑 내부에서의 열손실, 혼합열이 없고, 액체와 증기의 열변화가 없다.

(3) 정류부 조작선(상부 조작선)

$V_{n+1} = L_n + D$

$V_{n+1} \cdot y_{n+1} = L_n \cdot x_n + D \cdot x_D$

$y_{n+1} = \dfrac{L}{V}x_n + \dfrac{D}{V}x_D$

$y_{n+1} = \dfrac{L}{L+D}x_n + \dfrac{D}{L+D}x_D$

D로 나누면

$y_{n+1} = \dfrac{L/D}{L/D+1}x_n + \dfrac{1}{L/D+1}x_D$

$$y_{n+1} = \dfrac{R}{R+1}x_n + \dfrac{1}{R+1}x_D$$

① **정류부 조작선의 기울기** $= \dfrac{\text{증기 흐름 유량}}{\text{액체 흐름 유량}}$

② **기울기는 항상 1보다 작다.**

③ 기울기가 1인 경우는 생성물이 없다.

④ 정류부 조작선은 (x_D, y_D)점에서 $y = x$ 선과 만난다.

(4) 탈거부 조작선(하부 조작선)

$$y_{n+1} = \dfrac{\overline{L}}{\overline{L}-B}x_n + \dfrac{B}{\overline{L}-B}x_B$$

단, $\overline{L} = L + qF$

① 기울기는 항상 1보다 크다.

② 기울기가 1인 경우는 생성물이 없다.

③ 탈거부 조작선은 (x_B, y_B)점에서 $y=x$ 선과 만난다.

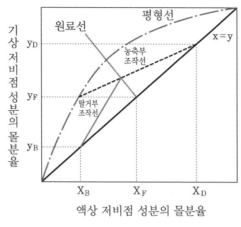

농축부 조작선과 탈거부 조작선

(5) 원료선(q선)의 방정식

① q의 정의

공급 원료 1mol 주입 시 탈거부로 내려가는 액체 성분의 mol수

$$q = \frac{\text{원료 1mol을 증발시킬 때 필요한 열량}\,(\text{kcal/mol})}{\text{원료의 몰증발열}\,(\text{kcal/mol})}$$

② 원료선(q선)의 방정식

$$y = -\frac{q}{1-q}x + \frac{x_F}{1-q}$$

③ 공급 원료별 원료선 기울기

공급 원료	q	원료 공급선 기울기 $\left(-\dfrac{q}{1-q}\right)$
a. 끓는점 이하의 찬 액체	$1 < q$	+
b. 끓는점의 포화 액체	$q = 1$	수직
c. 기-액 공존 상태 (액체와 증기의 혼합 원료)	$0 < q < 1$	완만한 −
d. 끓는점의 포화 증기	$q = 0$	수평
e. 과열증기 상태	$q < 0$	급격한 −

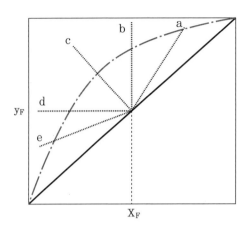

공급 원료별 원료선의 기울기 변화

(6) 이론 단수의 결정

라울의 법칙에 의해 각 성분의 증기압 데이터로부터 $x-y$ 평형 곡선을 구하고, 단 공정에 대한 물질 수지로부터 조작선을 구한 다음, 평형 곡선과 조작선 사이의 작도를 통해 분리 공정에 요구되는 이론 단수를 구한다.

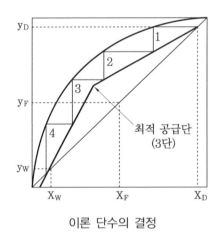

이론 단수의 결정

(7) 단효율

$$단효율 = \frac{이론\ 단수}{실제\ 단수} \times 100(\%)$$

(8) 환류비

전체 환류비 (최소 이론 단수, 전환류)	• 환류비(R)가 무한대(∞)일 때 • 정류선 기울기 $\left(\dfrac{R}{R+1}\right)=1$ • 정류선 기울기가 x-y 선도와 같다. • x-y 선상에 정류부 조작선, 탈거부 조작선이 있다. • **전환류에서 단수 최소** • **유출액이 전부 탑으로 환류되어 제품의 생산이 없는 상태**
최소 환류비(R_m)	• 환류비(R)≒0 • 정류선 기울기 $\left(\dfrac{R}{R+1}\right)$≒0 • 정류선 기울기가 작아질수록 단수 증가 • **최소 환류비에서 단수 최대** $$\dfrac{R_m}{R_m+1}=\dfrac{y_D-y'}{x_D-x'}=\dfrac{x_D-y'}{x_D-x'}$$ $$R_m=\dfrac{y_D-y'}{y'-x'}=\dfrac{x_D-y'}{y'-x'}$$ 여기서, x', y' : q선과 평형선이 만나는 점
환류비의 설정	• 항상 환류비는 최소 환류비보다 커야 한다. • 적정 환류비 : 최소 환류비의 1.1~1.5배 • 증류탑을 처음 조업(start up)할 때 전체 환류비를 사용한다.
환류비의 영향	• 환류비↑ → 에너지 손실↑, 동력비↑, 순도↑, 증류 효율↑ • 환류비↑ → 생산량↓, 단수↓

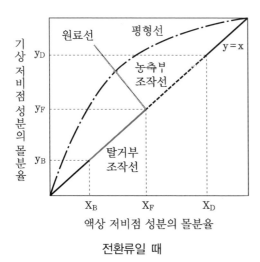

전환류일 때

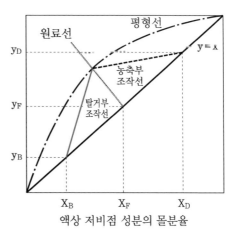

최소 환류비일 때

연습문제

4. 증류

단답형

2015 서울시 9급 화학공학일반

01 다음 중 수증기 증류가 가능한 것으로 옳은 것은?

① $C_6H_5NH_2$ ② C_2H_5OH

③ C_6H_6 ④ $HO(CH_2)_4OH$

해설 증류의 종류 – 수증기 증류
- 뜨거운 수증기를 주입하여 수증기와 같이 증류하는 방법
- 적용 : 물과 전혀 혼합되지 않고, 비점(끓는점)이 높고, 증기압이 낮은 물질
- **예** 니트로벤젠($C_6H_5NH_2$), o-니트로페놀(o-$C_6H_4NH_2OH$), 윤활유, 아닐린, 글리세린, 고급 지방산

정답 ①

2018 지방직 9급 화학공학일반

02 정류탑을 구성하는 요소장치가 아닌 것은?

① 재비기(reboiler) ② 응축기(condensor)

③ 단(stage) ④ 임펠러(impeller)

해설 정류장치 구성
- 농축부(정류부, 탑상부) : 응축기(냉각기), 환류장치
- 탈거부(회수부, 탑저부) : 재비기(증발기)
- 공급단(plate, stage)

정답 ④

03 증류탑에서 원료 공급선(feed line)의 기울기가 영(0)인 원료 공급 조건에 해당하는 것은?

① 액체와 증기의 혼합 원료를 공급할 경우

② 포화 증기를 공급할 경우

③ 포화 액체를 공급할 경우

④ 과열 증기(superheated vapor)를 공급할 경우

해설 공급 원료별 원료선 기울기

공급 원료	q	원료 공급선 기울기 $\left(-\dfrac{q}{q-1}\right)$
a. 끓는점 이하의 찬 액체	$1 < q$	+
b. 끓는점의 포화 액체	$q = 1$	수직
c. 기-액 공존 상태 (액체와 증기의 혼합 원료)	$0 < q < 1$	완만한 −
d. 끓는점의 포화 증기	$q = 0$	수평
e. 과열 증기 상태	$q < 0$	급격한 −

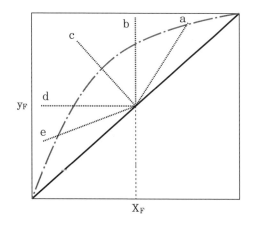

정답 ②

04 정류탑에서 공급 원료의 상태는 공급 원료 1몰 중 탈거부(stripping section)로 내려가는 액체의 몰수로 정의되는 q인자를 사용해서 표시할 수 있다. 이때 q인자가 음수인 경우는?

① 차가운 액체를 공급할 경우
② 포화 증기를 공급할 경우
③ 과열 증기를 공급할 경우
④ 포화 액체를 공급할 경우

해설 공급 원료별 원료선 기울기

① 차가운 액체를 공급할 경우 : $1 < q$
② 포화 증기를 공급할 경우 : $q = 0$
③ 과열 증기를 공급할 경우 : $q < 0$
④ 포화 액체를 공급할 경우 : $q = 1$

정답 ③

장답형

05 A와 B의 액체 혼합물에 관한 라울의 법칙(Raoult's Law)을 설명한 것으로 옳은 것만을 모두 고른 것은?

> ㄱ. 특정 온도에서 액체 혼합물 중 A의 증기 분압은 B의 증기 분압과 항상 같다.
> ㄴ. A와 B의 분자 사이에 인력 변화가 없고 이상 용액일 때 성립한다.
> ㄷ. B의 증기 분압은 같은 온도에서 순수한 B의 증기압에 B의 몰분율을 곱한 것이다.

① ㄱ, ㄴ   ② ㄱ, ㄷ
③ ㄴ, ㄷ   ④ ㄱ, ㄴ, ㄷ

해설 라울의 법칙

ㄱ. 이상 용액은 라울의 법칙이 잘 적용되지만, 이상 용액이 아니면 라울의 법칙에 편차가 발생한다.

정답 ③

06 다음 그림은 1atm에서 벤젠(benzene)-톨루엔(toluene) 혼합물의 끓는점 선도 (boiling point diagram)이다. 벤젠과 톨루엔의 몰비(벤젠 : 톨루엔)가 80 : 20인 액 체 혼합물의 기포점(bubble point)에서 평형 증기의 몰비(벤젠 : 톨루엔)는?

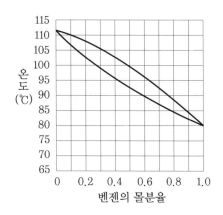

① 80 : 20
② 85 : 15
③ 90 : 10
④ 95 : 5

해설 끓는점 선도(비점도표)

그래프에서 벤젠 몰분율이 0.8일 때 기포점은 85℃이고,

이때 평형 증기 조성에서 벤젠 몰분율 0.9이므로,

∴ 평형 증기의 몰비(벤젠 : 톨루엔)＝90 : 10

정답 ③

07 증류탑에서 환류비(reflux ratio)에 대한 설명으로 옳지 않은 것은?

① 최소 환류비(minimum reflux ratio)에서는 재비기(reboiler)에 필요한 열에너지가 최소이다.

② 전체 환류비(total reflux ratio)에서는 분리에 필요한 단수가 최소이다.

③ 증류탑의 효율은 최소 환류비(minimum reflux ratio)에서 측정된다.

④ 증류탑을 처음 조업(start up)할 때 전체 환류비(total reflux ratio)를 사용한다.

해설 ③ 증류탑의 효율은 환류비가 클수록 증류탑의 효율은 증가한다.

정답 ③

정리 환류비

전체 환류비 (최소 이론 단수, 전환류)	• 환류비(R)가 무한대(∞)일 때 • 정류선 기울기 $\left(\dfrac{R}{R+1}\right)=1$ • 정류선 기울기가 x–y 선도와 만남 • 단수 최소 • 유출액이 전부 탑으로 환류되어 제품의 생산이 없는 상태
최소 환류비(R_m)	• 환류비(R)$\fallingdotseq$0 • 정류선 기울기 $\left(\dfrac{R}{R+1}\right)\fallingdotseq$0 • 단수 최대
환류비의 설정	• 항상 환류비는 최소 환류비보다 커야 한다. • 적정 환류비 : 최소 환류비의 1.2~2배 • 증류탑을 처음 조업(start up)할 때 전체 환류비를 사용
환류비의 영향	• 환류비↑ → 에너지 손실↑, 동력비↑, 순도↑, 증류 효율↑ • 환류비↑ → 생산량↓, 단수↓

2018 지방직 9급 화학공학일반

08 정류탑(rectification tower)이나 충전탑(packed column)에 대한 설명으로 옳지 않은 것은?

① 정류탑을 실제 운전할 때 공장은 조업 유연성을 확보하기 위하여 최적 환류비보다 더 큰 환류비로 조업하기도 한다.

② 정류탑에서 원료가 공급되는 단을 원료 공급단이라 하며, 저비점 성분은 윗단으로 올라갈수록 적어지고 아랫단으로 내려갈수록 많아진다.

③ 충전탑에서 액체가 한쪽으로만 흐르는 현상을 편류(channeling)라고 하며, 충전탑의 기능을 저하시키는 요인이 된다.

④ 충전탑은 라시히 링(raschig ring)과 같은 충전물을 채운 것으로서 이 충전물의 표면에서 기체와 액체의 접촉이 연속적으로 일어나도록 되어 있다.

해설 흡수, 증류 – 복합

② • 저비점 성분(증기압 높음) : 윗단으로 갈수록 많다.

　• 고비점 성분(증기압 낮음) : 아랫단으로 갈수록 많다.

정답 ②

계산형

2016 국가직 9급 화학공학일반

09 몰 조성이 벤젠(A) 70%, 톨루엔(B) 30%인 80.1℃의 혼합 용액과 평형을 이루는 벤젠과 톨루엔의 증기 조성(y_A, y_B)은? (단, 기상은 이상기체, 액상은 이상 용액의 거동을 보이며, 80.1℃에서 순수 벤젠 및 순수 톨루엔의 증기압은 각각 1.01, 0.39 bar이다.)

① $y_A = 0.73$, $y_B = 0.27$

② $y_A = 0.78$, $y_B = 0.22$

③ $y_A = 0.86$, $y_B = 0.14$

④ $y_A = 0.93$, $y_B = 0.07$

해설 혼합 용액의 증기압 – 라울의 법칙

(1) 벤젠의 증기압

$$P_A = x_A P_A° = 0.7 \times 1.01 = 0.707 bar$$

(2) 톨루엔의 증기압

$$P_B = x_B P_B° = 0.3 \times 0.39 = 0.117 bar$$

(3) 혼합 기체의 증기압

$$P = P_A + P_B = 0.707 + 0.117 = 0.824 bar$$

(4) 증기 조성

• 벤젠의 증기 조성 : $y_A = \dfrac{P_A}{P} = \dfrac{0.707}{0.824} = 0.86$

• 톨루엔의 증기 조성 : $y_B = 1 - y_B = 1 - 0.86 = 0.14$

정답 ③

2016 서울시 9급 화학공학일반

10 환경 오염 방지를 위해 2mol% 아세톤과 98mol% 공기가 포함되어 있는 화학공장의 배출가스를 아세톤 제거용 흡수탑에 통과시킨다. 흡수탑은 1.0×10^5 Pa, 25℃에서 물을 향류로 흘려보내 아세톤을 제거한다. 이때 2mol% 아세톤을 함유한 배출가스와 평형을 이룬 수용액상에서의 아세톤의 몰분율은? (단, 아세톤이 녹아 들어가는 수용액과 배출가스 간 아세톤 분포는 Raoult과 Dalton법칙이 적용되며, 25℃에서 아세톤의 증기압은 5.0×10^4 Pa이다.)

① 0.002　　　② 0.004　　　③ 0.02　　　④ 0.04

해설 라울의 법칙

$$P_A = x_A P_A{}^\circ = y_A P$$
$$x_A \times 5.0 \times 10^4 = 0.02 \times 1.0 \times 10^5$$
$$\therefore x_A = 0.04$$

정답 ④

2018 국가직 9급 화학공학일반

11 헥세인(hexane)과 헵테인(heptane)의 2성분 혼합물이 기액 평형을 이루고 있다. 기상에서 헥세인과 헵테인의 몰분율이 각각 0.5일 때, 액상에서 헥세인의 몰분율은? (단, 혼합물은 라울(Raoult)의 법칙을 따르며, 기액 평형 상태 온도에서 헥세인과 헵테인의 증기압은 각각 2bar, 1bar이다.)

① 1/4　　　② 1/3　　　③ 1/2　　　④ 2/3

해설 라울의 법칙

(1) 헥세인의 증기압

$$P_A = x_A P_A{}^\circ = y_A P$$
$$= x_A \times 2 = 0.5 \times P$$

(2) 헵테인의 증기압

$$P_B = x_B\, P_B{}^\circ = y_B P$$
$$= (1 - x_A) \times 1 = 0.5 \times P$$

$P_A = P_B$ 이므로, $x_A \times 2 = (1 - x_A) \times 1$
$$\therefore x_A = 1/3$$

정답 ②

2018 서울시 9급 화학공학일반

12 A성분, B성분의 2성분계는 근사적으로 라울의 법칙을 따른다. 각 순수 성분의 증기압은 75℃에서 $P_A^{sat} = 60kPa$이고 $P_B^{sat} = 40kPa$이다. 75℃에서 A성분 50mol%와 B성분 50mol%로 구성된 액체 혼합물과 평형을 이루는 증기의 A성분 몰분율 조성은?

① 0.5   ② 0.6
③ 0.7   ④ 0.8

해설 라울의 법칙

- $P_A = x_A P_A° = y_A P$
  $= 0.5 \times 60 = 30kPa$

- $P_B = x_B P_B° = y_B P$
  $= 0.5 \times 40 = 20kPa$

$$\therefore \ y_A = \frac{P_A}{P} = \frac{30}{30+20} = 0.6$$

정답 ②

2016 지방직 9급 화학공학일반

13 증류탑의 총괄 단효율(overall tray efficiency)이 70%이고, McCabe-Thiele법으로 구한 이론 단수가 20이라면 설계해야 할 증류탑의 실제 단수는? (단, 실제 단수는 소수점 첫째 자리에서 반올림한다.)

① 6   ② 14
③ 20   ④ 29

해설 단효율 - 실제 단수

$$실제 \ 단수 = \frac{이론 \ 단수}{단효율} = \frac{20}{0.7} = 28.57$$

따라서, 실제 단수는 29이다.

정답 ④

2017 국가직 9급 화학공학일반

14 연속 분별 증류탑(continuous fractionating column)에서 메탄올 수용액을 원료로 하여 메탄올 몰분율이 0.7인 탑상 제품을 얻었다. 환류비(reflux ratio)가 3일 때 정류부(rectifying section)의 조작선을 나타내는 식은?

① $y_{n+1}=0.75x_n+0.175$
② $y_{n+1}=0.75x_n-0.175$
③ $y_{n+1}=-0.75x_n+0.175$
④ $y_{n+1}=0.75x_n+0.75$

해설 정류부(농축부, 탑상부) 조작선

$$y_{n+1}=\frac{R}{R+1}x_n+\frac{1}{R+1}x_D \text{ 에서}$$

R=3이므로

$$y_{n+1}=\frac{3}{4}x_n+\frac{0.7}{4}x_D=0.75x_n+0.175$$

정답 ①

2017 지방직 9급 화학공학일반

15 다단 증류를 통해 벤젠과 톨루엔 혼합물로부터 벤젠과 톨루엔을 분리하고자 한다. 공급단 상부에서의 조작선에 대한 y절편이 0.2이고 환류비가 3일 때, 탑위 제품 내 벤젠의 몰분율은?

① 0.4
② 0.6
③ 0.7
④ 0.8

해설 정류부(농축부, 탑상부) 조작선

$$y_{n+1}=\frac{R}{R+1}x_n+\frac{1}{R+1}x_D \text{ 에서}$$

y절편 : $\frac{1}{R+1}x_D=\frac{x_D}{3+1}=0.2$

$\therefore x_D=0.8$

정답 ④

16 벤젠 45mol%, 톨루엔 55mol%인 원료를 증류하여 분리하고자 한다. 분리하여 얻고
자 하는 벤젠의 농도가 95mol%일 때, 원료가 끓는점(bubble point)에서 공급이
되는 경우에 최소 환류비는? (단, 벤젠 45mol%와 평형에 있는 증기의 벤젠 조성은
70mol%로 가정한다.)

① 0.5   ② 1.0

③ 1.5   ④ 2.0

해설 최소 환류비(R_m)

끓는점의 포화 액체이므로 공급선 기울기＝∞인 경우이다.

$(x', y') = (0.45, 0.7)$

$$\frac{R_m}{R_m + 1} = \frac{x_D - y'}{x_D - x'} = \frac{0.95 - 0.7}{0.95 - 0.45} = \frac{1}{2}$$

$$\therefore R_m = 1$$

정답 ②

CHAPTER 5 증습

5-1 ○ 습도

공기 중에 포함되어 있는 수증기의 양 또는 비율

(1) 상대 습도(H_R)

① 수증기의 분압을 같은 온도의 포화 수증기압으로 나눈 것

$$H_R = \frac{p}{p_s} \times 100\%$$
　　p : 수증기압
　　p_s : 포화 수증기압

② 일반적으로 습도라고 하면, 상대 습도를 말한다.

(2) 몰습도(H_m)

건조 공기 단위 mol당 포함된 수증기의 mol 수

$$H_m = \frac{\text{수증기 분압}}{\text{건조 공기 분압}} = \frac{p}{P-p}$$
　　p : 수증기압
　　P : 대기압(전압)

(3) 포화 몰습도($H_{m,s}$)

건조 공기 단위 mol당 포함된 포화 수증기의 mol 수(혹은 분압)

$$H_m = \frac{\text{포화 수증기 분압}}{\text{건조 공기 분압}} = \frac{p_s}{P-p_s}$$
　　p_s : 포화 수증기압
　　P : 대기압(전압)

(4) 절대 습도(H)

건조 공기 단위질량당 포함된 수증기 질량

$$H = \frac{kg \text{ 수증기}}{kg \text{건조 공기}}$$

$$= \frac{M_v}{M_g} \times \frac{p}{P-p} = \frac{M_v}{M_g} \times H_m$$

M_v : 수증기 분자량(18)
M_g : 건조 공기 분자량(보통 29)
P : 대기압
p : 수증기 분압
H_m : 몰 습도

(5) 포화 습도(H_s)

① 건조 공기 단위 질량당 포함된 포화 상태의 수증기 질량

② 절대 습도식에서 수증기 분압(p) 대신 포화 수증기 분압(p_s)를 사용하면, 포화 습도식이 된다.

$$H_s = \frac{kg \text{ 포화 상태 수증기}}{kg \text{건조 공기}}$$

$$= \frac{M_v}{M_g} \times \frac{p_s}{P-p_s} = \frac{M_v}{M_g} \times H_{m,s}$$

M_v : 수증기 분자량(18)
M_g : 건조 공기 분자량(보통 29)
P : 대기압
p_s : 포화 수증기 분압
H_m : 몰 습도

(6) 퍼센트 습도(% 습도, 비교 습도, H_P)

① 같은 온도에서 절대 습도와 포화 절대 습도의 비

② 같은 온도에서 실제 몰 습도와 포화 몰 습도의 비

$$H_s = \frac{\dfrac{p}{P-p}}{\dfrac{p_s}{P-p_s}} \times 100\% = \frac{p}{p_s} \times \frac{P-p_s}{P-p} \times 100\% = H_R \times \frac{P-p_s}{P-p} \times 100\%$$

5-2 · 습비열과 습비용

(1) 습비열(C_H)

건조 기체 1kg과 포함된 증기를 1℃ 올리는 데 필요한 열량

$$C_H = C_g + C_V H$$

C_H : 습비열(kcal/kg·℃)
C_g : 기체의 정압 비열(0.24)
C_v : 증기의 정용 비열(0.45)
H : 수증기량

(2) 습비용(V_H)

① 건조 기체 1kg과 포함된 증기가 차지하는 부피

$$V_H = 22.4\left(\frac{273 + t_g}{273}\right) \times \frac{760}{P} \times \left(\frac{1}{M_g} + \frac{H}{M_v}\right)$$

V_H : 습비용(m^3/kg)
t_g : 기체 온도(℃)
P : 기체 압력(전압)
M_V : 수증기 분자량(18)
M_g : 건조 공기 분자량(보통 29)
H : 수증기량

② 대기압이 1atm인 경우

$$V_H = (22.4 + 0.082 t_g) \times \left(\frac{1}{29} + \frac{H}{18}\right)$$

5-3 · 이슬점(노점, Dew point)

정의	• 공기가 포화되어 수증기가 응결할 때의 온도 • 불포화 상태의 공기가 냉각될 때 포화되어 응결이 시작되는 온도
특징	• 포화 상태 • 수증기 분압＝포화 수증기압 • 현재 수증기량＝포화 수증기량 • 상대 습도 100% • 응결량＝현재 수증기량 - 냉각된 온도의 포화 수증기량

연습문제

5. 증습

장답형

2016 서울시 9급 화학공학일반

01 다음 중 습도에 대한 설명으로 가장 옳지 않은 것은?

① 불포화 상태인 습한 공기를 냉각시킬 때 수증기압이 포화 증기압과 같아지는 온도가 이슬점이다.

② 건조 공기 1kg에 포함되어 있는 수증기량(kg)을 절대 습도라고 한다.

③ 공기 중의 수증기압과 그 온도에서의 포화 수증기압의 비를 상대 습도라고 한다.

④ 건조 공기 1mol에 포함되어 있는 수증기 몰 수(mol)의 백분율을 퍼센트 습도라고 한다.

정답 ④

정리 습도의 종류

상대 습도(H_R)	• 수증기의 분압을 같은 온도의 포화 수증기압으로 나눈 것
몰 습도(H_m)	• 건조 공기 단위 mol당 포함된 수증기의 mol수(혹은 분압)
포화 몰 습도($H_{m,s}$)	• 건조 공기 단위 mol당 포함된 포화 수증기의 mol수(혹은 분압)
절대 습도(H)	• 건조 공기 단위질량당 포함된 수증기 질량
포화 습도(H_s)	• 건조 공기 단위질량당 포함된 포화 상태의 수증기 질량 • 절대 습도식에서 수증기 분압(p) 대신 포화 수증기 분압(p_s)을 사용
퍼센트 습도 (비교 습도, H_P)	• 같은 온도에서 절대 습도와 포화 절대 습도의 비 • 같은 온도에서 실제 몰 습도와 포화 몰 습도의 비

정리 이슬점(노점, Dew point)

정의	• 공기가 포화되어 수증기가 응결할 때의 온도 • 불포화 상태의 공기가 냉각될 때 포화되어 응결이 시작되는 온도
특징	• 포화 상태 • 수증기 분압＝포화 수증기압 • 현재 수증기량＝포화 수증기량 • 상대 습도 100% • 응결량＝현재 수증기량 - 냉각된 온도의 포화 수증기량

계산형

2015 서울시 9급 화학공학일반

02 20℃에서 수증기의 포화 증기압이 24mmHg이고, 현재 공기 중 수증기의 분압이 21mmHg일 때 상대 습도는?

① 83%   ② 85%

③ 87.5%   ④ 88.5%

해설 상대 습도

$$H_R = \frac{p}{p_s} \times 100\%$$

$$= \frac{21}{24} \times 100\% = 87.5\%$$

정답 ③

2018 지방직 9급 화학공학일반

03 전압이 0.9atm이고 수증기 분압이 0.18atm인 공기의 절대 습도(kg H_2O/kg dry air)는? (단, 수증기의 분자량은 18g/mol이고 건조 공기의 분자량은 30g/mol로 가정한다.)

① 0.12   ② 0.15

③ 0.25   ④ 0.42

해설 절대 습도

$$H = \frac{M_v}{M_g} \times \frac{p}{P-p} = \frac{18}{30} \times \frac{0.18}{0.9-0.18} = 0.15$$

정답 ②

CHAPTER

6

건조

6-1 ─○ 건조 물질 수지

(1) 건조 물질 수지

① 물질은 수분과 고형물로 나눌 수 있다.

$$T = W + S$$

T : 전체 양
W : 수분 양
S : 고형물 양

② 건조 전후 물질 수지

$$T_1 = W_1 + S_1$$

T_1 : 건조 전 전체 양
W_1 : 건조 전 수분 양
S_1 : 건조 전 고형물 양

$$T_2 = W_2 + S_2$$

T_2 : 건조 후 전체 양
W_2 : 건조 후 수분 양
S_2 : 건조 후 고형물 양

③ 건조를 하면 수분만 제거되므로 건조 전후 고형물 양은 변하지 않는다.

$$S_1 = S_2$$
$$T_1(1 - w_1) = T_2(1 - w_2)$$

w_1 : 건조 전 함수율
w_2 : 건조 후 함수율

(2) 함수율(w)

전체 질량 중 수분의 질량

$$w = \frac{수분량}{전체중량} = \frac{W}{T}$$

(3) 건조로 제거되는 수분 양

$$제거 \ 수분 \ 양 = T_1 - T_2$$

6-2 ─○ 건조 이론

(1) 수분의 분류

비결합 수분 (자유 수분)	• 고체 물질과 결합하지 않는 수분 • 상대 습도 100% 이상의 수분 • 건조 가능한 수분 • 수분의 탈착 및 이용 가능
결합 수분	• 고체 물질 분자와 결합하고 있는 수분 • 건조로 제거하기 어려운 수분

(2) 함수율의 분류

한계 함수율 (w_c)	• 항률 건조 단계에서 감률 건조 단계로 바뀌는 지점의 함수율
평형 함수율 (w_e)	• 함수율이 감소하다가 더 이상 감소하지 않고 일정해지는 시점의 함수율 • 건조로 제거할 수 있는 최소 함수율 값 • 결합 수분의 함수율
자유 함수율 (w_f)	• 일정 온도와 습도에서 건조로 제거되는 수분량 • 실제 함수율(w)과 평형 함수율 값의 차

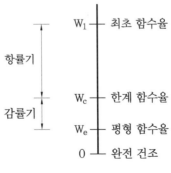

함수율의 분류

(3) 건조 특성 곡선

건조 대상 물질을 건조하면서 재료의 중량 감소를 나타낸 그래프

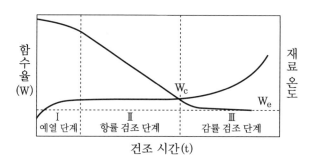

건조 실험 곡선

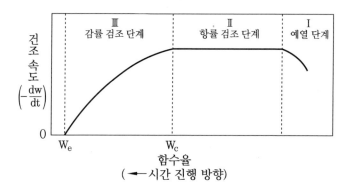

건조 특성 곡선

예열 단계(Ⅰ)	항률 건조 단계(Ⅱ)	감률 건조 단계(Ⅲ)
• 재료가 예열되는 단계	• 건조 속도가 일정한 단계 • 건조 속도 빠름 • 재료 온도 일정 • 수분 감소율 일정(선형 감소)	• 건조 속도가 점점 감소하는 단계 • 건조 속도 느림 • 수분 감소율 감소

① 함수율 곡선의 기울기 : 수분 감소율
② 건조 속도(drying rate) : 열이 전달되는 속도(가열 속도)에 대응되는 수분의 증발
이 일어나는 열 및 물질 전달 속도

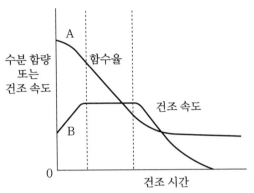

건조 시간에 따른 수분 함량(A) 및 건조 속도(B)의 변화

③ 건조 특성 곡선의 유형

구분	건조 예
볼록형(a)	식물성 섬유 재료
직선형(b)	입상 물질, 여재, 플레이크, 잎담배
직선형+오목형(c)	단단한 고체 물질, 결정 고체, 곡물
오목형(d)	치밀한 고체, 비누

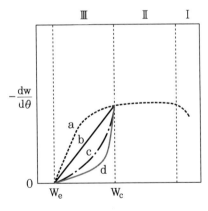

건조 특성 곡선의 유형

연습문제

6. 건조

2017 국가직 9급 화학공학일반

01 상온에서 10kg인 톱밥을 건조오븐에서 5시간 동안 완전 건조 후 무게를 측정하였더니 7.5kg이었다. 건조 전 중량 기준으로 계산한 톱밥의 함수율(%)은?

① 10   ② 25

③ 50   ④ 75

해설 (1) 수분량 = 10 - 7.5 = 2.5kg

(2) 함수율(W)

$$w = \frac{수분량}{전체 중량} = \frac{2.5}{10} = 0.25 = 25\%$$

정답 ②

7

추출

7-1 ──o 추출(extraction)의 개요

(1) 추출

고체 또는 액체 형태의 원료 중에 함유된 가용성 성분을 용제로 용해하여 분리하는 조작

(2) 원리

용매의 선택적 용해

(3) 추출 관련 용어

추료(feed), 원용매	• 추출 전 원료(추질+기타 성분)
추제(extraction solvent)	• 추질만 선택적으로 용해시키는 용매
추질(solute)	• 추제에 용해되는 성분
불활성 물질 (inert material) 원용매	• 추료 중 추질을 제외한 나머지 성분(추제에 용해되지 않는 성분)
추출상	• 추제에 추질이 추출(용해)되어 추질이 풍부한 상
추잔상	• 추출로 추질이 빠져나간 나머지 성분, 추질이 적고 원용매가 풍부한 상

(4) 추출의 종류

원료(추질)의 상태에 따라 고액 추출과 액액 추출로 구분

고-액 추출(침출)	• 추료가 고체와 액체로 구성
액-액 추출(추출)	• 추료가 액체와 액체로 구성

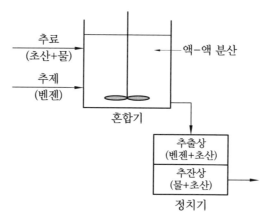

추출 공정 개념도(액-액 추출)

7-2 ○ 고-액 추출 계산

1 추제비

분리된 추제 양(추출상의 추제 양)과 남아있는 추제 양(추잔상의 추제 양)의 비

$$\alpha = \frac{V}{v}$$

V : 분리된 추제 양(추출상의 추제 양)
v : 남아있는 추제 양(추잔상의 추제 양)

2 추잔율과 추출률

(1) 다회 추출(회분 조작)

동일한 추료에 추제를 나누어 반복처리하는 방식

① 추잔율(η)

$$\eta = \frac{a_n}{a_0} = \frac{1}{(\alpha + 1)^n}$$

a_n : n번 추출 후 추료 중 추질 양
a_0 : 추출 전 추료 중 추질 양
α : 추제비
n : 추출 횟수

② 추출률

$$추출률 = 1 - \eta = 1 - \frac{a_n}{a_0} = 1 - \frac{1}{(\alpha + 1)^n}$$

(2) 추제를 m등분하여 n회 추출하는 경우

① 추잔율(η)

$$\eta = \frac{a_n}{a_0} = \frac{1}{(\alpha/m + 1)^n}$$

② 추출률

$$추출률 = 1 - \eta = 1 - \frac{a_n}{a_0} = 1 - \frac{1}{(\alpha/m + 1)^n}$$

(3) 단수가 P인 다중단 추출(병류 다단 추출)

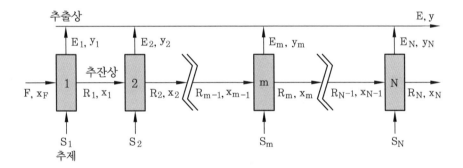

다중단 추출

• 추잔율(η)

$$\eta = \frac{a_n}{a_0} = \frac{\alpha - 1}{\alpha^{P+1} - 1}$$

7-3 ○ 액-액 추출 계산

(1) 분배 계수(k)

분배 계수가 클수록 **추제의 선택적 용해도**가 크고 우수한 추제이다.

① A(추질)에 대한 추제의 분배 계수

$$k_A = \frac{y_A}{x_A}$$

k_A : A(추질)의 분배 계수

y_A : 추출상의 A(추질)의 몰분율

x_A : 추잔상의 A(추질)의 몰분율

② B(원용매)에 대한 추제의 분배 계수

$$k_B = \frac{y_B}{x_B}$$

k_B : B(원용매)의 분배 계수

y_B : 추출상의 B(원용매)의 몰분율

x_B : 추잔상의 B(원용매)의 몰분율

(2) 선택도(β)

$$\beta = \frac{k_A}{k_B} = \frac{\dfrac{y_A}{x_A}}{\dfrac{y_B}{x_B}}$$

① 선택도가 클수록 추출 분리가 잘 된다.

② 선택도가 1보다 커야 추출이 가능하다.

③ 선택도가 작을수록 (같은 효과를 위해) 더 많은 추제가 필요하다.

7-4 ㅇ 좋은 추제의 조건

① 추질에 대한 선택도(selectivity), 용해도가 커야 한다.
② 화학적으로 안정해야 한다.
③ 회수가 쉬워야 한다.
④ 비점(끓는점) 및 응고점(어는점)이 낮아야 한다.
⑤ 부식성과 독성이 적어야 한다.
⑥ 점도가 낮아야 한다.
⑦ 추질과의 비중 차가 클수록 좋다.
⑧ 값이 저렴해야 한다.

7-5 ㅇ 추출장치

(1) 고-액 추출장치(침출장치)

분류	접촉 방식	장치
고정층식	다단식	고정 바스켓식 추출기, Rococel 추출장치
이동층식	다단식	Dorr 추출장치
	미분 접촉식	Hildebandt 추출장치
분산 접촉식	다단식	Kennedy 추출장치
	미분 접촉식	Bollman 추출장치, Bonotto 추출장치, Miag 추출장치, Allis-Chalmers 추출장치

(2) 액-액 추출장치

분류	장치
회분식	• 회분식 추출장치
연속식	• 혼합 침강기 • 추출탑(충전 추출탑, 분무 추출탑, 다공판탑, 맥동탑) • 원심 추출기

연습문제

7. 추출

단답형

2017 국가직 9급 화학공학일반

01 액-액 추출에 사용되는 장치가 아닌 것은?

① 혼합 침강기(mixer-settler)

② 맥동탑(pulse column)

③ 충전탑(packed column)

④ 이동상 추출기(moving-bed extractor)

해설 추출장치

(1) 고-액 추출장치(침출장치)

분류	접촉방식	장치
고정층식	다단식	고정 바스켓식 추출기, Rococel 추출장치
이동층식	다단식	Dorr 추출장치
이동층식	미분 접촉식	Hildebandt 추출장치
분산 접촉식	다단식	Kennedy 추출장치
분산 접촉식	미분 접촉식	Bollman 추출장치, Bonotto 추출장치, Miag 추출장치, Allis-Chalmers 추출장치

(2) 액-액 추출장치

분류	장치
회분식	• 회분식 추출장치
연속식	• 혼합 침강기 • 추출탑(충전 추출탑, 분무 추출탑, 다공판탑, 맥동탑) • 원심 추출기

정답 ④

CHAPTER 8 분쇄와 체 분리

8-1 ○ 분쇄의 개요

(1) 분쇄의 정의
고체를 원래 형태보다 작고 균일한 형태로 만드는 것

(2) 분쇄의 효과(목적)
① 혼합 효과 증가
② 균일한 입도 및 입경으로 만든다.
③ 비표면적 증가 → 반응속도 증가, 반응효율 증가
④ 감량화
⑤ 수송 및 저장 용이

(3) 분쇄의 문제점
① 2차 공해(소음 및 진동, 비산먼지) 발생
② 부식 촉진
③ 폭발 위험

8-2 ○ 분쇄의 원리

1 분쇄 메커니즘
① 압축, 충격, 마모, 절단

② 분쇄에는 보통 4가지 메커니즘이 모두 작용한다.

압축	• 눌러서 부수는 것 • 딱딱한 고체 조분쇄
충격	• 망치로 때려서 부수는 것 • 조분쇄, 미분쇄
마모	• 갈아서 부수는 것 • 미분쇄, 초미분쇄
절단	• 칼로 잘라서 부수는 것 • 일정한 크기나 모양의 입자 생산

2 분쇄 에너지

분쇄기의 에너지 소모량(소요 동력)

(1) 분쇄 에너지 공식(Lewis식)

$$\frac{dE}{dD} = -kD^{-n}$$

E : 단위 질량당 분쇄 에너지($N \cdot m/kg$)
D : 분쇄할 입자의 직경(m)
k, n : 상수

(2) 분쇄 에너지 법칙

① 킥(Kick)의 법칙

가정	• 분쇄비(D_1/D_2)가 일정하면 분쇄 에너지도 일정
n	• $n=1$
공식	$$E = k \ln\left(\frac{D_1}{D_2}\right)$$ E : 단위질량당 분쇄 에너지($N \cdot m/kg$) D : 분쇄할 입자의 직경(m) D_1 : 분쇄 전 재료(쇄료)의 직경(m) D_2 : 분쇄 후 입자의 직경(m) k : 킥의 상수
특징	• 조쇄, 충격 분쇄에 적합

② 리팅거(Rittinger)의 법칙

가정	• 분쇄 에너지는 생성 비표면적에 비례
n	• n=2
공식	$$E = k_r \ln\left(\dfrac{1}{D_2} - \dfrac{1}{D_1}\right)$$ E : 단위질량당 분쇄 에너지(N·m/kg) D : 분쇄할 입자의 직경(m) D_1 : 분쇄 전 재료(쇄료)의 직경(m) D_2 : 분쇄 후 입자의 직경(m) k_r : 리팅거 상수
특징	• 조쇄, 충격 분쇄에 적합

③ 본드(Bond)의 법칙

가정	• 분쇄 에너지는 입자 비표면적의 제곱근에 비례
n	• n=1.5
공식	$$E = k_b \ln\left(\dfrac{1}{\sqrt{D_2}} - \dfrac{1}{\sqrt{D_1}}\right)$$ E : 단위질량당 분쇄 에너지(N·m/kg) D : 분쇄할 입자의 직경(m) D_1 : 분쇄 전 재료(쇄료)의 직경(m) D_2 : 분쇄 후 입자의 직경(m) k_b : 본드 상수
특징	• 리팅거와 킥의 법칙을 절충한 식 • 입경 0.05~50mm일 때 적용

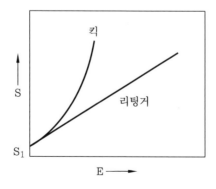

투입 에너지(파쇄 에너지)와 분쇄 생성 비표면적(S)의 관계

8-3 ──o 분쇄 조작의 종류

폐쇄 분쇄 (회분 분쇄)	• 쇄료를 한 번에 분쇄기에 넣고 매회 운전이 끝날 때까지 분쇄물을 장치 밖으로 내놓지 않는 방식 • 과분쇄 가능(목표 입경까지 분쇄된 것도 계속 분쇄력을 받아 더 분쇄되는 것) • 쿠션(완충) 작용(과분쇄로 동력이 분산됨) • 분쇄 동력 손실 증가 • 소규모 분쇄에 적합
자유 분쇄 (연속 분쇄)	• 쇄재물이 목표 크기가 되면 분쇄기에서 꺼내는 방식 • 개회로 분쇄(무선별 연속 분쇄) 　– 에너지 손실 적음 　– 대규모 분쇄에 적합 　– 거친 분쇄에 적합 • 폐회로 분쇄(선별 되풀이 분쇄)
건식 분쇄	• 가열 공기를 불어넣어 수분 없이 건조된 상태로 분쇄하는 방식
습식 분쇄	• 물을 주입하여 쇄료를 슬러리 형태로 만들어 분쇄하는 방식 • 건식보다 분쇄 효율 증가, 미분쇄 가능 • 비산먼지, 소음, 폭발 저감
저온 분쇄	• 드라이아이스나 액체 공기를 주입하여 저온 혹은 냉동시킨 후 분쇄하는 방식 • 열에 민감한 쇄료(분쇄 시 열로 녹는 원료, 녹는점이 낮은 원료)에 적용 　예 열가소성 물질 분쇄, 식료품 및 약품 생산

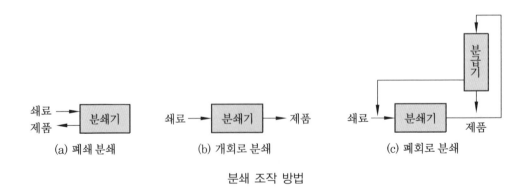

분쇄 조작 방법

8-4 ○ 분쇄기

1 좋은 분쇄기의 조건

① 분쇄 용량이 커야 한다.
② 분쇄 에너지(분쇄 생성물의 단위량당 동력 소모)가 작아야 한다.
③ 원하는 입자나 입도 분포를 가지는 생성물을 얻을 수 있어야 한다.

2 분쇄기 선정 시 고려사항

① 분쇄 전 입자의 크기(입경)　　　　② 분쇄 전 물질의 성질
③ 조작 방법　　　　　　　　　　　　④ 운전 및 유지관리 난이도
⑤ 다른 조작과의 관련성　　　　　　⑥ 처리(분쇄) 용량
⑦ 소요 경비

3 분쇄기의 종류

(1) 분쇄 방법별 특징

분쇄 방법	파쇄 전 입경(mm)	파쇄 후 입경(mm)	분쇄비
조쇄기	100~1,500	25~500	3~4
중쇄기	6~500	1~50	5~10
미분쇄기	1~13	0.08~0.6	10~20
초미분쇄기	0.1~4	0.002~0.08	20~50

(2) 분쇄 방법별 분쇄장치의 종류

분쇄 방법	분쇄장치의 종류
조쇄기	조 크러셔(jaw crusher), 선동 분쇄기(gyratory crusher)
중쇄기	콘 크러셔(cone crusher), 해머 크러셔, 롤 크러셔(crushing roll), 커터 밀(cutter mill), 해머 밀(Hammer mill), 스탬프 밀, 마모 밀, 에지 러너(edge runner), 원판 분쇄기(disk crusher), 회전충격 분쇄기
미분쇄기	볼 밀(ball mill), 튜브 밀(tube mill), 로드 밀, 터보 밀
초미분쇄기	마이크로 분쇄기, 마찰원판 밀, 콜로이드 밀, 유체 에너지 밀(제트 밀)

(3) 분쇄기의 특징

조 크러셔 (jaw crusher)	• 가장 흔히 사용되는 분쇄기 • 블레이크형 분쇄기 • 상대하는 고정치판과 가동치판의 사이에 재료를 씹어 넣어 압축 분쇄 • 가동치의 왕복운동으로 분쇄와 파성물 배출이 진행된다.
선동 파쇄기 (gyratory crusher)	• 분쇄 재료를 고정한 재킷의 콘 케이브와 편심 회전 운동을 하는 재킷의 맨틀 사이에 삽입하여 압축 분쇄 • 연속 배출기–연속 작업 가능
롤 크러셔 (crushing roll)	• 안쪽으로 향해서 회전하는 2개의 roll 사이에 쇄료 입자를 씹어 넣어 압 축 파쇄
해머 밀 (hammer mill)	• 고속 회전하는 수평축에 장치된 해머로 쇄료를 충격, 전단 파쇄, cutting해서 하부의 grate로부터 배출 • 산업폐기물 등의 파쇄에 사용
에지 러너 (edge runner)	• 큰 롤러가 원판 위에서 회전하면서 분쇄료를 롤러의 압력과 전단력으로 파쇄
롤러 밀 (roller mill)	• 3~4개의 롤러를 원판 위에 눌러대서 자전시키는 동시에 전체를 공전시 켜 압축, 마찰, 전단 작용에 의해 분쇄
볼 밀 (ball mill)	• 회전 원통 용기 내에 쇄료와 분쇄 매체인 ball을 넣어 분쇄 • 조작 및 조업에 유연함, 신뢰성이 높음 • 구조 간단
튜브 밀 (tube mill)	• 볼 밀에서 회전 원통의 길이를 늘려, 분쇄 시간을 늘린 것
로드 밀 (rod mill)	• 튜브 밀에서 볼 대신 강철봉(rod)을 사용하는 분쇄
유체 에너지 밀 (fluid energy mill, Jet mill)	• 유체가 가지는 운동 에너지를 이용해서 고압 노즐로부터 분출하는 압축 공기 혹은 수증기로 생기는 제트 기류 속에 쇄료를 공급하여 입자 상호의 충돌 혹은 벽면과의 충돌로 분쇄 • 분쇄 시 온도 상승이 적다.

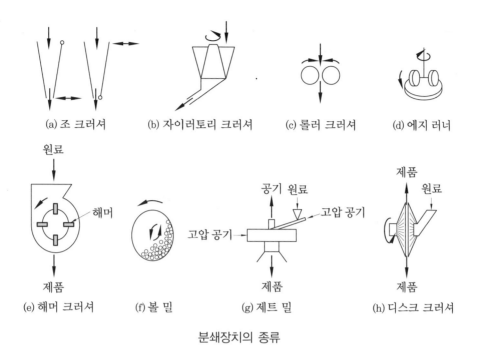

(a) 조 크러셔   (b) 자이러토리 크러셔   (c) 롤러 크러셔   (d) 에지 러너

(e) 해머 크러셔   (f) 볼 밀   (g) 제트 밀   (h) 디스크 크러셔

분쇄장치의 종류

8-5 ─○ 체 분리(스크린 분리)

1 체 분리

입자 크기를 이용하여 입자를 분리하는 방법

2 표준체

체 분리에 사용하는 금속이나 섬유로 된 망으로, 그 굵기와 간격이 규격화되어 있는 체

3 Tyler 표준체

① 200mesh를 기준으로 한 $\sqrt{2}$ 계열 체
② 연속 체 체 눈금비는 $\sqrt{2}$, 면적비는 2배

4 메시 (mesh)

① 체 구멍의 단위
② 1in 길이 안에 들어있는 눈금 수

③ 메시(mesh) 수↑ → 체 눈 크기↓, 눈금 수↑, 더 작은 입자 분리 가능

④ 1mesh : $1in^2$당 1^2개의 구멍을 가진다.

⑤ 100mesh : $1in^2$당 100^2개의 구멍을 가진다.

5 입도 분포

어떤 입경 범위에 속하는 입자의 분체 전량(또는 개수)에 대한 비율

(1) 입도 분포 관련 용어

잔류율(R)	체 눈 크기(어떤 입경 D_P)보다 큰 입자량의 전입자량에 대한 비율(%)
투과율(D)	체 눈 크기(어떤 입경 D_P)보다 작은 입자량의 전입자량에 대한 비율(%)
빈도 분포	입자경이 d_p와 $d_p + \varDelta d_p$ 사이의 입자 개수를 전체 입자 개수로 나눈 개수 비율의 분포 함수
적산 잔류율 분포	입자경이 d_p보다 큰 입자 개수에 대한 분포
적산 투과율 분포	입자경이 d_p보다 작은 입자 개수에 대한 분포

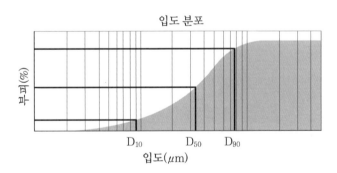

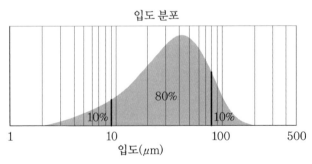

적산(누적) 입도 분포 곡선, 입도 분포 곡선

(2) 관련 공식

$$투과율 = 100\% - 잔류율$$

6 입경 분포 측정 방법

직접 측정법	현미경법, 표준체 거름법(표준체 측정법)
간접 측정법	관성 충돌법, 액상 침강법, 광산란법, 공기 투과법

7 시료의 물리적 성분 분석

(1) 시료의 성분

$$시료 = 고형물 + 공극$$
$$= 고형물 + 수분 + 공기$$

- 공극 : 시료 입자 사이의 빈 공간(공기나 수분으로 채워짐)

(2) 시료의 부피

$$시료의 부피 = 고형물의 부피 + 공극의 부피$$
$$V = V_s + V_V$$

$$= 고형물의 부피 + 수분의 부피 + 공기의 부피$$
$$= V_s + V_w + V_a$$

(3) 시료의 무게

$$시료의 무게 = 고형물의 무게 + 공극의 무게$$
$$W = W_s + W_V$$

$$= 고형물의 무게 + 수분의 무게 + 공기의 무게$$
$$= W_s + W_w + (W_a = 0)$$

8 시료의 물리적 지표

(1) 균등 계수와 곡률 계수

시료 구성 입자의 직경(입도) 분포 지표

① 균등 계수(Cu)

$$C_u = \frac{D_{60}}{D_{10}}$$

D_{10} : 통과 백분율 10%에 해당하는 직경(유효입경)

D_{60} : 통과 백분율 60%에 해당하는 직경

② 곡률 계수(Cz)

$$C_z = \frac{(D_{30})^2}{D_{10} \times D_{60}}$$

D_{10} : 통과 백분율 10%에 해당하는 직경(유효입경)

D_{30} : 통과 백분율 30%에 해당하는 직경

D_{60} : 통과 백분율 60%에 해당하는 직경

(2) 밀도(비중)

① 겉보기 밀도(가밀도, 용적 밀도, bulk density, $\rho_{겉}$)

건조 시료의 밀도

$$\rho_{겉} = \frac{흙의\ 무게}{토양(시료)의\ 부피} = \frac{W_s}{V}$$

② 진밀도(입자 밀도, particle density, $\rho_{진}$)

고형물 입자만의 밀도

$$\rho_{진} = \frac{흙의\ 무게}{흙의\ 부피} = \frac{W_s}{V_s}$$

③ 습윤 용적 밀도($\rho_{습윤}$)

수분을 포함한 습윤 시료의 밀도

$$\rho_{습윤} = \frac{시료의\ 무게}{시료의\ 부피} = \frac{W}{V} = \rho_{건}(1 + w)$$

④ 함수율(w′)

$$w' = \frac{수분의\ 무게}{시료의\ 무게} = \frac{W_w}{W}$$

(3) 공극률(n)

시료 부피(V)에 대한 공극 부피의 비

$$n = \frac{V_V}{V} = \left(1 - \frac{\rho_{건}}{\rho_{진}}\right)$$

(4) 공극비(e)

고형물 입자만의 부피(V_S)에 대한 공극 부피의 비

$$e = \frac{V_V}{V_s} = \frac{n}{1 - n}$$

연습문제

8. 분쇄와 체 분리

단답형

2016 지방직 9급 화학공학일반

01 다음 분체 제조 장치 중 가장 작은 크기의 분체를 제조할 수 있는 장치는?

① 콜로이드 밀(colloid mill)

② 선동 파쇄기(gyratory crusher)

③ 중간형 해머 밀(intermediate hammer mill)

④ jaw 파쇄기(jaw crusher)

해설 분쇄장치의 종류

① 초미분쇄기

② 조쇄기

③ 중간 분쇄기

④ 조쇄기

초미분쇄기가 가장 작은 크기의 분체를 제조하는 장치이다.

정답 ①

장답형

2015 국가직 9급 화학공학일반

02 분쇄(crushing)의 목적으로 옳지 않은 것은?

① 고체의 혼합 효과를 높인다.
② 일정한 입도를 가지게 한다.
③ 고체의 표면적을 증가시킨다.
④ 분체의 화학적 조성을 변화시킨다.

해설 ④ 분쇄로 분체의 화학적 조성은 변화되지 않는다.

정답 ④

정리 분쇄의 목적
  • 혼합 효과 증가
  • 균일한 입도 및 입경으로 만든다.
  • 비표면적 증가 : 비표면적 증가 → 반응속도 증가, 반응효율 증가
  • 감량화
  • 수송 및 저장 용이

2016 국가직 9급 화학공학일반

03 분쇄 조작에 대한 설명으로 옳지 않은 것은?

① 제트 밀은 3~4개의 롤러를 원판 위에 눌러대서 자전시키는 동시에 전체를 공전시켜 압축, 마찰, 전단 작용에 의해 분쇄한다.
② 자이러토리 크러셔(gyratory crusher)는 조 크러셔(jaw crusher)보다 연속 작업이 가능하고 분쇄 재료를 고정한 재킷의 콘 케이브와 편심 회전 운동을 하는 재킷의 맨틀 사이에 삽입하여 압축 분쇄한다.
③ 볼 밀은 볼을 분쇄 매체로 하는 회전 원통 분쇄기로 건식, 습식 공용으로 사용되며 조작, 조업에 유연성을 갖는다.
④ 습식 분쇄는 물이나 액체를 이용하여 분쇄하는 방식이다.

해설 분쇄장치의 종류
  ① 롤러 밀(roller mill)의 설명임

정답 ①

04 분체의 체 분리(screening)에 대한 설명으로 옳은 것은?

① 입자 크기와 입자 밀도를 이용하여 입자를 분리하는 방법이다.

② Tyler 표준체의 어느 한 체의 개방공(screen opening) 면적은 그 다음 작은 체의 개방공 면적의 4배이다.

③ 메시(mesh) 숫자가 클수록 작은 입자를 분리할 수 있다.

④ 150메시보다 미세한 체일수록 공업적으로 더 많이 사용된다.

[해설] 체 분리

① 체 분리 : 입자 크기로 입자를 분리하는 방법

② Tyler 표준체의 어느 한 체의 개방공(screen opening) 면적은 그 다음 작은 체의 개방공 면적의 2배, 체눈금비는 $\sqrt{2}$ 이다.

④ 너무 메시 수가 크면 체눈이 너무 작아서 분리 안 됨

[정답] ③

05 체를 이용한 입도 분포 분석에 대한 설명이다. 옳지 않은 것은?

① 측정한 입자경(d_p)의 분포는 개수 또는 질량을 기준으로 해서 나타낸다.

② 빈도 분포란 입자경이 d_p와 $d_p + \Delta d_p$ 사이의 입자 개수를 전체 입자 개수로 나눈 개수 비율의 분포 함수이다.

③ 적산 잔류율 분포는 입자경이 d_p 이하의 입자 개수에 대한 분포이다.

④ 적산 통과율 분포는 1에서 적산 잔류율 분포를 뺀 값이다.

[해설] ③ 적산 잔류율 분포는 입자경이 d_p 이상의 입자 개수에 대한 분포이다.

[정답] ③

[정리] 입도 분포 : 어떤 입경 범위에 속하는 입자의 분체 전량(또는 개수)에 대한 비율

잔류율(R)	체 눈 크기(어떤 입경 d_p)보다 큰 입자량의 전입자량에 대한 비율(%)
투과율(D)	체 눈 크기(어떤 입경 d_p)보다 작은 입자량의 전입자량에 대한 비율(%)
빈도 분포	입자경이 d_p와 $d_p + \triangle d_p$ 사이의 입자 개수를 전체 입자 개수로 나눈 개수비율의 분포 함수
적산 잔류율 분포	입자경이 d_p보다 큰 입자 개수에 대한 분포
적산 투과율 분포	입자경이 d_p보다 작은 입자 개수에 대한 분포

9

여과와 막분리

9-1 ·ㅇ 여과

1 여과의 정의

유체 중의 부유입자(고체)를 다공성 매체를 통해 물리적으로 분리하는 조작

2 여과장치의 종류

중력 여과	• 다공성 여재로 채워진 여과기에 유입수를 상부에서 주입하여 여과하는 방식 • 여과 저항이 적을 경우 사용
진공 여과	• 다공성 여재를 사이에 두고 한쪽을 진공 상태로 감압시켜 여재 전·후의 압력차(기압과 진공 압력의 차압)를 이용하여 여과하는 장치
가압 여과	• 대기압 이상의 압력을 가하여 여과하는 방법
감압 여과 (진공 여과)	• 상단 압력은 대기압으로, 하단 압력은 감압하여 압력차로 여과하는 방식
벨트 압축 여과 (벨트 프레스)	• 1개 또는 2개의 이동되는 벨트로 슬러리를 연속적으로 여과시키는 방법 • 필터로 덮인 판 사이의 공간에 슬러리를 가압 주입하여 고체 케이크와 액체로 분리하는 비연속 가압 여과기
수평 벨트 여과기	• 벨트 시이에 쉬쭈(필터)를 끼워 넣은 연속 여과기
원심 여과기	• 슬러리를 회전시켜 얻은 원심력으로 고액분리하는 방법
회전 드럼 여과기	• 드럼 표면에 부착된 필터를 통해 슬러리를 연속적으로 고액분리하는 장치

9-2 ·ㅇ 막분리

막 양단의 추진력(압력차, 농도차, 온도차, 전위차 등)으로 분리, 농축, 정제하는 기술

1 막분리 공정별 분류

공정	메커니즘	막 형태	추진력	기공 크기
정밀 여과(MF)	체거름	대칭형 다공성막	압력차(0.1~1bar)	$0.1\sim10\mu m$
한외 여과(UF)	체거름	비대칭형 다공성막	압력차(1~10atm)	10~100nm
나노 여과(NF)	체거름	비대칭형 다공성막	압력차(7~15atm)	1~10nm
역삼투(RO)	역삼투	비대칭성 skin막	압력차(20~100atm)	1nm 이하
투석	확산	비대칭형 다공성막	농도차	
전기 투석(ED)	이온 전하 크기 차이	이온 교환막	전위차	

2 역삼투

(1) 삼투

① 용매와 용액, 묽은 용액과 진한 용액의 경계면에 반투막을 놓으면 용매 입자가 저농도에서 고농도로 이동하는 현상

② 삼투와 역삼투 비교

구분	확산	삼투
추진력	농도차	농도차
반투막	없음	있음
이동 물질	용질	용매(물)
이동 방향	고농도 → 저농도	저농도 → 고농도

③ 삼투압 공식 – 반트 호프의 법칙(Van't Hoff's law)

$$\pi = CRT = \frac{n}{V}RT$$
$$\pi V = i \cdot nRT$$

C : 몰 농도(mol/L)
n : 용질의 몰 수(mol)
V : 용액의 부피(L)
π : 삼투압(atm)
R : 이상기체 상수
i : 반트 호프 상수

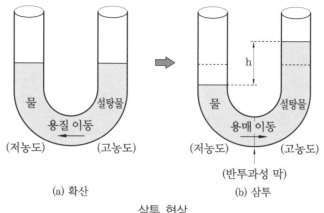

삼투 현상

(2) 역삼투

① 삼투압보다 더 큰 압력을 가하여 고농도에서 저농도로 용매를 이동시켜 여과하는
방식

② 적용 : 해수 담수화 등

3 투석의 확산 속도

① 투석의 확산 속도

$$J = K(C_1 - C_2)$$

J : 투석의 확산 속도
K : 투석 계수
C : 농도

② 투석 계수

$$\frac{1}{K} = \frac{1}{K_1} + \frac{1}{K_m} + \frac{1}{K_2}$$

K_1 : 공급물 계수
K_2 : 생성물 계수
K_m : 막 관련 계수

K_m은 유효 확산도(De)에 비례, 막 두께(Z)에 반비례한다.

연습문제

단답형

2018 국가직 9급 화학공학일반

01 필터로 덮인 판 사이의 공간에 슬러리를 가압 주입하여 고체 케이크와 액체로 분리하는 비연속 가압 여과기는?

① 수평 벨트 여과기(horizontal belt filter)
② 원심 여과기(centrifugal filter)
③ 회전 드럼 여과기(rotary drum filter)
④ 여과 프레스(filter press)

해설 여과장치의 종류
① 수평 벨트 여과기(horizontal belt filter) : 벨트 사이에 여포(필터)를 끼워 넣은 연속 여과기
② 원심 여과기(centrifugal filter) : 슬러리를 회전시켜 얻은 원심력으로 고액분리하는 방법
③ 회전 드럼 여과기(rotary drum filter) : 드럼 표면에 부착된 필터를 통해 슬러리를 연속적으로 고액분리하는 장치

정답 ①

2017 지방직 9급 화학공학일반

02 다음 막분리(membrane separation) 공정 중 추진력(driving force)이 압력 차가 아닌 공정으로만 묶은 것은?

> ㄱ. 나노 여과(nanofiltration)
> ㄴ. 정밀 여과(microfiltration)
> ㄷ. 투석(dialysis)
> ㄹ. 역삼투(reverse osmosis)
> ㅁ. 정삼투(forward osmosis)

① ㄱ, ㄴ　　　② ㄷ, ㄹ　　　③ ㄷ, ㅁ　　　④ ㄹ, ㅁ

해설 막분리 공정 – 추진력
- 압력차 : 정밀 여과(MF), 한외 여과(UF), 나노 여과(NF), 역삼투(RO)
- 농도차 : 삼투, 투석
- 전위차 : 전기 투석(ED)

정답 ③

장답형

2016 서울시 9급 화학공학일반

03 다음 <보기>에서 여과(filtration) 조작에 대한 설명으로 옳은 것을 모두 고르면?

> 가. 여과는 유체 중의 부유입자(고체)를 다공성 매체를 통해 물리적으로 분리
>   하는 조작이다.
> 나. 가압 여과는 감압 조작으로 여과하고 연속화가 쉽다.
> 다. 진공 여과는 고압에서 상류 측을 가압하는 여과법이며, 여과 저항이 큰
>   물질에 응용된다.
> 라. 중력 여과는 여과 저항이 비교적 작은 경우에 중력만으로 여과한다.
> 마. 원심 여과는 여재를 통하여 흘러가는 힘으로 원심력을 이용한 방법이다.

① 가, 나, 다
② 가, 라, 마
③ 가, 다, 마
④ 다, 라, 마

해설 여과장치의 종류
   나. 다. : 감압 여과(진공 여과)는 감압 조작으로 여과하고 연속화가 쉽다.

정답 ②

04 투석 막(dialysis membrane)을 사이에 두고 액체 B와 액체 C가 각각 흐르고, 성분 A가 투석 막을 통해 액체 B에서 액체 C로 전달된다. 다음의 자료와 같을 때, 물질 전달 속도를 가장 크게 증가시킬 수 있는 방법은? (단, 투석 막의 두께 및 면적은 각각 $200\mu m$ 및 $1m^2$이며, 액체 B와 액체 C에서 A의 농도는 각각 5.0M 및 0.1M로 일정하게 유지된다.)

- 막에서의 성분 A의 유효 확산 계수 : 1.0×10^{-9} m^2/s
- 액체 B쪽에서의 성분 A의 물질 전달 계수 : 5.0×10^{-4} m/s
- 액체 C쪽에서의 성분 A의 물질 전달 계수 : 2.0×10^{-4} m/s

① 액체 B의 유량을 4배로 증가시킨다.
② 막의 두께를 절반으로 줄인다.
③ 막에서의 성분 A의 유효 확산 계수를 절반으로 낮춘다.
④ 액체 C의 유량을 2배로 증가시킨다.

해설 투석의 확산 속도

$J = K(C_1 - C_2)$에서 투석의 확산 속도는 K와 농도차$(C_1 - C_2)$에 비례한다.

K는 유효 확산도에 비례, 막 두께에 반비례한다.

∴ 막 두께↓ → K↑ → 확산 속도(J)↑

정답 ②

PART

5

화공 열역학

열역학 1법칙

1-1 ○ 열역학 기초

열역학은 에너지와 그 변화를 다루는 화학이다.

(1) 계와 주위의 개념

계(system)	반응물과 생성물 혹은 화학 반응 자체(닫힌계)
주위(surrounding)	계 이외의 나머지(닫힌계)
경계(boundary)	계와 주위의 경계
우주	계와 주위를 합친 것(고립계)

우주 = 계 + 주위
(반응 자체) (반응의 주변)

↔
에너지(일, 열) 이동

$$0 = (-\triangle E) + (+\triangle E)$$
$$0 = (+\triangle E) + (-\triangle E)$$

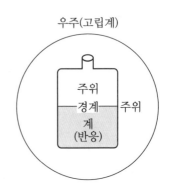

(2) 계의 분류

① 열린계(open system) : 계와 주위의 경계를 사이로, 물질과 에너지 모두 이동 가능

② 닫힌계(closed system) : 계와 주위의 경계를 사이로, 물질과 열과 일의 형태로 에너지만 이동 가능

③ 고립계(isolated system) : 계와 주위의 경계를 사이로, 물질이나 에너지 모두 이동 불가능

구분	물질	에너지	예
열린계(open system)	이동	이동	
닫힌계(closed system)	×	이동	계, 주위
고립계(isolated system)	×	×	우주

(3) 크기 성질과 세기 성질

구분	크기 성질	세기 성질
정의	양이 변하면 달라지는 성질	양에 영향을 받지 않는 성질
예	질량, 부피, mol, 엔탈피(kJ) 등	온도, 색깔, 몰 엔탈피(kJ/mol), 몰 엔트로피 등

(4) 상태 함수와 경로 함수

구분	상태 함수	경로 함수
정의	• 처음 상태에서 나중 상태로 가는 경로와 상관없는 함수 • 계의 처음과 나중 상태에만 의존하는 함수	• 처음 상태에서 나중 상태로 가는 경로에 따라 값이 변하는 함수
예	내부 에너지(U), 엔탈피(H), 엔트로피(S), 자유 에너지(G), 평형상수(K)	열(q), 일(w)

1-2 ○ 열역학 법칙

(1) 열역학 제1법칙(에너지 보존의 법칙)

① 계가 방출한 에너지는 주위가 흡수한 에너지와 같으므로 우주의 에너지 변화는 없고 일정하다.

② 계가 방출한 에너지는 주위가 흡수한 에너지와 같다.

$$\Delta E_{계} = -\Delta E_{주위}$$

③ 계의 내부 에너지 변화는 일과 열을 합한 값과 같다.

$$\triangle E_{계} = q + w = q + P \triangle V$$

④ 경로(과정)와는 무관하게 처음과 나중 상태에 따라 그 값이 변한다.

$$\triangle E_{계} = - \triangle E_{주위}$$

⑤ 우주 전체의 에너지는 일정하다.

$$\triangle E_{계} = - \triangle E_{주위}$$
$$\triangle E_{우주} = \triangle E_{계} + \triangle E_{주위} = 0$$

(2) 열역학 제2법칙(엔트로피 증가의 법칙)

우주(고립계)에서 총 엔트로피(무질서도)의 변화는 항상 증가하거나 일정하며, 절대로 감소하지 않는다.

$$\triangle S \geq 0 \text{ (자발적)}$$

(3) 열역학 제3법칙(네른스트의 법칙, 0의 법칙)

절대온도(T)가 0으로 접근할 때,
① 계의 엔트로피(S)는 어떤 일정한 값을 가진다.
② 그 계는 가장 낮은 상태의 에너지를 가진다.

$$T \to 0 \text{ 이면,}$$
$$\triangle S \to 0, \quad S = 일정$$

(4) 열역학 제0법칙

계의 물체 A와 B가 열적 평형 상태이고, 물체 B와 C가 열적 평형 상태라면, A와 C도 열평형 상태이다(열적 평형 상태이면 그 물체의 온도는 같음).

$$T_A = T_B \text{이고, } T_B = T_C \text{이면, } T_A = T_C$$

1-3 ─o 열역학 제1법칙(에너지 보존의 법칙)

1 Joule의 실험

(1) 실험

① 물체에 해 준 일의 양과 이때 발생하는 열량 사이의 양적인 관계를 밝힌 실험

② 잡고 있던 추를 놓으면, 추가 밑으로 내려가면서 날개 달린 회전축을 돌려, 추가 가진 위치 에너지가 회전축의 운동 에너지로 전환된다.

③ 축이 회전하면 회전 날개가 수조 속의 물을 휘젓게 되고, 이때 물과 날개 사이의 마찰로 인하여 열이 발생하고, 그 결과 통 속의 물은 열을 얻어 온도가 상승한다.

④ 추가 날개에 해 준 일은 추의 질량과 낙하한 거리를 측정하여 구하고, 물이 얻은 열량은 물의 질량과 온도 변화를 측정하여 계산한다.

(2) 의의

① 일이 열로 변환될 수 있음을 보여준다.

② 열은 에너지의 한 형태이다.

③ $1cal = 4.2J$

2 열역학 제1법칙 (에너지 보존의 법칙)

① 고립계에서 내부 에너지는 일정하다.

② 계가 방출한 에너지는 주위가 흡수한 에너지와 같으므로 우주의 에너지 변화는 없고 일정하다.

③ 계가 방출한 에너지는 주위가 흡수한 에너지와 같다.

$$\Delta E_{계} = -\Delta E_{주위}$$

④ 계의 내부 에너지 변화는 일과 열을 합한 값과 같다.

$$\Delta E_{계} = q + w = q \pm P\Delta V$$

⑤ 경로(과정)와는 무관하게 처음과 나중 상태에 따라 그 값이 변한다.

$$\Delta E_{계} = -\Delta E_{주위}$$

⑥ 우주 전체의 에너지는 일정하다.

$$\Delta E_{계} = -\Delta E_{주위}$$

$$\Delta E_{우주} = \Delta E_{계} + \Delta E_{주위} = 0$$

1-4 ···○ 내부 에너지(U)

(1) 에너지

일을 하거나 열을 발생시키는 능력(운동 에너지, 퍼텐셜 에너지 등)

(2) 내부 에너지

계가 가지는 모든 에너지의 합(분자 간 인력+분자의 운동 에너지 등)

(3) 내부 에너지의 변화

① 계와 주위는 경계를 사이로 에너지를 교환한다.

② 계가 주위로 일을 하거나 열을 잃으면, 계의 내부 에너지가 감소한다(−).

③ 계가 주위로부터 일을 얻거나 열을 얻으면, 계의 내부 에너지가 증가한다(+).

$\Delta U = q + W = q \pm (P \Delta V)$	ΔU : 내부 에너지 변화량(J) W : 일(J) q : 열(J) P : 압력(N/m^2) ΔV : 부피 변화량(m^3)

$dU = dq + dW$	ΔU : 내부 에너지 변화량(J) W : 일(J) q : 열(J) P : 압력(N/m^2) ΔV : 부피 변화량(m^3)

1-5 ──o 일(W)

① 물체에 가해진 힘과 그 힘이 작용한 거리의 곱
② 화학에서 일은 부피의 팽창 혹은 수축을 의미한다.

$$
\begin{aligned}
W &= -\,Fd \\
&= -(PA)d \\
&= -P\triangle V
\end{aligned}
\qquad
\begin{aligned}
&W \;:\; 일(J) \\
&F \;:\; 힘(N) \\
&d \;:\; 이동\ 거리(m) \\
&A \;:\; 면적(m^2) \\
&\triangle V \;:\; 부피\ 변화량(m^3)
\end{aligned}
$$

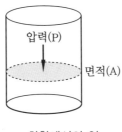

화학에서의 일

1-6 ──o 열

온도 차이에 의해 이동하는 에너지

1 열의 종류

(1) 현열(sensible heat)

① 물질의 상태 변화를 일으키지 않고 온도 변화만 일으키는 열
② 온도만 변화시킨다. 상태 변화 없다.

$$
q = cm\triangle T
\qquad
\begin{aligned}
&q \;:\; 현열(kcal) \\
&m \;:\; 질량(kg) \\
&c \;:\; 비열(kcal/kg\cdot℃) \\
&\triangle t \;:\; 온도차(℃)
\end{aligned}
$$

(2) 잠열

① 물질의 상태를 변화시키기 위해 흡수 혹은 방출시키는 열

② 상태 변화에만 사용되고, 온도 변화는 없다.

③ 얼음의 융해 잠열(고체 → 액체) : 80kcal/kg

④ 물의 증발 잠열(액체 → 기체) : 539kcal/kg

$$q = m \cdot \gamma$$

q : 잠열(kcal)
m : 질량(kg)
γ : 융해 잠열, 증발 잠열(kcal/kg)

(3) 반응열

화학 반응 시 발생하는 열출입(반응 엔탈피)

(4) 물의 상태 변화

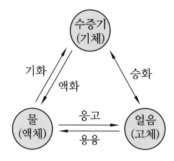

물의 상태 변화

구분	정의	상태 변화
흡열 과정	상태 변화 시 필요한 에너지를 흡수한다.	융해, 기화, 승화
발열 과정	상태 변화 시 에너지를 방출한다.	용융, 액화, 승화

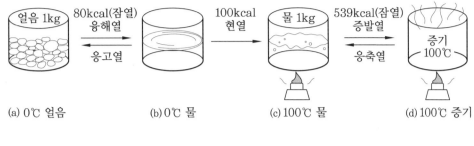

(a) 0℃ 얼음　　(b) 0℃ 물　　(c) 100℃ 물　　(d) 100℃ 증기

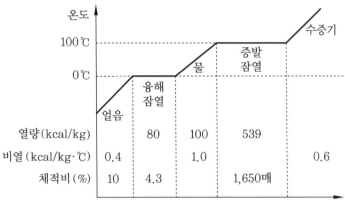

물의 상태 변화에 따른 열 출입

예제 ▶ 열역학 1법칙

1. 15℃ 물 1kg이 200℃ 증기로 변할 때 흡수되는 열량을 구하시오.

해설 ① 물이 수증기로 변할 때 필요한 열량

　　Q = 물의 현열+물의 증발 잠열+수증기의 현열

② 계산 과정

$$Q = c \cdot m \cdot \triangle t + m \cdot \gamma + c \cdot m \cdot \wedge t$$
$$= 1 \times 1 \times (100 - 15) + 1 \times 539 + 0.6 \times 1 \times (200 - 100)$$
$$= 684\text{kcal}$$

정답 684kcal

2 열량

(1) 비열(specific haeat, c)

정의	• 어떤 물질 1g의 온도를 1℃ 증가시키는 데 필요한 열량
단위	• cal/g·℃
특징	• 비열이 크면 온도 변화가 작다. • 물질마다 비열 크기 다르다(물질의 특성).

(2) 열용량(heat capacity, C)

정의	• 계의 온도를 1K 올리는 데 필요한 에너지(열량)
단위	• cal/℃, J/K
특징	• 크기 성질 – 질량이 증가하면 열용량의 크기도 증가한다(비례). • 물질의 특성이 아니다.

㈎ 공식

$$q = C\Delta T = cm\Delta T$$

q : 열량(cal)
C : 열용량(cal/℃)
ΔT : 온도 변화량(℃)
c : 비열(cal/g·℃)
m : 질량(g)

㈏ 종류

① 정압 열용량(C_P) : 압력이 일정할 때(정압 변화, $\Delta P = 0$)에서의 열용량
② 정적 열용량(C_V) : 부피가 일정할 때(정적 변화, $\Delta V = 0$)에서의 열용량

기체인 경우	• $C_P > C_V$ • 정압 상태에서는 흡수 에너지 일부를 부피 팽창에 소모하기 때문에, 같은 온도에서 정적 상태보다 더 많은 열을 흡수한다.
응축상(액체, 고체) 인 경우	• $C_P = C_V$ • 온도가 증가할 때 부피 변화가 거의 없기 때문에, 정압 상태와 정적 상태 열용량이 같다.

(3) 몰열용량(c)

정의	• 열용량을 몰 수로 나눈 값 • 1몰의 온도를 1K 올리는 데 필요한 열량
단위	$cal/mol \cdot ℃$
특징	• 세기 성질 　– 질량이 증가하여도 몰열용량의 크기는 변하지 않는다.

㈎ 공식

$$c = \frac{C}{n}$$
$$q = cn\triangle T$$

c : 몰열용량$(cal/mol \cdot ℃)$
C : 열용량$(cal/℃)$
n : 몰수(mol)
q : 열량(cal)
$\triangle T$: 온도 변화량$(℃)$

㈏ 종류

① 정압 몰열용량(c_P)

압력이 일정할 때(정압 변화, $\triangle P = 0$)에서의 몰열용량

$$c_P = \frac{C_P}{n}$$
$$q_P = nc_P\triangle T$$

② 정적 몰열용량(c_V)

부피가 일정할 때(정적 변화, $\triangle V = 0$)에서의 몰열용량

$$c_V = \frac{C_V}{n}$$
$$q_V = nc_V\triangle T$$

기체인 경우	• $c_P > c_V$
응축상(액체, 고체)인 경우	• $c_P = c_V$

(4) 변화 조건별 열량

조건	정적 변화($\triangle V = 0$)	정압 변화(압력 일정)
온도 변화	온도 변화 시 부피 일정	온도 변화 시 압력 일정
내부에너지 변화	$\triangle U = q + w$ $\quad = q - P\triangle V$ $\therefore \ \triangle U = q_V$	$\triangle U = q + w$ $\quad = q_P - P\triangle V$ $\therefore \ q_P = \triangle U + P\triangle V$
열량	$q_V = nc_V\triangle T = \triangle U$	$q_P = nc_P\triangle T = \triangle U + P\triangle V$
특징	• 가해준 열은 모두 내부 에너지 변화에 사용된다.	• 가해준 열의 일부는 내부 에너지를 변화시키고, 일부는 부피 팽창에 사용된다. • 일은 계가 일을 하여 부피가 팽창되므로, (−)이다.
예	• 정적 열량계	• 정압 열량계 • 대기압 상태 • 대부분의 화학 반응은 정압 상태에서 발생

1-7 ─○ 엔탈피

일정 압력에서 출입한 열 q_P 을 어떤 상태 함수로 표현하면 편리하므로 엔탈피 개념을 도입한다.

1 엔탈피

① 어떤 물질에 포함된 에너지
② 정압 상태에서 출입한 열량(가해지는 열량)

$$H = U + PV \qquad \begin{array}{l} U : \text{내부 에너지} \\ PV : \text{외부에서 한 일} \end{array}$$

2 반응 엔탈피($\triangle H$)

반응으로 발생하는 엔탈피 변화량

$$
\begin{aligned}
\triangle H &= \triangle U + \triangle(PV) \\
&= \triangle U + V\triangle P + P\triangle V \\
&= \triangle U + P\triangle V \\
&= q_P
\end{aligned}
$$

즉, 일정 압력($\triangle V = 0$)에서 출입하는 열량은 엔탈피 변화량과 같다.

$\therefore \ \triangle H = q_P$(정압일 때)

3 반응 엔탈피의 계산

① 표준 생성 엔탈피로 계산

$$\triangle H = \sum H^\circ_{f,\text{생성}} - \sum H^\circ_{f,\text{반응}}$$

② 결합 에너지로 계산

반응 엔탈피 = (반응물의 결합 엔탈피의 합) - (생성물의 결합 엔탈피의 합)

$$\triangle H^\circ \quad = \quad \sum n_r \triangle H_b^\circ{}_{(\text{반응물})} \quad - \quad \sum n_p \triangle H_b^\circ{}_{(\text{생성물})}$$

③ 활성화 에너지로 계산

반응 엔탈피 = (정반응의 활성화 에너지) - (역반응의 활성화 에너지)

예제 ▶ 반응 엔탈피의 계산(표준 생성 엔탈피로 계산)

2. 다음 반응의 표준 반응 엔탈피를 계산하시오.

$$2Al_{(S)} + Fe_2O_{3(S)} \rightarrow Al_2O_{3(S)} + 2Fe_{(S)}$$
(단, $H_{Al}^\circ = 0$, $H_{Fe_2O_3}^\circ = -824.2$, $H_{Al_2O_3}^\circ = -1675.7$, $H_{Fe}^\circ = 0$ kJ/mol)

해설 $\triangle H = \sum H^\circ_{f,\,생성} - \sum H^\circ_{f,\,반응}$

$$= (H_{Al_2O_3}^\circ + 2H_{Fe}^\circ) - (2H_{Al}^\circ + H_{Fe_2O_3}^\circ)$$
$$= (-1,675.7) - (-824.2)$$
$$= -851.5 kJ$$

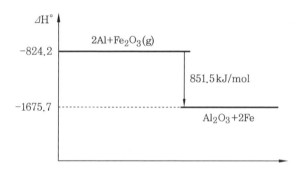

정답 $-851.5kJ$

예제 ▶ 반응 엔탈피의 계산(결합 엔탈피로 계산)

3. 메테인의 연소 엔탈피($\triangle H°$)를 구하여라.

$$CH_{4(g)} + 2O_{2(g)} \rightarrow CO_{2(g)} + 2H_2O_{(g)}, \quad \triangle H°$$

결합물	$\triangle H_b°$
C-H	413.6
O=O	498.6
C=O	804.5
O-H	463.4

해설

결합물	$\triangle H_b°$	결합 개수
C-H	413.6	4
O=O	498.6	2
C=O	804.5	2
O-H	463.4	4

반응물의 결합이 끊어지고 나서 생성물의 결합이 생성된다.
그러므로 반응물의 결합 엔탈피에서 생성물의 결합 엔탈피를 빼 준다.

$$\triangle H° = \triangle H_{b반응}° - \triangle H_{b생성}°$$

$$= (4 \times 413.6 + 2 \times 498.6) - (2 \times 804.5 + 4 \times 463.4) = -811kJ$$

정답 $-811kJ$

4. $C_{(s)} + 2H_{2(g)} \rightarrow CH_{4(g)}$, $\triangle H° = -792kJ$에서, $H_{2(g)}$의 결합 에너지가 436kJ/mol임을 이용해 C-H 결합 에너지를 구하여라.

해설

구분	결합물	결합 개수	$\triangle H_b°$ [kJ/mol]
생성물	C-H	4	$4 \times \triangle H_{b\,C-H}°$
반응물	H-H	2×1	436

$$\triangle H° = \triangle H_{b반응}° - \triangle H_{b생성}°$$

$$-792kJ = (2 \times 436) - (4 \times \triangle H_{b\,C-H}°)$$

$$\therefore \triangle H_{b\,C-H}° = 416kJ/mol$$

정답 416kJ/mol

1-8 ─o 반응열(Q)

(1) 정의

반응열	반응물질들이 화학 반응을 일으킬 때 방출하거나 흡수하는 열
발열 반응	생성물질의 에너지보다 반응물질의 에너지가 높아 화학 반응 시 주위에 열을 방출하는 반응(주위 온도 증가)
흡열 반응	생성물질의 에너지보다 반응물질의 에너지가 낮아 화학 반응 시 주위에 열을 흡수하는 반응(주위 온도 감소)

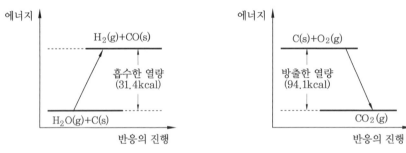

흡열 반응의 엔탈피(에너지) 변화   발열 반응의 엔탈피(에너지) 변화

반응	발열 반응	흡열 반응
반응 엔탈피(ΔH)	−	+
엔탈피(H)	감소	증가
반응열(Q)	+	−
주변 온도	증가	감소

(2) 반응 엔탈피(ΔH)와 반응열(Q)

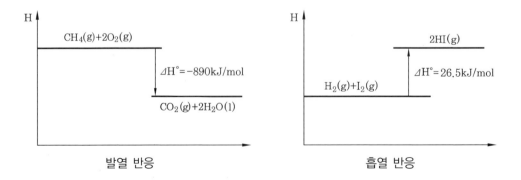

발열 반응   흡열 반응

① 반응 엔탈피($\triangle H$)와 반응열(Q)은 크기는 동일, 부호는 반대

$$CH_4(g) + 2O_2(g) \rightarrow CO_2(g) + 2H_2O(l), \quad \triangle H^\circ = -890kJ/mol$$
$$CH_4(g) + 2O_2(g) \rightarrow CO_2(g) + 2H_2O(l) + 890kJ/mol$$

구분	계(반응 엔탈피, $\triangle H$)	주위(반응열, Q)
흡열 반응	+	−
발열 반응	−	+

② 역반응의 $\triangle H^\circ$는 정반응의 $\triangle H^\circ$와 크기는 같고, 부호는 반대

$$\triangle H^\circ_{역반응} = -\triangle H^\circ_{정반응}$$

$$CH_4(g) + 2O_2(g) \rightarrow CO_2(g) + 2H_2O(l), \quad \triangle H^\circ = -890kJ/mol$$
$$CO_2(g) + 2H_2O(l) \rightarrow CH_4(g) + 2O_2(g), \quad \triangle H^\circ = 890kJ/mol$$

③ 반응 엔탈피는 크기 성질이므로, 화학 반응식 계수에 비례(반응물 양에 비례)

$$CH_4(g) + 2O_2(g) \rightarrow CO_2(g) + 2H_2O(l), \quad \triangle H^\circ = -890kJ/mol(몰 엔탈피)$$
$$CH_4(g) + 2O_2(g) \rightarrow CO_2(g) + 2H_2O(l), \quad \triangle H^\circ = -890kJ(엔탈피)$$
$$2CH_4(g) + 4O_2(g) \rightarrow 2CO_2(g) + 4H_2O(l), \quad \triangle H^\circ = -1,780kJ(엔탈피)$$

1-9 ㅇ 헤스의 법칙(총열량 불변의 법칙)

(1) 헤스의 법칙

① $\triangle H$는 상태 함수이므로 반응 경로에 무관하다.
② 즉, 어느 특정 반응물이 특정 생성물이 되는 화학 반응이 한 단계로 진행되든 여러 단계로 진행되든 그 반응의 $\triangle H$는 항상 일정하다.
③ 둘 혹은 그 이상의 화학식을 더하여 다른 하나의 화학식을 만든 경우 새로 얻은 반응의 반응 엔탈피는 각 반응의 해당 엔탈피들을 더한 값과 같다.

(2) 헤스의 법칙 적용

실험적으로 구하기 어려운 반응식의 반응열은 헤스의 법칙을 이용하여 구한다.

[헤스의 법칙으로 $C(s)_{\text{다이아몬드}} \rightarrow C(s)_{\text{흑연}}$ 반응 엔탈피 구하기]

$$-① \quad C(s)_{\text{흑연}}+O_2(g) \rightarrow CO_2(g) \qquad\qquad H_1^{\circ}$$
$$+② \quad C(s)_{\text{다이아몬드}}+O_2(g) \rightarrow CO_2(g) \qquad\qquad H_2^{\circ}$$

$$C(s)_{\text{다이아몬드}} \rightarrow C(s)_{\text{흑연}} \qquad\qquad \triangle H^{\circ}$$

반응식	$\triangle H^{\circ}$
+	+
−	−
×2	×2
÷2	÷2

반응식을 조작한 대로 엔탈피도 조작하면 된다.
반응식 ①은 빼고, 반응식 ②를 더하면 아래와 같고,
구하는 반응식 $(C(s)_{\text{다이아몬드}} \rightarrow C(s)_{\text{흑연}})$이 된다.

$$-① \quad \cancel{CO_2(g)} \rightarrow C(s)_{\text{흑연}}+\cancel{O_2(g)}$$
$$+② \quad C(s)_{\text{다이아몬드}}+\cancel{O_2(g)} \rightarrow \cancel{CO_2(g)}$$

$$C(s)_{\text{다이아몬드}} \rightarrow C(s)_{\text{흑연}}$$

반응의 반응 엔탈피도 반응식을 조작한 것과 같이 −① +②로 조작한다.
$$\therefore \triangle H^{\circ} = -H_1^{\circ}+H^{\circ}$$

(3) 헤스의 법칙을 이용한 반응 엔탈피(또는 반응열) 계산 방법

① 열화학 반응식을 작성한다.
② 주어진 열화학 반응식의 계수를 구할 열화학 반응식의 계수를 맞춘다.
③ 주어진 열화학 반응식을 더하거나 빼서 구할 열화학 반응식이 나오도록 한 후, 반응 엔탈피(또는 반응열)를 계산한다.

예제 ▶ 헤스의 법칙

5. 표준 상태에서의 아래 반응식을 이용하여, $N_2(g) + 2O_2(g) \rightarrow 2NO_2(g)$ 반응의 반응 엔탈피($\triangle H^\circ$)를 구하시오.

① $N_2(g) + O_2(g) \rightarrow 2NO(g)$, $\triangle H^\circ_1 = 180.7 kJ/mol$

② $2NO(g) + O_2(g) \rightarrow 2NO_2(g)$, $\triangle H^\circ_2 = -112 kJ/mol$

해설

$$
\begin{array}{rl}
① & N_2(g) + O_2(g) \rightarrow \cancel{2NO(g)}, \quad \triangle H^\circ_1 = 180.7 kJ/mol \\
+\ ② & \cancel{2NO(g)} + O_2(g) \rightarrow 2NO_2(g), \quad \triangle H^\circ_2 = -112 kJ/mol \\
\hline
& N_2(g) + 2O_2(g) \rightarrow 2NO_2(g), \quad \triangle H^\circ = +68.7 kJ/mol
\end{array}
$$

반응식 ①, ②를 더하면 $N_2(g) + 2O_2(g) \rightarrow 2NO_2(g)$ 반응식이 된다.
반응식을 더하여 구한 반응식의 반응 엔탈피는 각 반응식의 반응 엔탈피를 더한 값과 같다.

정답 68.7kJ/mol

6. CH_4의 표준 생성 엔탈피($\triangle H_f^\circ$)를 구하시오.

①	$H_{2(g)} + \dfrac{1}{2}O_{2(g)} \rightarrow H_2O_{(g)}$	$H_1^\circ = -286 kJ$
②	$C_{(s)} + O_{2(g)} \rightarrow CO_{2(g)}$	$H_2^\circ = -394 kJ$
③	$CH_{4(g)} + 2O_{2(g)} \rightarrow CO_{2(g)} + 2H_2O_{(g)}$	$H_3^\circ = -890 kJ$

$C_{(s)} + 2H_{2(g)} \rightarrow CH_{4(g)}$, $\triangle H_f^\circ$

해설

$$
\begin{array}{rl}
2\times① & 2H_{2(g)} + O_{2(g)} \rightarrow 2H_2O_{(g)} \qquad\qquad 2H_1^\circ = -2\times286 kJ \\
+\ ② & C_{(s)} + O_{2(g)} \rightarrow CO_{2(g)} \qquad\qquad\qquad\ +H_2^\circ = -394 kJ \\
-\ ③ & CO_{2(g)} + 2H_2O_{(g)} \rightarrow CH_{4(g)} + 2O_{2(g)} \quad -H_3^\circ = 890 kJ \\
\hline
& C(s) + 2H_{2(g)} \rightarrow CH_{4(g)} \qquad\qquad\quad \triangle H_f^\circ = -76 kJ \text{ (발열 반응)}
\end{array}
$$

정답 −76kJ

1-10 ─○ 상규칙(상률)

(1) 상규칙

화학에서 평형 상태인 닫힌계에서의 자유도와 컴포넌트, 상의 수에 관한 규칙

(2) 자유도

① 상의 수가 변하지 않도록(즉, 존재하던 상이 없어지거나 새로운 상이 생기지 않게) 독립적으로 변화시킬 수 있는 세기 변수의 수

② 자유도 계산

$$F=2+C-P-R-S$$

F : 자유도
2 : 온도, 압력 변수
C : 화학종의 수
P : 상의 수
R : 반응식의 수
S : 특별 조건

예제 ▶ **자유도**

7. $CaCO_3(s) \rightarrow CaO(s)+CO_2(g)$ 반응의 자유도 수는?

해설 $F=2+C-P-R-S=2+3-3-1=1$

정답 1

8. 진공용기 내에서 $CaCO_3(s)$가 완전 분해되어 $CaO(s)$와 $CO_2(g)$가 생성된 경우의 자유도 수는?

해설 $F=2+C-P-R-S=2+2-2-0-0=2$

정답 2

9. 액체 상태의 물과 벤젠이 층 분리되어 있고, 2성분은 모두 기-액 평형을 이루고 있다. 물과 벤젠을 제외한 다른 성분은 없다고 가정할 때 자유도의 수는?

해설 $F=2+C-P-R-S=2+2-3-0-0=1$

정답 1

연습문제

1. 열역학 1법칙

단답형

2017년 지방직 9급 추가채용 화학공학일반

01 경로(path)에 무관한 것으로만 묶은 것은?

① 깁스 에너지, 내부 에너지, 엔트로피

② 엔트로피, 일, 엔탈피

③ 열량, 깁스 에너지, 엔탈피

④ 엔탈피, 내부 에너지, 열량

정답 ①

정리 상태 함수와 경로 함수

구분	상태 함수	경로 함수
정의	• 처음 상태에서 나중 상태로 가는 경로와 상관없는 함수 • 계의 처음과 나중 상태에만 의존하는 함수	• 처음 상태에서 나중 상태로 가는 경로에 따라 값이 변하는 함수
예	내부 에너지(U), 엔탈피(H), 엔트로피(S), 자유 에너지(G), 평형상수(K)	열(q), 일(w)

2016 국가직 9급 화학공학일반

02 어떤 순물질 100g을 −30℃의 고체 상태에서 액체 상태를 거쳐 150℃의 기체 상태로 변환하는 데 필요한 열량을 계산할 때, 필요한 자료가 아닌 것은?

① 기체 상수　　　　　　　② 용융 잠열

③ 증발 잠열　　　　　　　④ 비열

해설 고체에서 액체, 액체에서 기체로 상변화하였으므로, 잠열(용융 잠열, 증발 잠열)을 고려해야 한다.

온도가 변화했으므로 현열을 고려해야 한다($q = cm \triangle t$).

정답 ①

(정리) 열의 종류

(1) 현열(sensible heat)
- 물질의 상태 변화를 일으키지 않고 온도 변화만 일으키는 열
- 온도만 변화시키고, 상태 변화는 없다.

(2) 잠열
- 물질의 상태를 변화시키기 위해 흡수 혹은 방출시키는 열
- 상태 변화에만 사용되고, 온도 변화는 없다.

장답형

2016 서울시 9급 화학공학일반

03 상률(phase rule)을 적용할 때, 다음 평형계의 자유도가 가장 작은 경우는?

① 얼음과 물의 혼합물
② 응축수와 평형 상태에 있는 습한 공기(건조 공기는 한 개의 성분으로 간주한다.)
③ 총 4가지 성분의 탄화수소 기-액 혼합물
④ 단일 반응 $H_2 + Br_2 \rightleftarrows 2HBr$이 평형에 도달하여 H_2, Br_2 및 HBr 가스가 혼합되어 있는 계

(해설) 자유도

① $F = 2 + 1 - 2 = 1$
② $F = 2 + 2 - 2 = 2$
③ $F = 2 + 4 - 2 = 4$
④ $F = 2 + 3 - 1 - 1 = 3$

(정답) ①

(정리) 자유도 계산

$$F = 2 + C - P - r - s$$

F : 자유도
2 : 온도, 압력 변수
C : 화학종의 수
P : 상의 수
r : 반응식의 수
s : 특별 조건

2018년 서울시 9급 화학공학일반

04 반응열에 대한 설명 중에서 옳은 것을 <보기>에서 모두 고른 것은?

┤ 보기 ├

ㄱ. 온도 T에서 $\Delta H_r(T)$의 값이 음이면 흡열 반응임을 의미하고, 양이면 발열 반응임을 의미한다.

ㄴ. A → B에 대한 $\Delta H°_r$는 2A → 2B에 대한 $\Delta H°_r$ 값의 절반이다.

ㄷ. 표준 반응열은 반응에 참여하는 각 성분의 표준 생성열로부터 계산할 수 있다.

① ㄱ, ㄴ   ② ㄱ, ㄷ   ③ ㄴ, ㄷ   ④ ㄱ, ㄴ, ㄷ

해설 ㄱ. 온도 T에서 $\Delta H_r(T)$의 값이 음이면 발열 반응임을 의미하고, 양이면 흡열 반응임을 의미한다.

정답 ③

정리 반응열(반응 엔탈피, ΔH)

반응	발열 반응	흡열 반응
반응 엔탈피(ΔH)	−	+
엔탈피(H)	감소	증가
반응열(Q)	+	−
주변 온도	증가	감소

정리 반응 엔탈피의 계산

(1) 표준 생성 엔탈피로 계산

화학 반응이 일어날 때 엔탈피 변화량

$$\Delta H = (생성물질의 \ 표준 \ 생성 \ 엔탈피) - (반응 물질의 \ 표준 \ 생성 \ 엔탈피)$$

(2) 결합 에너지로 계산

$$반응 \ 엔탈피 = (반응물의 \ 결합 \ 엔탈피의 \ 합) - (생성물의 \ 결합 \ 엔탈피의 \ 합)$$
$$\Delta H° = \sum n_r \Delta H_b°_{(반응물)} - \sum n_p \Delta H_b°_{(생성물)}$$

(3) 활성화 에너지로 계산

$$반응 \ 엔탈피 = (정반응의 \ 활성화 \ 에너지) - (역반응의 \ 활성화 \ 에너지)$$

계산형

2015 서울시 9급 화학공학일반

05 Gibbs 상률을 적용할 때 기체, 액체, 고체가 동시에 존재하는 물(H_2O)의 열역학적 상태를 규정하기 위한 자유도(degree of freedom)는 몇 개인가?

① 0　　　　　　　　　　　② 1
③ 2　　　　　　　　　　　④ 3

해설 자유도
$$F = 2 + C - P - r - s = 2 + 1 - 3 = 0$$

정답 ①

2017 국가직 9급 화학공학일반

06 액체 상태의 물과 벤젠이 층 분리되어 있고 2성분은 모두 기-액 평형을 이루고 있다. 물과 벤젠을 제외한 다른 성분은 없다고 가정할 때 자유도(degree of freedom)의 수는?

① 0　　　　　　　　　　　② 1
③ 2　　　　　　　　　　　④ 3

해설 자유도
$$F = 2 + C - P - r - s = 2 + 2 - 3 = 1$$

정답 ②

2017 지방직 9급 추가채용 화학공학일반

07 피스톤 주위의 압력이 0일 때 피스톤이 팽창 운동을 하면서 20kJ의 열을 주위로 방출하였다. 이때 피스톤 내부 에너지의 변화는?

① 변화 없음　　　　　　　② 20kJ 증가
③ 20kJ 감소　　　　　　　④ 40kJ 증가

해설 내부 에너지
$$\triangle U = Q + W = Q - (P \triangle V) = -20$$

정답 ③

2016 지방직 9급 화학공학일반

08 공기 100g의 온도를 20℃에서 50℃까지 승온하기 위해 필요한 열량(kcal)은? (단, 압력 변화는 없으며, 공기의 정압 비열(C_p)은 0.24kcal/kg·℃이다.)

① 0.24   ② 0.56

③ 0.72   ④ 1.20

해설 열

$$Q = cm \triangle T = 0.24 \times 0.1 \times (50 - 20) = 0.72 \, \text{kcal}$$

정답 ③

2018 지방직 9급 화학공학일반

09 100℃의 금속 조각 0.5kg을 물 1kg이 들어 있는 비커에 넣었더니 물 온도가 18℃에서 20℃로 증가하였다. 금속 조각의 열용량(J/g·℃)은? (단, 비커는 완전히 단열되어 있고, 물과 금속 조각의 체적 변화는 없으며, 물의 열용량은 4J/g·℃이다.)

① 0.2   ② 0.4

③ 0.6   ④ 0.8

해설 열평형

열평형 상태이므로

$$Q_1 = Q_2$$

$$c_1 m_1 \triangle T_1 = c_2 m_2 \triangle T_2$$

$$c_1 \times 500 \times (100 - 20) = 4 \times 1,000 \times (20 - 18)$$

$$\therefore \quad c_1 = 0.2 \, \text{J/g} \cdot ℃$$

정답 ①

10 다음과 같은 성질을 가진 오일 A와 오일 B를 각각 10kg · min⁻¹, 20kg · min⁻¹의 유량으로 혼합하여 펌프오일을 생산한다. 제조 공정에 열의 유출입이 없고, 정상 상태가 유지될 때 생산 제품인 펌프오일 흐름의 온도(℃)는? (단, 생산 제품인 펌프오일의 열용량은 2.9kJ · kg⁻¹ · K⁻¹이며, 모든 흐름에서의 기준 온도는 25℃로 한다.)

구분	열용량($kJ \cdot kg^{-1} \cdot K^{-1}$)	온도(℃)
오일 A	2	100
오일 B	4	115

① 120 ② 125
③ 115 ④ 130

해설 열평형

열평형 상태이므로

$Q_1 + Q_2 = Q$

$c_1 m_1 \triangle T_1 + c_2 m_2 \triangle T_2 = c(m_1 + m_2) \triangle T$

$2 \times 10 \times (100 - 25) + 4 \times 20 \times (115 - 25) = 2.9 \times 30 \times (t - 25)$

$\therefore t = 125℃$

정답 ②

11 탄소, 수소, 산소만으로 구성된 유기화합물의 연소 생성물이 $CO_2(g)$와 $H_2O(l)$일 때, n-부탄(C_4H_{10}) 가스의 표준 생성열(kJ/mol)은? (단, $CO_2(g)$, $H_2O(l)$의 표준 생성열은 각각 -393 및 -285kJ/mol이며, n-부탄(C_4H_{10}) 가스의 연소열은 -2877 kJ/mol이다.)

① -80 ② -100 ③ -120 ④ -140

해설 반응 엔탈피 계산 1 - 표준 생성 엔탈피

$C_4H_{10} + \dfrac{13}{2} O_2(g) \rightarrow 4CO_2(g) + 5H_2O(l)$

$\triangle H = \sum H°_{f, 생성} - \sum H°_{f, 반응}$

$-2877 = (4 \times (-393) + 5 \times (-285)) - H°_{f, C_4H_{10}}$

$\therefore H°_{f, C_4H_{10}} = -120 kJ/mol$

정답 ③

2016 서울시 9급 화학공학일반

12 다음의 표준 상태 엔탈피 값을 이용하여 <보기> 반응의 표준 상태 엔탈피(kJ/mol)를 구하면?

- $4Cu(s) + O_2(g) \rightarrow 2Cu_2O(s)$　　　　・$\triangle H° = -333.4kJ/mol$

- $Cu(s) + \dfrac{1}{2}O_2(s) \rightarrow CuO(s)$　　　　・$\triangle H° = -155.2kJ/mol$

┤ 보기 ├

$$2Cu_2O(s) + O_2(s) \rightarrow 4CuO(s)$$

---

① 143.7kJ/mol　　　　　　　② 287.4kJ/mol

③ −143.7kJ/mol　　　　　　④ −287.4kJ/mol

해설 헤스의 법칙

$$-① \quad \bigg| \quad 2Cu_2O(s) \rightarrow 4Cu(s) + O_2(g)$$

$$+4 \times ② \quad \bigg| \quad Cu(s) + \frac{1}{2}O_2(s) \rightarrow CuO(s)$$

$$\bigg| \quad 2Cu_2O(s) + O_2(s) \rightarrow 4CuO(s) \qquad \triangle H$$

$$\therefore \ \triangle H = -\triangle H_①° + 4\triangle H_②° = -(-333.4) + 4(-155.2) = -287.4 \, kJ/mol$$

정답 ④

13 반응 (가)와 (나)의 표준 생성열(standard heat of formation)이 다음과 같을 때, 반응 (다)의 표준 반응열(standard heat of reaction)(kcal/mol)은?

> (가) $C(s) + O_2(g) \rightarrow CO_2(g)$, $\Delta H_f° = -94.1 kcal/mol$
>
> (나) $C(s) + \frac{1}{2}O_2(g) \rightarrow CO(g)$, $\Delta H_f° = -26.4 kcal/mol$
>
> (다) $CO(g) + \frac{1}{2}O_2(g) \rightarrow CO_2(g)$

① -41.3　　　　　　② -67.7
③ 41.3　　　　　　　④ 67.7

해설 헤스의 법칙

$+$① $C(s) + O_2(g) \rightarrow CO_2(g)$

$-$② $CO(g) \rightarrow C(s) + \frac{1}{2}O_2(g)$

———————————————————————

$\qquad CO(g) + \frac{1}{2}O_2(g) \rightarrow CO_2(g) \qquad \Delta H$

$\therefore \Delta H = \Delta H_1 - \Delta H_2 = (-94.1) - (-26.4) = -67.7 kcal/mol$

정답 ②

2 순수한 유체의 부피 특성

2-1 ○ 이상기체

1 기체 분자 운동론

① 기체 입자는 끊임없이 움직인다.

② 기체 분자 입자 자체의 부피는 없다.

- 기체 분자들은 서로 멀리 떨어져 있어서 기체 분자의 부피는 용기의 부피보다 무시할 정도로 작다.

③ 기체 분자들은 계속해서 무질서하게 직선 운동을 하면서 용기의 벽과 다른 분자들에 충돌한다.

④ 충돌이 일어나도 기체 분자들의 총에너지는 변하지 않는다(완전 탄성 충돌).

⑤ 분자 간의 힘이 작용하지 않는다(인력, 반발력 없음).

- 기체 분자들은 서로 간의 거리가 멀어 분자 간의 인력과 반발력이 작용하지 않는다.

⑥ 기체의 운동은 기체의 종류에 상관없다.

⑦ 평균 운동 에너지는 절대 온도만 비례한다.

2 이상기체

① 기체 분자 운동론에 잘 맞아들어가는 기체

② 기체 관련 법칙이 잘 적용되는 기체

3 이상기체에 잘 적용되는 기체 관련 법칙

구분	조건	공식
보일의 법칙	T 일정, $P \propto \dfrac{1}{V}$	$PV = nRT = 일정(상수)$ $P_1V_1 = P_2V_2 = k$
샤를의 법칙	P 일정, $T \propto V$	$PV = nRT$ $\dfrac{V}{T} = \dfrac{nR}{P} = 일정(상수)$ $\dfrac{V_1}{T_1} = \dfrac{V_2}{T_2} = k$
보일 샤를의 법칙	P, T 모두 변함 nR 일정	$PV = nRT$ $\dfrac{VP}{T} = nR = 일정(상수)$ $\dfrac{P_1V_1}{T_1} = \dfrac{P_2V_2}{T_2} = k$
아보가드로 법칙	온도, 압력 일정	기체 종류 관계없이 1mol의 부피는 일정 예 • 수소 $1mol = 22.4L = 2g$ • 질소 $1mol = 22.4L = 28g$
이상기체 방정식		• 이상기체 방정식 $PV = nRT$ • 이상기체 상수(R) $R = \dfrac{PV}{nT} = \dfrac{1atm \times 22.4L}{1mol \cdot 273K} \fallingdotseq 0.082 atm \cdot L/mol \cdot K$ $\qquad = 8.3145 J/mol \cdot K = 1.987 cal/mol \cdot K$
부분 압력 법칙		• 전체 압력 $= \sum$ 부분 압력 $P = P_1 + P_2 + P_3 + \cdots = \dfrac{n_1RT}{V} + \dfrac{n_2RT}{V} + \cdots$ $\qquad = (n_1 + n_2 + \cdots)\left(\dfrac{RT}{V}\right) = n_{전체}\left(\dfrac{RT}{V}\right)$ • 부분 압력 $=$ 몰분율 $\times$ 전체 압력 $P_1 = x_1 P_t = \dfrac{n_1}{\sum n_i} P_t$
그레이험의 법칙 (확산 속도 법칙)		• 같은 온도와 압력에서 기체의 확산 속도는 분자량이나 밀도의 제곱근에 반비례 $\dfrac{U_1}{U_2} = \sqrt{\dfrac{M_2}{M_1}} = \sqrt{\dfrac{d_2}{d_1}}$
기체 분자의 운동 에너지		$E_k = \dfrac{3}{2}kT = \dfrac{1}{2}mv^2 \left(단, \ k = \dfrac{R}{N_A}\right)$

2-2 ○ 이상기체와 실제기체의 비교

1 이상기체와 실제기체의 비교

비교	이상기체	실제기체
입자 자체 부피	입자 자체 부피=0	입자 자체 부피≠0
충돌과 에너지	완성 탄성 충돌 충돌로 인한 에너지 손실=0 에너지 불변	완성 탄성 충돌 아님 충돌로 인한 에너지 손실≠0 에너지 감소
분자의 질량	있음	있음
분자 간의 힘	분자 간의 힘 없음	분자 간의 힘 있음 −분자 간 인력과 반발력 작용함
기체의 법칙	완전 일치	고온, 저압에서 일치
이상기체 방정식 적용	적용됨	그대로 적용 안 됨
액화의 가능성	액화 안 됨	액화됨

2 실제기체가 이상기체에 가까울 조건

① 비극성 기체일수록

② 분자량이 작을수록(분자 크기가 작을수록)

③ 압력이 낮을수록

④ 온도가 높을수록

압축성 기체가 1에 가깝고, 이상기체에 가깝다.

3 압축성 인자 (Z)

(1) 압축성 인자

① 이상기체와 실제기체의 부피비

② 실제기체와 이상기체의 차이를 나타낸 수치

$$Z = \frac{V_{실제}}{V_{이상}} = \frac{PV}{nRT}$$

구분	Z<1	Z=1	Z>1
이상기체와 비교	$V_{실제} < V_{이상}$	$V_{실제} = V_{이상}$	$V_{실제} > V_{이상}$
분자 간의 힘	반발력<인력	반발력=인력	반발력>인력

(2) 압축성 인자와 압력

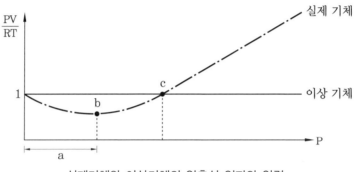

실제기체와 이상기체의 압축성 인자와 압력

a구간	분자 간 인력만 작용
b점	분자 반발력 작용 시작
c점	분자 간 인력=반발력 (이상기체처럼 거동)
c점 이후 구간	압력 증가 → 분자 간 거리 감소 → 분자 간 반발력 증가 → Z 증가

(3) 압축성 인자와 온도

온도가 높을수록 압축성 인자가 1에 가깝고, 이상기체에 가깝다.

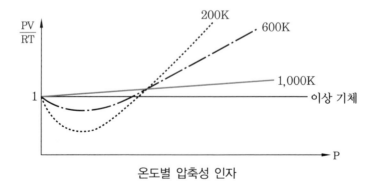

온도별 압축성 인자

4 비리얼 계수

① 분자 간 상호 작용을 나타낸 값

② 온도에 관한 함수

③ 영향 인자 : 혼합물, 온도, 조성 등

$$Z = \frac{PV_m}{RT} = 1 + BP + CP^2 + \cdots$$

$$\qquad = 1 + \frac{B}{V_m} + \frac{C}{V_m^2} + \cdots$$

B : 2개 분자 간 상호 작용

C : 3개 분자 간 상호 작용

V_m : 단위 부피

5 반데르발스 방정식

실제기체에 적용하기 위해 이상기체 방정식을 보정한 식

(1) 원리

실제기체는 기체 간 힘(인력과 반발력) 기체 입자 자체의 부피 때문에 이상기체 방정식에 바로 적용할 수 없으므로 보정이 필요하다.

압력의 보정	• 분자 간 인력 때문에 측정된 압력은 실제 압력보다 작게 측정된다.
부피의 보정	• 실제기체는 입자 자체에 부피가 있다. • 실제 그 기체가 운동할 수 있는 부피는 용기의 부피보다 작다.

(2) 반데르발스 방정식

$$\left(P + a\left(\frac{n}{V} \right)^2 \right)(V - nb) = nRT$$

$$\left(P + \frac{a}{V_m^2} \right)(V_m - b) = RT$$

P : 측정 압력

V : 용기의 부피

a : 실제기체 분자 사이에 작용하는 힘을 보정하는 인자(분자 간 인력 보정)

b : 기체 분자 자체의 부피를 보정하는 인자(분자의 크기, 분자 간 척력 보정)

극성이 작을수록, 분자의 크기가 작을수록, 분자량이 작을수록

→ a, b의 수치가 0에 가깝다(이상기체에 가까움).

(3) 대응 상태의 원리

㈎ 반데르발스 방정식의 임계점

$$P = \frac{RT}{V-b} - \frac{a}{V^2}$$

$$\frac{dP}{dV} = -\frac{RT}{(V-b)^2} + \frac{2a}{V^3} = 0$$

$$\frac{d^2P}{dV^2} = \frac{2RT}{(V-b)^3} - \frac{6a}{V^4} = 0$$

반데르발스 방정식을 2번 미분하여 임계점을 구하면

- 임계 부피 $\qquad V_c = 3b$
- 임계 압력 $\qquad P_c = \dfrac{a}{27b^2}$
- 임계 온도 $\qquad T_c = \dfrac{8a}{27Rb}$
- 압축성 인자의 임계값 $Z_c = \dfrac{P_c V_c}{RT_c} = \dfrac{3}{8}$

㈏ 대응 상태의 원리

① 환산값 : 실제기체의 종류에 상관없이 사용할 수 있는 값

② 대응 상태의 원리는 단원자 분자, 구조가 단순한 분자에 잘 맞아들어간다.

- 환산 부피 $V_r = \dfrac{V}{V_c}$
- 환산 압력 $P_r = \dfrac{P}{P_c}$
- 환산 온도 $T_r = \dfrac{T}{T_c}$
- $\left(P_r + \dfrac{3}{V_r^2}\right)(3V_r - 1) = 8T_r$

2-3 ─o 상도(Phase diagram)

1 PT 선도

압력과 온도가 변할 때 물질의 상(Phase)을 나타낸 곡선

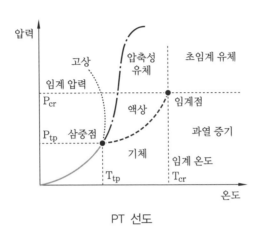

PT 선도

구분	명칭	특징
A–B	기화선 (증기 압력 곡선)	• 액체와 기체가 평형 상태(공존)
A–D	응고선(용융선)	• 고체와 액체가 평형 상태(공존)
A–C	승화선	• 고체와 기체가 평형 상태(공존)
A점	삼중점	• 기체, 액체, 고체가 평형 상태(공존) • 삼중점 이하 압력에서는 온도가 변해도 승화만 일어난다.
B점	임계점	• 기체와 액체가 평형을 유지할 수 있는 최대 온도와 압력 • 임계 온도와 증기 입력 곡선이 만나는 점

(1) 임계 온도(Critical temperature, T_c)

① 물질이 액체로 존재할 수 있는 최고 온도

② 임계온도에서는 압력을 아무리 높여도 액화가 되지 않음

(2) 임계 압력(Critical pressure, P_c)

임계 온도에서 기체를 액화시키는 데 필요한 최소 압력

(3) 초임계 유체

① $T \geqq T_c$, $P \geqq P_c$일 때 발생
② 기체와 액체의 물성이 같아지면서 계면의 구분이 없는 상태
③ 기체와 액체를 구분할 수 없다.
④ 기체와 액체의 중간 성질을 보인다.

(4) 물과 이산화탄소의 PT 선도 비교

구분	물의 상평형 곡선	이산화탄소의 상평형 곡선
용융 곡선	• **음의 기울기**(음의 용융 곡선) → 고체 밀도<액체 밀도	• **양의 기울기**(양의 용융 곡선) → 고체 밀도>액체 밀도
삼중점 위치	• 0.01℃, 0.06atm	• −56.6℃, 5.1atm
대기압에서의 상변화	• 삼중점이 대기압보다 낮음 → 대기압 상태에서 온도 변화에 　따라 고체, 액체, 기체로 변함 • 어는점(녹는점) : 0℃, 　끓는점 : 100℃	• 삼중점이 대기압보다 높음 → 대기압 상태에서 온도 변화에 　따라 고체, 기체로만 변함(승 　화만 발생함) • 승화점 : −78℃

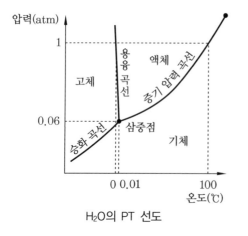

H₂O의 PT 선도

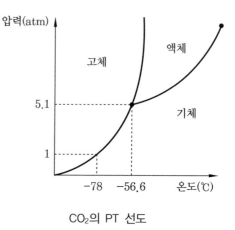

CO₂의 PT 선도

2 PV 선도

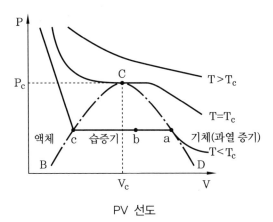

PV 선도

조건	구분	상태
	$T=T_C$ 선 위	• 임계 상태 • 2상(기체, 액체)이 분리되는 점이 없다.
$T=T_C$	C점	• **임계점** • 임계 부피(V_C), 임계 압력(P_C) 발생 • 포화 액체와 포화 증기가 만나는 점 • 반데르발스식에서 $\left(\dfrac{\partial P}{\partial V}\right)_{T_c}=0,\ \left(\dfrac{\partial^2 P}{\partial V^2}\right)_{T_c}=0$ • 변곡점
$T_C>T$	$T_C>T$ 선 위	• 2상(기체, 액체)이 분리되는 점이 있다.
	$\overset{\frown}{BC}$선	• 끓는점(기화점)의 포화 액체 상태
	$\overset{\frown}{CD}$선	• 끓는점(기화점)의 포화 증기 상태
	ac 구간	• **습증기** 상태(기체 액체 평형 및 공존) • 압력 일정, 온도 일정 • c→a로 갈수록 증기압 증가

연습문제

2. 순수한 유체의 부피 특성

장답형

2016 국가직 9급 화학공학일반

01 실제기체 상태를 나타내는 식으로 다음과 같은 반데르발스식이 널리 사용된다.

$$\left(P + \frac{a}{V_m^2}\right)(V_m - b) = RT$$

이때 $\frac{a}{V_m^2}$와 b는 이상기체 상태식, $PV_m = RT$로부터 무엇을 보정해 주는 인자인가? (단, V_m은 몰 부피이다.)

$\dfrac{a}{V_m^2}$	b
① 분자 간 인력	분자 간 척력
② 분자 간 척력	분자 간 인력
③ 분자 간 인력	분자 간 인력
④ 분자 간 척력	분자 간 척력

정답 ①

정리 반데르발스 방정식

$\left(P + a\left(\dfrac{n}{V}\right)^2\right)(V - nb) = nRT$ $\left(P + \dfrac{a}{V_m^2}\right)(V_m - b) = RT$	P : 측정 압력 V : 용기의 부피 a : 실제기체 분자 사이에 작용하는 힘을 보정하는 인자(분자 간 인력 보정) b : 기체 분자 자체의 부피를 보정하는 인자 (분자의 크기, 분자 간 척력 보정

극성이 작을수록, 분자의 크기가 작을수록, 분자량이 작을수록
→ a, b의 수치가 0에 가깝다(이상기체에 가까움).

2018년 서울시 9급 화학공학일반

02 〈보기 1〉의 압력(P)−부피(V) 상도에 대한 설명으로 옳은 것을 〈보기 2〉에서 모두 고르시오.

┤보기 1├

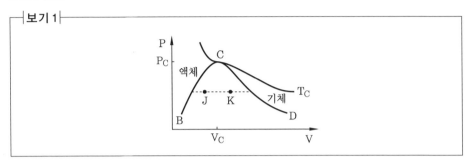

┤보기 2├

ㄱ. K지점이 J지점보다 온도가 높다.

ㄴ. BCD 곡선에서 왼쪽 절반(B에서 C)은 기화 온도에서 포화 액체를 나타낸다.

ㄷ. BCD 아래쪽은 기체와 액체의 혼합 영역이다.

ㄹ. 점 C에서 액상과 증기상의 성질이 같기 때문에 서로 구별할 수 없다.

① ㄱ, ㄴ

② ㄴ, ㄷ

③ ㄱ, ㄴ, ㄷ

④ ㄴ, ㄷ, ㄹ

해설 PV 선도

ㄱ. J, K지점은 온도, 압력이 동일하다.

정답 ④

CHAPTER 3

열 효과

3-1 ○ 열 효과

현열 효과	흡수(또는 방출)되는 열이 물질의 상태 변화를 일으키지 않고 온도 변화만 일으키는 것
잠열 효과	흡수(또는 방출)되는 열이 온도 변화 없이 물질의 상태만 변화시키는 것
반응열	화학 반응 시 발생하는 열 출입

3-2 ○ 이상기체의 열용량

1 정적 열용량 (C_V)

내부 에너지 $dU = dq + dW = dq - P \cdot dV$ 에서

가역적 닫힌계에서 $dW = -PdV$

정적 상태(부피가 일정한 상태) 조건이면 $dV = 0$ 이므로

내부 에너지 $U = q_V$

열 $q_V = C_V \triangle T = c_V n \triangle T$ 이므로,

$dU = dq_V = C_V \cdot dT$

$\therefore \ C_V = \left(\dfrac{\partial U}{\partial T} \right)_V$

$$C_V = \left(\dfrac{\partial U}{\partial T} \right)_V$$

$$\triangle U = q_V$$

$$= \frac{3}{2}nR\triangle T$$

$$= \frac{3}{2}nR(T_2 - T_1)$$

$$= \frac{3}{2}(P_2V_2 - P_1V_1)$$

$$\triangle U = q_V = nc_V\triangle T = \frac{3}{2}nR\triangle T \text{이므로}$$

1mol의 이상기체라면 (n＝1)

$$\therefore \ C_v = c_V = \frac{3}{2}R$$

$$C_v = \frac{3}{2}R$$

2 정압 열용량 (C_P)

정압 상태(압력이 일정한 상태)에서

$H = U + PV$ 이므로

$$dH = dU + d(PV)$$

$$= dU + V \cdot dP + P \cdot dV$$

$$= dU + P \cdot dV$$

$$= q_P$$

열 $q_P = C_P\triangle T = c_P n\triangle T$ 이므로

$$dH = dq_P = C_P \cdot dT$$

$$\therefore \ C_P = \left(\frac{\partial H}{\partial T}\right)_P$$

$$C_P = \left(\frac{\partial H}{\partial T}\right)_P = \left(\frac{\partial U}{\partial T}\right)_P + P\left(\frac{\partial V}{\partial T}\right)_P$$

이상기체 $1mol$은 $PV = RT$ 이므로

$$C_P = \left(\frac{\partial U}{\partial T}\right)_P + P\left(\frac{\partial V}{\partial T}\right)_P$$

$$= C_V + P \cdot \frac{R}{P}$$

$$= C_V + R$$

$$= \frac{5}{2}R$$

$$C_P = C_v + R = \frac{5}{2}R$$

3 내부 에너지 변화($\triangle U$)

상태 변화와 반응이 없는 경우의 내부 에너지

$$dU = C_V dT$$

$$\triangle U = \int_{T_1}^{T_2} C_V \, dT = C_V \triangle T$$

4 엔탈피 변화($\triangle H$)

상태 변화와 반응이 없는 경우의 엔탈피

$$dH = C_P \, dT$$

$$\triangle H = \int_{T_1}^{T_2} C_P \, dT = C_P \triangle T$$

3-3 ○ 이상기체의 공정

1 정압 공정 (dP=0, △P=0)

내부 에너지	$\triangle U = Q + W = C_V \triangle T$
일	$W = - P \triangle V$
열	$\begin{aligned} Q &= \triangle U - W \\ &= \triangle U + P \triangle V \\ &= C_V \triangle T + R \triangle T \\ &= (C_V + R) \triangle T \\ &= \frac{5}{2} R \triangle T \end{aligned}$
엔탈피	$\triangle H = Q_P = C_P \triangle T$

2 정적 공정 (dV=0, △V=0)

내부 에너지	$\triangle U = Q + W = C_V \triangle T$
일	$W = - P \triangle V = 0$
열	$Q = \triangle U$
엔탈피	$\triangle H = Q_P = C_P \triangle T$

3 등온 공정 ($\triangle$ T=0, $\triangle$ U=0)

내부 에너지	$\triangle U = Q + W = C_V \triangle T = 0$
일	$-W = Q = RT \ln \dfrac{V_2}{V_1} = RT \ln \dfrac{P_1}{P_2}$
열	$Q = -W$
엔탈피	$\triangle H = Q_P = C_P \triangle T = 0$

4 단열 공정 (Q=0)

내부 에너지	$\triangle U = Q + W = C_V \triangle T = W$
일	$W = \triangle U$
열	$Q = 0$
엔탈피	$\triangle H = C_P \triangle T$
V, T 관계식	$T_1 V_1^{\gamma - 1} = T_2 V_2^{\gamma - 1}$
P, T 관계식	$T_1 P_1^{\frac{1-\gamma}{\gamma}} = T_2 P_2^{\frac{1-\gamma}{\gamma}}$
P, V 관계식	$P_1 V_1^{\gamma} = P_2 V_2^{\gamma}$

(1) V, T 관계식

$$dU = dW$$

$$C_V dT = -P \cdot dV$$

$$C_V dT = -RT\frac{1}{V}dV$$

$$\int_{T_1}^{T_2} \frac{1}{T}dT = -\frac{R}{C_V}\int_{V_1}^{V_2}\frac{1}{V}dV$$

$$\ln\frac{T_2}{T_1} = -\frac{R}{C_V}\ln\frac{V_2}{V_1}$$

$$\frac{T_2}{T_1} = \left(\frac{V_2}{V_1}\right)^{-\frac{R}{C_V}}$$

$$\frac{T_2}{T_1} = \left(\frac{V_2}{V_1}\right)^{-\frac{R}{C_V}} = \left(\frac{V_1}{V_2}\right)^{\frac{R}{C_V}}$$

$$\frac{R}{C_V} = \gamma - 1 \text{ 이므로}$$

$$\frac{T_2}{T_1} = \left(\frac{V_2}{V_1}\right)^{1-\gamma} = \left(\frac{V_1}{V_2}\right)^{\gamma-1}$$

$$T_1 V_1^{\gamma-1} = T_2 V_2^{\gamma-1}$$

$$\frac{T_2}{T_1} = \left(\frac{V_2}{V_1}\right)^{-\frac{R}{C_V}} = \left(\frac{V_1}{V_2}\right)^{\frac{R}{C_V}}$$

$$\frac{T_2}{T_1} = \left(\frac{V_2}{V_1}\right)^{1-\gamma} = \left(\frac{V_1}{V_2}\right)^{\gamma-1}$$

$$T_1 V_1^{\gamma-1} = T_2 V_2^{\gamma-1}$$

(2) P, T 관계식

$$dU = C_V dT = (C_P - R)dT$$

$$dW = -P \cdot dV$$

$$= -P\left[\left(\frac{\partial V}{\partial T}\right)_P dT + \left(\frac{\partial V}{\partial P}\right)_T dP\right]$$

$$= -P\left[\frac{R}{P}dT - \frac{RT}{P^2}dP\right]$$

$$= -RdT + \frac{RT}{P}dP$$

$$dU = dW$$

$$(C_P - R)dT = -RdT + \frac{RT}{P}dP$$

$$C_P dT = \frac{RT}{P}dP$$

$$\int_{T_1}^{T_2} \frac{1}{T}dT = \frac{R}{C_P}\int_{P_1}^{P_2}\frac{1}{P}dP$$

$$\ln\frac{T_2}{T_1} = \frac{R}{C_P}\ln\frac{P_2}{P_1}$$

$$\frac{T_2}{T_1} = \left(\frac{P_2}{P_1}\right)^{\frac{R}{C_P}}$$

한편, $\dfrac{R}{C_P} = \dfrac{C_P - C_V}{C_P} = 1 - \dfrac{1}{\gamma} = \dfrac{\gamma - 1}{\gamma}$

$$\frac{T_2}{T_1} = \left(\frac{P_2}{P_1}\right)^{\frac{R}{C_P}} = \left(\frac{P_2}{P_1}\right)^{\frac{\gamma-1}{\gamma}}$$

$$= \left(\frac{P_1}{P_2}\right)^{-\frac{R}{C_P}} = \left(\frac{P_1}{P_2}\right)^{\frac{1-\gamma}{\gamma}}$$

$$\frac{T_2}{T_1} = \left(\frac{P_1}{P_2}\right)^{\frac{1-\gamma}{\gamma}}$$

$$T_1 P_1^{\frac{1-\gamma}{\gamma}} = T_2 P_2^{\frac{1-\gamma}{\gamma}}$$

$$\frac{T_2}{T_1} = \left(\frac{P_2}{P_1}\right)^{\frac{R}{C_P}}$$

$$\frac{T_2}{T_1} = \left(\frac{P_2}{P_1}\right)^{\frac{\gamma-1}{\gamma}} = \left(\frac{P_1}{P_2}\right)^{\frac{1-\gamma}{\gamma}}$$

$$T_1 P_1^{\frac{1-\gamma}{\gamma}} = T_2 P_2^{\frac{1-\gamma}{\gamma}}$$

(3) P, V 관계식

$$dU = dW$$

$$C_V dT = -P \cdot dV$$

한편, $C_P dT = V \cdot dP$ 이므로

$$\therefore \frac{C_P}{C_V} = -\frac{V \cdot dP}{P \cdot dV}$$

$$\int_{P_1}^{P_2} \frac{1}{P} dP = -\frac{C_P}{C_V} \int_{V_1}^{V_2} \frac{1}{V} dV$$

$$\ln \frac{P_2}{P_1} = -\frac{C_P}{C_V} \ln \frac{V_2}{V_1}$$

$$\frac{P_2}{P_1} = \left(\frac{V_2}{V_1}\right)^{-\frac{C_P}{C_V}} = \left(\frac{V_2}{V_1}\right)^{-\gamma} = \left(\frac{V_1}{V_2}\right)^{\gamma}$$

$$\therefore \ P_1 V_1^{\gamma} = P_2 V_2^{\gamma}$$

$$\frac{P_2}{P_1} = \left(\frac{V_2}{V_1}\right)^{-\frac{C_P}{C_V}} = \left(\frac{V_1}{V_2}\right)^{\frac{C_P}{C_V}}$$

$$\frac{P_2}{P_1} = \left(\frac{V_2}{V_1}\right)^{-\gamma} = \left(\frac{V_1}{V_2}\right)^{\gamma}$$

$$P_1 V_1^{\gamma} = P_2 V_2^{\gamma}$$

(4) 비열비(γ)

㈎ 적용 조건

① 비열 일정

② 단열 팽창 또는 단열 압축 조건

③ 이상기체

㈏ 비열비

$$\gamma = \frac{C_P}{C_V} = \frac{C_V + R}{C_V} = 1 + \frac{R}{C_V}$$

P, V 관계식	$\dfrac{P_2}{P_1} = \left(\dfrac{V_1}{V_2}\right)^{\gamma}$	$P_1 V_1^{\gamma} = P_2 V_2^{\gamma}$
V, T 관계식	$\dfrac{T_2}{T_1} = \left(\dfrac{V_1}{V_2}\right)^{\gamma - 1}$	$T_1 V_1^{\gamma - 1} = T_2 V_2^{\gamma - 1}$
P, T 관계식	$\dfrac{T_2}{T_1} = \left(\dfrac{P_1}{P_2}\right)^{\frac{1-\gamma}{\gamma}}$	$T_1 P_1^{\frac{1-\gamma}{\gamma}} = T_2 P_2^{\frac{1-\gamma}{\gamma}}$

5 폴리트로픽 공정

폴리트로픽 공정은 4가지 공정을 한 가지 공식으로 사용할 수 있게 변환한 것이다.

(1) 폴리트로픽 공정의 경로

구분	정압 공정	등온 공정	정적 공정	단열 공정
n 크기	n=0	n=1	n=±∞	n=γ

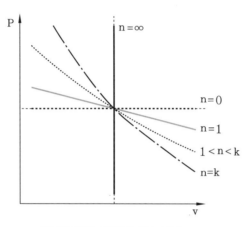

폴리트로픽 공정의 PV 선도

(2) 폴리트로픽 공정 관계식

구분	단열 공정 관계식	폴리트로픽 공정 관계식
P, V 관계	$P_1 V_1^{\gamma} = P_2 V_2^{\gamma}$	$PV^n = $ 일정
V, T 관계	$T_1 V_1^{\gamma-1} = T_2 V_2^{\gamma-1}$	$TV^{n-1} = $ 일정
P, T 관계	$T_1 P_1^{\frac{1-\gamma}{\gamma}} = T_2 P_2^{\frac{1-\gamma}{\gamma}}$	$TV^{\frac{1-n}{n}} = $ 일정

연습문제

계산형

2015 서울시 9급 화학공학일반

01 어떤 기체의 열용량 C_P는 다음과 같은 온도의 함수이다. ($C_P[\text{J/mol} \cdot \text{K}] = 10 + 0.02T$) T의 단위는 K이다. 동일 압력에서 이 기체의 온도가 127℃에서 227℃로 증가할 때 단위 몰당 엔탈피(J/mol) 변화는?

① 20 ② 110

③ 1,900 ④ 2,100

해설

$$\triangle H = \int_{T_1}^{T_2} C_P \, dT$$

$$= \int_{400}^{500} 10 + 0.02 \, T \, dT = 1,900$$

정답 ③

정리 엔탈피 변화($\triangle H$)

상태 변화와 반응이 없는 경우의 엔탈피

$$\triangle H = \int_{T_1}^{T_2} C_P \, dT$$

2018 서울시 9급 화학공학일반

02 <보기>의 기상 반응은 25℃에서의 발열 반응이다. 이 반응을 800℃에서 실시할 때, 발열 반응인지 여부와 반응열은? (단, 반응물의 25℃와 800℃에서의 평균 비열은 $\overline{C}_{P,A}$ = 20J/mol·K, $\overline{C}_{P,B}$ = 30J/mol·K, $\overline{C}_{P,C}$ = 70J/mol·K로 계산한다.)

┤ 보기 ├

$$A + B \xrightarrow{k_1} C, \qquad \triangle H_{R,298K} = -15kJ$$

① 발열 반응, –500J

② 발열 반응, –1,500J

③ 흡열 반응, 500J

④ 흡열 반응, 1,500J

해설

$$H(T_2) = \triangle H_{T_1} + \triangle C_P(T_2 - T_2)$$
$$= -15,000 + \{70 - (20+30)\} \times (1,073 - 298)$$
$$= 500\,J$$

$\triangle H(T_2) > 0$이므로, 흡열반응임

정답 ③

정리 온도 변화에 따른 엔탈 피변화

$$H(T_2) = H(T_1) + \triangle H$$
$$= H(T_1) + \left(\sum n_p C_{P_p}(T_2 - T_1) - \sum n_r C_{P_r}(T_2 - T_1)\right)$$

2016 국가직 9급 화학공학일반

03 이상기체 거동을 보이는 단원자 기체의 비열비(γ)는? (단, $\gamma = C_P/C_V$로 C_P는 정압 비열, C_V는 정적 비열을 나타내며, $C_V = \frac{3}{2}R$, R은 기체 상수이다.)

① 1.33

② 1.40

③ 1.67

④ 2.12

해설 $\gamma = \dfrac{C_P}{C_V} = 1 + \dfrac{R}{\frac{3}{2}R} = \dfrac{5}{3} = 1.67$

정답 ③

정리 비열비

$$\gamma = \frac{C_P}{C_V} = \frac{C_V + R}{C_V} = 1 + \frac{R}{C_V}$$

CHAPTER

4 열역학 2법칙

4-1 ─○ 열역학 제2법칙

(1) 엔트로피(S)

정의	• 자발적 과정의 방향을 알려주는 상태 함수 • 무질서도
단위	• J/K
의의	• 변화의 방향, 자발적 과정의 방향을 알려준다. • 자발적 변화는 엔트로피 증가 방향으로 진행된다.

(2) 일정한 압력 상태의 엔트로피의 변화

$$dS_{주위} = \frac{dq_{주위}}{T_{주위}} = \frac{-dH_{계}}{T_{주위}}$$

$$\triangle S_{주위} = \frac{q_{주위}}{T_{주위}} = \frac{-\triangle H_{계}}{T_{주위}}$$

① 계가 열을 많이 방출할수록 주위의 엔트로피는 증가한다.

② 계가 같은 양의 열을 방출했다면, 주위 온도가 낮을수록 주위 엔트로피가 크게 증가한다.

(3) 열역학 제2법칙

우주(고립계)의 엔트로피가 증가하는 변화(반응)가 항상 자발적이다.

$$\triangle S_{계} + \triangle S_{주위} = \triangle S_{우주}$$

$\triangle S_{우주} > 0$ (자발적 변화)

$\triangle S_{우주} = 0$ (가역적 변화)

$\triangle S_{우주} < 0$ (비자발적 변화)

(4) 공정별 엔트로피

공정 구분	엔트로피
등온 팽창 ($\triangle T = 0$)	$\triangle S = \int \dfrac{dq_{가역}}{T} = \dfrac{1}{T} \int dq_{가역} = \dfrac{q_{가역}}{T}$ $\triangle S = \dfrac{Q}{T} = R \ln \dfrac{V_2}{V_1}$
단열 팽창 ($Q = 0$)	$\triangle S = \dfrac{Q_P}{T} = 0$
상전이	• 발열 반응(액화, 응축, 냉각)일 때 : $\triangle S < 0$ • 흡열 반응(기화, 용융)일 때 : $\triangle S > 0$

(5) 이상기체의 엔트로피 변화

$$dU = dq + dW = dq - PdV$$

$H = U + PV$이므로

$$dH = dU + PdV + VdP$$

$$dH = (dq - PdV) + PdV + VdP$$

$$= dq + VdP$$

$$\therefore \ dq = dH - VdP$$

위 식을 T로 나누면

$$\frac{dq}{T} = \frac{dH}{T} - \frac{VdP}{T}$$

$$dS = \frac{dq}{T} = \frac{dH}{T} - \frac{VdP}{T}$$

$$\therefore \ dS = \frac{C_P dT}{T} - \frac{R}{P} dP \left(\because \ \frac{R}{P} = \frac{V}{T} \right)$$

위 식을 적분하면

$$\triangle S = C_P \int_{T_1}^{T_2} \frac{dT}{T} - \int_{P_1}^{P_2} \frac{R}{P} dP$$

$$= C_P \ln \frac{T_2}{T_1} - R \ln \frac{P_2}{P_1}$$

$$\triangle S = C_P \ln \frac{T_2}{T_1} - R \ln \frac{P_2}{P_1}$$

(6) 온도 변화 시 엔트로피 변화

$$\triangle S = \int \frac{dq}{T}$$

상태	엔트로피
등압 공정 $(\triangle P = 0)$	$$\triangle S = \int \frac{dq_{가역}}{T} = \int \frac{C_P}{T} dT$$ $$\therefore \ S_2 = S_1 + C_P \ln \frac{T_2}{T_1}$$
등적 공정 $(\triangle V = 0)$	$$\triangle S = \int \frac{dq_{가역}}{T} = \int \frac{C_V}{T} dT$$ $$\therefore \ S_2 = S_1 + C_V \ln \frac{T_2}{T_1}$$

4-2 ·o 열기관

열을 실제 일을 할 수 있는 역학적(기계적) 에너지(또는 일)로 바꾸어 주는 장치

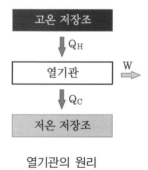

열기관의 원리

1 열기관 효율

열을 100% 일로 전환하는 장치는 없다.

$$\eta = \frac{\text{수행 일}}{\text{공급 열}} = \frac{|W|}{|Q_H|} = \frac{|Q_H| - |Q_C|}{|Q_H|} = 1 - \frac{|Q_C|}{|Q_H|} = 1 - \frac{|T_C|}{|T_H|}$$

2 카르노 (Carnot) 사이클

(1) 카르노 기관

① 이상기체를 작동 물질로 사용하는 가상의 열기관

② 열효율 100%인 가장 이상적인 열기관

(2) 가정

① 단원자 이상기체

② 분자 간의 마찰이 없다.

③ 외부로 손실되는 열이 없다.

(3) 카르노 사이클

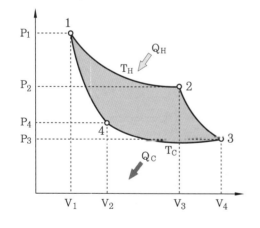

카르노 사이클의 PV 선도

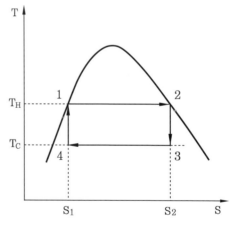

카르노 사이클의 TS 선도

구분	공정 구분	정리
1 → 2	가역 등온 팽창 ($\triangle T=0$)	$$\triangle U = C_V \triangle T = 0$$ $$\triangle H = C_P \triangle T = 0$$ $$-W = Q = RT\ln\frac{V_2}{V_1} = RT\ln\frac{P_1}{P_2}$$ $$\triangle S = \frac{Q}{T} = R\ln\frac{V_2}{V_1}$$ • 부피 증가($V_1 \rightarrow V_2$)　　• 온도 일정(T_H)
2 → 3	가역 단열 팽창 ($Q=0$)	$$\triangle U = C_V \triangle T = C_V(T_C - T_H)$$ $$\triangle H = C_P \triangle T = C_P(T_C - T_H)$$ $$-W = -\triangle U = -C_V(T_C - T_H)$$ $$Q = 0$$ $$\triangle S = \frac{Q}{T} = 0$$ • 부피 증가($V_2 \rightarrow V_3$)　　• 온도 감소($T_H \rightarrow T_C$)
3 → 4	가역 등온 압축 ($\triangle T=0$)	$$\triangle U = C_V \triangle T = 0$$ $$\triangle H = C_P \triangle T = 0$$ $$-W = Q = RT\ln\frac{V_4}{V_3}$$ $$\triangle S = \frac{Q}{T} = R\ln\frac{V_4}{V_3}$$ • 부피 감소($V_3 \rightarrow V_4$)　　• 온도 일정(T_C)
4 → 1	가역 단열 압축 ($Q=0$)	$$\triangle U = C_V \triangle T = C_V(T_H - T_C)$$ $$\triangle H = C_P \triangle T = C_P(T_H - T_C)$$ $$-W = -\triangle U = -C_V(T_H - T_C)$$ $$Q = 0$$ $$\triangle S = \frac{Q}{T} = 0$$ • 부피 감소($V_4 \rightarrow V_1$)　　• 온도 증가($T_C \rightarrow T_H$)

| 4-3 | ──o **열역학 관계식 정리** |

1 　열역학 관계식

- 내부 에너지(U)　　　　　　　　$U = Q + W$
- 엔탈피(H)　　　　　　　　　　$H = U + PV$
- 헬름홀츠 자유 에너지(A)　　　$A = U - TS$
- 깁스 자유 에너지(G)　　　　　$G = H - TS$

The 알아보기　　자유 에너지

1. 정의
   실제 일로 변환될 수 있는 에너지

2. 종류

헬름홀츠 자유 에너지 (Helmholtz free energy)	부피가 일정한 상태(등적 상태, $dV = 0$)에서의 자유 에너지
깁스 자유 에너지	압력이 일정한 상태(등압 상태, $dP = 0$)에서의 자유 에너지

2 　열역학 미분 관계식

- 내부 에너지(U)　　　　　　　　$dU = TdS - PdV$
- 엔탈피(H)　　　　　　　　　　$dH = TdS + VdP$
- 헬름홀츠 자유 에너지(A)　　　$dA = -PdV - SdT$
- 깁스 자유 에너지(G)　　　　　$dG = VdP - SdT$

(1) 내부 에너지

$U = Q + W$

$dU = dQ + dW$

$dU = TdS - PdV$

$$S = \frac{Q}{T}$$

$$\therefore dQ = TdS$$

$$W = -P\triangle V$$
$$dW = -PdV - VdP$$

정압 상태에서 $VdP = 0$ 이므로

$$\therefore \ dW = -PdV$$

$$dU = TdS - PdV$$

(2) 엔탈피

$$H = U + PV$$

$$dH = dU + PdV + VdP$$

$$= (TdS - PdV) + PdV + VdP$$

$$= TdS + VdP$$

$$dH = TdS + VdP$$

(3) 헬름홀츠 자유 에너지(A)

$$A = U - TS$$

$$dA = dU - TdS - SdT$$

$$= (TdS - PdV) - TdS - SdT$$

$$= -PdV - SdT$$

$$dA = -PdV - SdT$$

(4) 깁스 자유 에너지(G)

$$G = H - TS$$

$$dG = dH - TdS - SdT$$

$$= (TdS + VdP) - TdS - SdT$$

$$= VdP - SdT$$

$$dG = VdP - SdT$$

3 열역학적 성질 - 맥스웰 방정식 적용

(1) 맥스웰 방정식의 개요

① 열역학적 함수를 2개의 변수에 대해 순차로 미분했을 때의 값이 같다는 것을 이용한 관계식

② 상태 함수(U, H, G, A)에 적용

③ 상태 함수 F(x,y)일 때 아래의 관계가 성립한다.

$$dF = \left(\frac{\partial F}{\partial x}\right)_y dx + \left(\frac{\partial F}{\partial y}\right)_x dy$$

$$dF = M\,dx + N\,dy$$
$$M = \left(\frac{\partial F}{\partial x}\right)_y, \quad N = \left(\frac{\partial F}{\partial y}\right)_x$$

$$\frac{\partial^2 F}{\partial x\,\partial y} = \frac{\partial^2 F}{\partial y\,\partial x}$$

$$\left(\frac{\partial M}{\partial y}\right)_x = \left(\frac{\partial N}{\partial x}\right)_y$$

(2) 열역학적 성질 - 맥스웰 방정식 적용

① 내부 에너지

$$dU = T\,dS - P\,dV$$

$\left(\dfrac{\partial M}{\partial y}\right)_x = \left(\dfrac{\partial N}{\partial x}\right)_y$ 이므로 M=T, N=P, x=S, y=V

$$\left(\frac{\partial T}{\partial V}\right)_S = -\left(\frac{\partial P}{\partial S}\right)_V$$

② 엔탈피

$$dH = T\,dS + V\,dP$$

$\left(\dfrac{\partial M}{\partial y}\right)_x = \left(\dfrac{\partial N}{\partial x}\right)_y$ 이므로 M=T, N=V, x=S, y=P

$$\left(\frac{\partial T}{\partial P}\right)_S = \left(\frac{\partial V}{\partial S}\right)_P$$

③ 헬름홀츠 자유 에너지(A)

$dA = -PdV - SdT$

$\left(\dfrac{\partial M}{\partial y}\right)_x = \left(\dfrac{\partial N}{\partial x}\right)_y$ 이므로 M=P, N=S, x=V, y=T

$$\left(\dfrac{\partial P}{\partial T}\right)_V = \left(\dfrac{\partial S}{\partial V}\right)_T$$

④ 깁스 자유 에너지(G)

$dG = VdP - SdT$

$\left(\dfrac{\partial M}{\partial y}\right)_x = \left(\dfrac{\partial N}{\partial x}\right)_y$ 이므로 M=V, N=S, x=P, y=T

$$\left(\dfrac{\partial V}{\partial T}\right)_P = -\left(\dfrac{\partial S}{\partial P}\right)_T$$

4 열역학적 성질 - 변수의 함수 형태로 표현

함수(변수)	열역학적 성질의 관계식
H=H(T,P)	• $dH = \left(\dfrac{\partial H}{\partial T}\right)_P dT + \left(\dfrac{\partial H}{\partial P}\right)_T dP$ • $dH = C_P dT + \left[V - T\left(\dfrac{\partial V}{\partial T}\right)_P\right] dP$
S=S(T,P)	• $dS = \left(\dfrac{\partial S}{\partial T}\right)_P dT + \left(\dfrac{\partial S}{\partial P}\right)_T dP$ • $dS = C_P \dfrac{dT}{T} - \left(\dfrac{\partial V}{\partial T}\right)_P dP$
U=U(T,V)	• $dU = \left(\dfrac{\partial U}{\partial T}\right)_P dT + \left(\dfrac{\partial U}{\partial V}\right)_T dV$ • $dH = C_V dT + \left[T\left(\dfrac{\partial P}{\partial T}\right)_V - P\right] dV$
S=S(T,V)	• $dS = \left(\dfrac{\partial S}{\partial T}\right)_V dT + \left(\dfrac{\partial S}{\partial V}\right)_T dV$ • $dS = C_V \dfrac{dT}{T} + \left(\dfrac{\partial P}{\partial T}\right)_P dV$

연습문제 4. 열역학 2법칙

장답형

2018 서울시 9급 화학공학일반

01 물질의 기본적 성질에 대한 미분형 관계식으로 가장 옳은 것은? (단, H= 엔탈피, U= 내부 에너지, S= 엔트로피, G= 깁스 에너지, A= 헬름홀츠 에너지, P= 압력, V = 부피, T= 절대온도이다.)

① $dU = TdS - VdP$
② $dH = TdS - VdP$
③ $dA = -SdT - PdV$
④ $dG = SdT + VdP$

정답 ③

정리 ■ 열역학 관계식

• 내부 에너지(U)	$U = Q + W$
• 엔탈피(H)	$H = U + PV$
• 헬름홀츠 자유 에너지(A)	$A = U - TS$
• 깁스 자유 에너지(G)	$G = H - TS$

■ 열역학 미분관계식

• 내부 에너지(U)	$dU = TdS - PdV$
• 엔탈피(H)	$dH = TdS + VdP$
• 헬름홀츠 자유 에너지(A)	$dA = -PdV - SdT$
• 깁스 자유 에너지(G)	$dG = VdP - SdT$

계산형

2015 서울시 9급 화학공학일반

02 80.6℉의 방에서 가동되는 냉장고를 5℉로 유지한다고 할 때, 냉장고로부터 2.5kcal의 열량을 얻기 위하여 필요한 최소 일의 양은 몇 J인가? (단, 1 cal = 4.18 J이다.)

① 1,398 J   ② 1,407 J

③ 1,435 J   ④ 1,463 J

해설 열효율

(1) 열효율

$$℃ = \frac{5}{9}(℉ - 32)$$

$$\therefore \ 80.6℉ = 27℃, \ 5℉ = -15℃$$

$$\eta = 1 - \frac{|T_C|}{|T_H|} = 1 - \frac{273 - 15}{273 + 27} = 0.14$$

(2) 필요한 일의 양

$$\eta = \frac{|W|}{|Q_H|}$$

$$\therefore \ |W| = \eta|Q_H| = 0.14 \times 2.5 = 0.35 \text{kcal}$$

- 단위환산 : $0.35\text{kcal} \times \dfrac{1,000\text{cal}}{1\text{kcal}} \times \dfrac{4.18\text{J}}{1\text{cal}} = 1,463\text{J}$

정답 ④

CHAPTER 5 동력 생성

5-1 ○ 열기관(heat engines)

열(heat)을 일(work)로 변환시키는 장치

(1) 열기관 원리

① 고온열이 들어가 저온열로 배출

② 고온과 저온의 열 차이만큼 일을 생산

열기관의 원리

(2) 열효율

① 열기관의 성능을 나타내는 척도

② 공급된 열에너지가 일에너지로 변환된 비율

③ $0 < \eta < 1$

5-2 ──○ 수증기 동력 사이클

수증기가 가진 열에너지를 운동 에너지로 전환시키는 기관(수증기 동력 플랜트)의 동력 사이클

1 카르노 사이클과 랭킨 사이클 비교

구분	카르노 사이클	랭킨 사이클
상변화	• 없음(기상) • 잠열 열출입 없음	• 있음(액상–기상) • 잠열 열출입 동반
과정	• 정온 팽창 → 단열 팽창 → 정온 압축 → 단열 압축	• 단열 압축 → 정압 가열 → 단열 팽창 → 정압 방열
열 출입 과정	• 정온 상태에서 열출입 발생 • 정온 팽창(열 흡수) • 정온 압축(열 방출)	• 정압 상태에서 열 출입 발생 • 정압 가열(열 흡수) • 정압 방열(열 방출)
특징	• 이론적(실현 불가능) • 효율 최대	• 상용 사이클 • 카르노 사이클보다 효율 낮음 • 정온에서 열출입이 발생하여 기상–액상 및 혼합상 영역이 존재

2 랭킨 (Rankine) 사이클

(1) 특징

① 카르노 사이클을 실현 가능하게 변형한 사이클

② 유체가 기상–액상의 상변화를 동반하는 열기관(잠열 출입 있음)

③ 열 출입 과정

정압에서 발생(고압에서 액이 증발하면서 열을 흡수, 압에서 증기가 응축되면서 열을 방출함)

④ 실제 사용되고 있는 사이클

⑤ 카르노 기관의 부식 및 펌프 오작동 문제가 없다.

⑥ 카르노 기관보다 열효율이 낮다(열 유입량과 열 방출량 차이가 큼).

(2) 구성

① 증발기(보일러, 과열기, 재열기) : 동작하는 유체가 그 열원으로부터 열에너지를 얻기 위한 장치
② 터빈 : 동력을 만들어 일을 하는 장치
③ 응축기 : 저열원에 열을 방출하기 위한 장치
④ 펌프

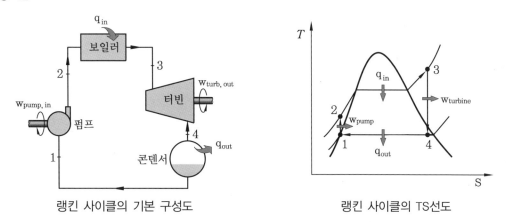

랭킨 사이클의 기본 구성도   랭킨 사이클의 TS선도

구분	운전 기관	공정	특징
1 → 2	펌프(pump)	단열 압축	• 포화 액체 → 과냉각된 액체(압축 수) • 온도 증가 • 부피 감소
2 → 3	증발기(boiler)	정압 가열 (q 흡수)	• 액체 → 기체(건포화 증기) →기체(과열 증기) • 온도 일정 • 엔트로피 증가
3 → 4	터빈(turbine)	단열 팽창	• 기체(과열 증기) → 포화 기체(응축 시작) • 온도 감소 • 부피 증가
4 → 1	응축기(condenser)	정압 방열 (q 방출)	• 포화 기체(응축 시작) → 액체 • 온도 일정 • 엔트로피 감소

(3) 실제 랭킨 사이클의 수행일

$$수행일 = 터빈의\ 발생동력_{3→4} - 응축기\ 소비동력_{4→1}$$
$$|W| = |Q_H| - |Q_C|$$

5-3 ┄o 내연 기관

1 오토 (Otto) 기관

가솔린 내연 기관의 이상적인 열역학 사이클

(1) 특징

① 정적 사이클
② 4행정 불꽃 점화 엔진의 공기 표준 열역학적 이상 사이클
③ 유체가 기상에서만 사용되는 열기관(잠열 출입 없음)
④ 열의 출입 과정은 두 가지 정온 상태에서 발생(고온에서 저온으로 열을 방출할 때일 발생)
⑤ 이론적, 이상적, 가역 사이클
⑥ 이론적으로는 두 온도차에서 구동되는 내연 기관 중 효율이 가장 높다.
⑦ **점화 방식으므로 실제 압축비에 한계가 있다.**

(2) 4행정 사이클

① 흡입 : 흡기 밸브가 열려 연료가 혼합된 공기가 연소실로 유입
② 압축 : 유입된 공기와 연료 압축
③ 폭발 : 연료와 공기의 혼합 유체에 불꽃을 점화하여 폭발
④ 배기 : 연소된 배기가스를 배기 밸브를 통해 배출

(3) 오토 사이클

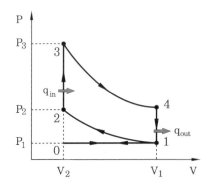

오토 사이클의 PV 선도

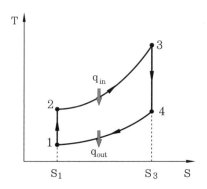

오토 사이클의 TS 선도

구분	공정	특징
0 → 1	흡입	• 공기 유입 • 연료 주입 • 부피 증가
1 → 2	단열 압축	• 온도 증가 ($T_1 \rightarrow T_2$) • 부피 감소 ($V_1 \rightarrow V_2$)
2 → 3	정적 가열 (점화, 연소, q 공급)	• 온도 증가 • 부피 일정 • 엔트로피 증가
3 → 4	단열 팽창	• 온도 감소 • 부피 증가 • 일 생산
4 → 1	정적 방열 (q 배출)	• 온도 감소 • 엔트로피 감소

(4) 오토 사이클의 열효율

① 열효율

정적 상태일 때

$$|Q_H| = C_V \triangle T = C_V(T_3 - T_2)$$

$$|Q_C| = C_V \triangle T = C_V(T_4 - T_1)$$

단열 상태일 때

$$\frac{T_1}{T_2} = \left(\frac{V_2}{V_1}\right)^{\gamma-1}, \quad \frac{T_4}{T_3} = \left(\frac{V_3}{V_4}\right)^{\gamma-1} \text{ 이고}$$

$$V_2 = V_3, \ V_1 = V_4 \text{ 이므로}$$

$$\therefore \ \frac{T_1}{T_2} = \frac{T_4}{T_3} = \left(\frac{V_2}{V_1}\right)^{\gamma-1}$$

$$\eta = 1 - \frac{|Q_C|}{|Q_H|}$$

$$= 1 - \frac{T_4 - T_1}{T_3 - T_2}$$

$$= 1 - \frac{T_4\left(1 - \dfrac{T_1}{T_4}\right)}{T_3\left(1 - \dfrac{T_2}{T_3}\right)} = 1 - \frac{T_4}{T_3}$$

$$= 1 - \left(\frac{V_2}{V_1}\right)^{\gamma-1} = 1 - \left(\frac{1}{\varepsilon}\right)^{\gamma-1}$$

한편

$$\eta = 1 - \frac{T_4 - T_1}{T_3 - T_2}$$

$$= 1 - \frac{\dfrac{P_4 V_4}{R} - \dfrac{P_1 V_1}{R}}{\dfrac{P_3 V_3}{R} - \dfrac{P_2 V_2}{R}} = 1 - \frac{P_4 V_4 - P_1 V_1}{P_3 V_3 - P_2 V_2} = 1 - \frac{V_1(P_4 - P_1)}{V_2(P_3 - P_2)}$$

$$= 1 - \varepsilon \frac{(P_4 - P_1)}{(P_3 - P_2)}$$

$$\eta = 1 - \frac{|Q_C|}{|Q_H|} = 1 - \frac{T_4 - T_1}{T_3 - T_2} = 1 - \left(\frac{V_1}{V_2}\right)^{\gamma-1}$$
$$= 1 - \left(\frac{1}{\varepsilon}\right)^{\gamma-1} = 1 - \varepsilon\left(\frac{P_4 - P_1}{P_3 - P_2}\right)$$

② 압축비

$$\varepsilon = \frac{V_1}{V_2} = \frac{V_4}{V_3}$$

③ 비열비

$$\gamma = \frac{C_P}{C_V}$$

2 디젤(Diesel) 기관

(1) 특징

① **정압 사이클**

② 4행정 압축 점화 엔진의 공기 표준 열역학적 이상 사이클

③ 같은 압축비일 때 오토 기관 효율 > 디젤 기관 효율

④ 높은 압축비에서 운전이 가능하고, 오토 기관보다 효율이 높다.

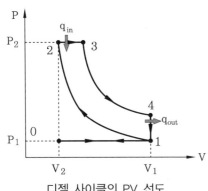

디젤 사이클의 PV 선도

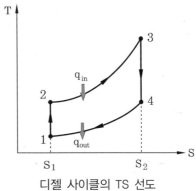

디젤 사이클의 TS 선도

구분	공정	특징
0 → 1	흡입	• 공기 주입 • 연료 주입 • 부피 증가
1 → 2	단열 압축	• 온도 증가 ($T_1 \rightarrow T_2$) • 부피 감소 ($V_1 \rightarrow V_2$) • 엔트로피 일정
2 → 3	정압 가열 (점화, 연소, q 공급)	• 온도 증가 • 부피 증가 • 엔트로피 증가
3 → 4	단열 팽창	• 온도 감소 • 부피 증가 • 엔트로피 일정 • 일 생산
4 → 1	정적 방열 (q 배출)	• 온도 감소 • 부피 일정 • 엔트로피 감소

(2) 디젤 사이클의 열효율

① 열효율

정압 상태일 때 $|Q_H| = C_P \triangle T = C_P(T_3 - T_2)$

정적 상태일 때 $|Q_C| = C_V \triangle T = C_V(T_4 - T_1)$

단열 과정$(1 \rightarrow 2)$일 때

$$\frac{T_2}{T_1} = \left(\frac{V_1}{V_2}\right)^{\gamma - 1} = \varepsilon^{\gamma - 1}$$

정압 과정$(2 \rightarrow 3)$일 때

$$\frac{V}{T} = \frac{nR}{P} = \text{ 일정하므로}$$

$$\therefore \ \frac{V_2}{T_2} = \frac{V_3}{T_3}$$

$$\therefore \ T_3 = \frac{V_3}{V_2}T_2 = \beta\left(\varepsilon^{\gamma - 1} \cdot T_1\right)$$

단열 과정$(3 \rightarrow 4)$일 때

$$\frac{T_4}{T_3} = \left(\frac{V_3}{V_4}\right)^{\gamma - 1} = \left(\frac{V_3}{V_2} \cdot \frac{V_2}{V_4}\right)^{\gamma - 1} = \left(\frac{V_3}{V_2} \cdot \frac{V_2}{V_1}\right)^{\gamma - 1} = \left(\frac{\beta}{\varepsilon}\right)^{\gamma - 1}$$

한편

$$\eta = 1 - \frac{|Q_C|}{|Q_H|}$$

$$= 1 - \frac{C_V(T_4 - T_1)}{C_P(T_3 - T_2)}$$

$$= 1 - \frac{1}{\gamma} \cdot \frac{(T_4 - T_1)}{(T_3 - T_2)}$$

$$= 1 - \frac{1}{\gamma} \cdot \frac{\left(\beta^\gamma \cdot T_1 - T_1\right)}{\left(\beta \cdot \varepsilon^{\gamma - 1} \cdot T_1 - \varepsilon^{\gamma - 1} \cdot T_1\right)}$$

$$= 1 - \frac{1}{\gamma} \cdot \frac{(\beta^\gamma - 1)}{\varepsilon^{\gamma - 1}(\beta - 1)}$$

$$\eta = 1 - \frac{|Q_C|}{|Q_H|} = 1 - \frac{1}{\gamma} \cdot \frac{(T_4 - T_1)}{(T_3 - T_2)} = 1 - \frac{1}{\gamma} \cdot \frac{(\beta^\gamma - 1)}{\varepsilon^{\gamma-1}(\beta-1)}$$

압축비(ε) 클수록, 단절비(β) 작을수록, 열효율 증가

② 압축비

$$\varepsilon = \frac{V_1}{V_2}$$

③ 정압 팽창비(단절비, 차단비, 초크비)

$$\beta = \frac{V_3}{V_2}$$

3 가스 터빈 기관

(1) 가스 터빈 기관의 개요

정의	연소가스의 흐름으로부터 에너지를 추출하는 회전 동력 기관
구성	압축기, 터빈, 연소실
원리	압축기에서 압축된 공기가 연료와 혼합되어 연소함으로써 고온 고압의 기체가 팽창하고, 이 힘을 이용하여 터빈을 구동
공정 순서	공기 주입 → 공기 압축 → 연료 주입 → 폭발 → 터빈 → 가스 배출
특징	• 왕복 기관보다 효율이 높다. • 터빈 유입 연소 가스 온도가 높을수록 효율 증가
이용	항공기, 기차, 선박, 발전기, 진차 등

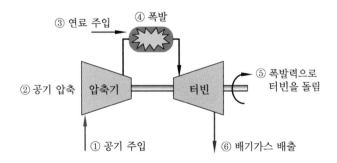

(2) 브레이튼 사이클 (Brayton cycle)

가스 터빈 기관의 열역학적 이상 사이클

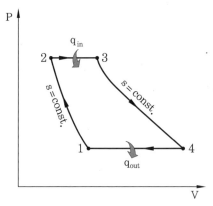

브레이튼 사이클의 PV 선도

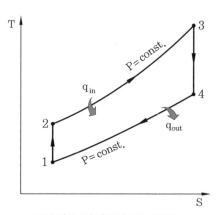

브레이튼 사이클의 TS 선도

구분	운전 기관	공정	특징
1 → 2	압축기 (compressor)	단열 압축	• 온도 증가 ($T_1 \rightarrow T_2$) • 부피 감소 ($V_1 \rightarrow V_2$) • 엔트로피 일정
2 → 3	연소실 (combustion)	정압 가열 (q 공급)	• 온도 증가 ($T_2 \rightarrow T_3$) • 부피 증가 ($V_2 \rightarrow V_3$) • 엔트로피 증가
3 → 4	터빈 (turbine)	단열 팽창	• 온도 감소 ($T_3 \rightarrow T_4$) • 부피 증가 ($V_3 \rightarrow V_4$) • 엔트로피 일정
4 → 1	배기 (exhaust gases)	정압 방열 (q 배출)	• 온도 감소 ($T_4 \rightarrow T_1$) • 부피 감소 ($V_4 \rightarrow V_1$) • 엔트로피 감소

(3) 가스 터빈 기관의 열효율

① 압력비(σ)

$P_2 = P_3$, $P_1 = P_4$ 이므로

$$\sigma = \frac{P_2}{P_1} = \frac{P_3}{P_4}$$

② 열효율

정압 상태일 때

$$|Q_H| = C_P \triangle T = C_P(T_3 - T_2)$$

$$|Q_C| = C_P \triangle T = C_P(T_4 - T_1)$$

단열 상태일 때

$$\frac{T_1}{T_2} = \left(\frac{P_1}{P_2}\right)^{\frac{\gamma-1}{\gamma}} , \quad \frac{T_3}{T_4} = \left(\frac{P_3}{P_4}\right)^{\frac{\gamma-1}{\gamma}} 이고$$

$P_2 = P_3, \ P_1 = P_4$ 이므로

$$\therefore \ \frac{T_1}{T_2} = \frac{T_4}{T_3} = \left(\frac{P_1}{P_2}\right)^{\frac{\gamma-1}{\gamma}}$$

$$\eta = \frac{|W|}{|Q_H|} = \frac{|Q_H| - |Q_C|}{|Q_H|} = 1 - \frac{|Q_C|}{|Q_H|}$$

$$= 1 - \frac{T_4 - T_1}{T_3 - T_2}$$

$$= 1 - \frac{T_4\left(1 - \dfrac{T_1}{T_4}\right)}{T_3\left(1 - \dfrac{T_2}{T_3}\right)} = 1 - \frac{T_4}{T_3}$$

$$= 1 - \left(\frac{P_1}{P_2}\right)^{\frac{\gamma-1}{\gamma}} = 1 - \left(\frac{1}{\sigma}\right)^{\frac{\gamma-1}{\gamma}}$$

$$\eta = \frac{|W|}{|Q_H|} = 1 - \frac{|Q_C|}{|Q_H|} = 1 - \frac{T_4 - T_1}{T_3 - T_2} = 1 - \frac{T_4}{T_3}$$

$$= 1 - \left(\frac{P_1}{P_2}\right)^{\frac{\gamma-1}{\gamma}} = 1 - \left(\frac{1}{\sigma}\right)^{\frac{\gamma-1}{\gamma}}$$

연습문제

계산형

2015 국가직 9급 화학공학일반

01 발전소에서는 과열된 수증기로 터빈을 돌려 전기를 생산한다. 만약 과열된 수증기의 온도가 750K이고, 터빈을 돌리고 난 후 최종적으로 배출될 때 온도가 250K이라면, 이 과정에서의 효율은? (단, 열손실은 없다고 가정하고, 효율은 소수점 이하 둘째 자리에서 반올림한다.)

① 33.3% ② 50.0%

③ 66.7% ④ 75.5%

해설 열효율

$Q_C = T_3 = 750K$

$Q_H = T_4 = 250K$

$$\eta = 1 - \frac{|Q_C|}{|Q_H|} = 1 - \frac{250}{750} = 0.667 = 66.7\%$$

정답 ③

2016 국가직 9급 화학공학일반

02 다음 그림은 공기를 사용한 이상적인 기체 터빈 기관(Brayton 사이클)의 P−V 선도를 나타낸다. 공정이 압력비(P_B/P_A) 4에서 가역적으로 운전될 때, 사이클의 효율은? (단, 공기는 일정한 비열을 갖는 이상기체이며, 공기의 정압 비열/정적 비열 = 2로 가정한다.)

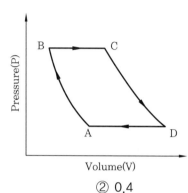

① 0.3   ② 0.4

③ 0.5   ④ 0.6

해설 기체 터빈 기관 – 열효율

$$\eta = 1 - \left(\frac{1}{\sigma}\right)^{\frac{\gamma-1}{\gamma}} = 1 - \left(\frac{1}{4}\right)^{\frac{2-1}{2}} = 1 - \frac{1}{2} = 0.5$$

정답 ③

CHAPTER

6

냉동과 액화

6-1 ─○ 열펌프

① 저온의 물체에서 높은 온도의 물체로 열을 전달하는 장치
② 고온과 저온 열 차이만큼 동력을 가해, 저온을 고온으로 변화하는 장치

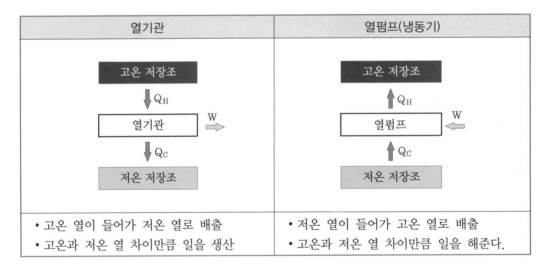

열기관	열펌프(냉동기)
• 고온 열이 들어가 저온 열로 배출 • 고온과 저온 열 차이만큼 일을 생산	• 저온 열이 들어가 고온 열로 배출 • 고온과 저온 열 차이만큼 일을 해준다.

6-2 ─○ 냉동기

1 냉동

주위 온도보다 더 낮은 온도를 유지하는 것

2 냉동기

① 증발하기 쉬운 액체(냉매)를 증발시켜 잠열을 주위에서 흡수하면서 주위의 온도를
   낮추는 기관
② 열펌프의 일종
③ 역카르노 사이클 장치
④ 작동 유체 : 냉매
⑤ 증기 압축식 냉동 사이클이 가장 많이 사용

3 냉매

(1) 냉매의 조건

① 증발 잠열이 커야 한다(열용량이 작아야 함).
② 증발기 온도에서 냉매 증기압은 대기압보다 높아야 한다.
③ 임계 온도가 상온 보다 높아야 한다.
④ 임계 압력이 최고 조작 압력보다 커야 한다.
⑤ 응축기 온도에서 증기압은 낮아야 한다.
⑥ 응고점, 어는점이 낮아야 한다.
⑦ 비열비가 작아야 한다.
⑧ 비체적이 작아야 한다.
⑨ 소요 동력이 작아야 한다.

(2) 냉매의 종류

① 암모니아
② 이산화탄소
③ 프로판
④ 염화메틸
⑤ 할로겐화 탄화수소

4 카르노 냉동기

(1) 특징

① 역카르노 사이클(역열기관 사이클)

② 저온에서 흡수된 열을 고온에서 외부로 연속적으로 방출한다.

③ 2가지 등온 과정, 2가지 단열 과정으로 구성

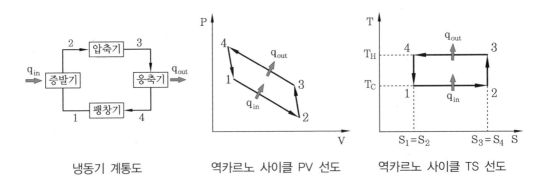

냉동기 계통도　　　　역카르노 사이클 PV 선도　　　　역카르노 사이클 TS 선도

(2) 역카르노 사이클

구분	운전 기관	공정	특징
1 → 2	증발기 (boiler)	등온 팽창 (열 흡수)	• 온도 일정 • **증발(액체 → 기체)** • 증발열로 **열 흡수** • **실제 냉동이 일어난다.**
2 → 3	압축기 (compressor)	단열 압축 (동력 공급)	• 부피 감소 • 온도 증가($T_2 \rightarrow T_3$) • 동력 공급 → 고온·고압 → 과열 기체 상태 • 엔트로피 일정
3 → 4	응축기 (condenser)	등온 압축 (열 방출)	• 응축(기체 → 액체) • 응축열로 열 방출 • 부피 감소
4 → 1	팽창 밸브	단열 팽창	• 온도 감소 • 엔트로피 일정

5 증기 압축 냉동 사이클

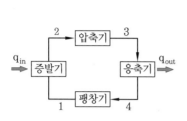

냉동기 계통도

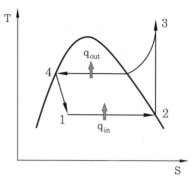

증기 압축 냉동 사이클 TS 선도

6-3 ── 성능계수

(1) 열펌프의 성능계수

$$\eta = \frac{\text{방출 열}}{\text{순 일}} = \frac{|Q_H|}{|W_{net}|} = \frac{|Q_H|}{|Q_H| - |Q_C|} = \frac{T_H}{T_H - T_C}$$

(2) 냉동기의 성능계수

$$\eta = \frac{\text{흡수 열}}{\text{순 일}} = \frac{|Q_C|}{|W_{net}|} = \frac{|Q_C|}{|Q_H| - |Q_C|} = \frac{T_C}{T_H - T_C}$$

연습문제

장답형

01 냉매 및 냉동 장치에 대한 설명으로 옳은 것은?

① 냉매의 증발 잠열은 작아야 한다.
② 증발기 온도에서 냉매의 증기압은 대기압보다 높아야 한다.
③ 응축기는 압축기에 의하여 고온, 고압으로 된 냉매를 증발시키는 장치이다.
④ 응축기 온도에서 증기압은 높을수록 좋다.

해설 ① 냉매의 증발 잠열은 커야 한다.
③ 압축기 : 고온, 고압으로 된 냉매를 증발시키는 장치
④ 응축기 온도에서 증기압은 낮아야 한다.

정답 ②

정리 냉매의 조건
• 증발 잠열이 커야 한다(열용량이 작아야 함).
• 증발기 온도에서 냉매 증기압은 대기압보다 높아야 한다.
• 임계 온도가 상온보다 높아야 한다.
• 임계 압력이 최고 조작 압력보다 커야 한다.
• 응축기 온도에서 증기압은 낮아야 한다.
• 응고점, 어는점이 낮아야 한다.
• 비열비가 작아야 한다.
• 비체적이 작아야 한다.
• 소요 동력이 작아야 한다.

계산형

2016 국가직 9급 화학공학일반

02 주위의 온도가 30℃이고, 온도 수준이 0℃인 냉동에 대하여 Carnot 냉동기의 성능계수(coefficient of performance)는?

① 0   ② 0.48
③ 9.10   ④ 11.13

해설 냉동기의 성능계수

$$\eta = \frac{T_C}{T_H - T_C} = \frac{273}{303 - 273} = 9.1$$

정답 ③

PART

6

반응 공학

CHAPTER 1

반응 공학의 기초

1-1 ○ 화학 반응의 분류

(1) 균일 반응과 불균일 반응

구분	균일 반응	불균일 반응
상(Phase)의 수	1개	2개 이상
예	• 기상 반응 : 연소, 폭발, 열분해 등 • 액상 반응 : 중화, 가수분해 등	• 액−액 반응 : 중합 반응 • 기−액 반응 : 염소화, 플루오르화, 수소 첨가 • 기−고 반응 : 석탄의 연소, 고체 산화 • 고−고 반응 : 시멘트 제조, 무기물 반응 • 기−액−고 반응 : 중유의 탈유 반응

(2) 단일 반응과 복합 반응

구분	단일 반응	복합 반응
반응 단계	1단계	2단계 이상
예	$A \rightarrow B$	• 연속 반응 • 평행 반응 • 연속−평행 반응

$$A \longrightarrow R \longrightarrow S$$

연속 반응

$$A \begin{array}{c} \nearrow R \\ \searrow S \end{array}$$

평행 반응

$$A \xrightarrow{+B} R \xrightarrow{+B} S$$

연속−평행 반응

(3) 기초 반응과 비기초 반응

구분	기초 반응	비기초 반응
반응 단계	반응속도식이 양론식과 일치 (반응차수＝계수)	반응속도식이 양론식과 일치 (반응차수≠계수)
예	• 반응식 : A+2B → C+D • 반응속도식 : $-r_A = kC_AC_B^2$	• 반응식 : A+2B → C+D • 반응속도식 : $-r_A \neq kC_AC_B^2$

(4) 촉매 반응과 비촉매 반응

구분	촉매	비촉매 반응
촉매 사용	촉매를 사용한 반응	촉매 없는 반응

(5) 가역 반응과 비가역 반응

구분	가역 반응	비가역 반응
반응의 방향	정반응과 역반응이 동시에 일어나는 반응	정반응만 일어나는 반응
예	대부분의 반응	기체 발생 반응 앙금 생성 반응 산염기 반응(중화 반응) 연소 반응

1-2 ──o 반응속도

(1) 반응속도

정의	화학 반응이 일어날 때 단위시간에 감소한 반응물질의 농도 또는 증가한 생성물질의 농도
단위	M/s, mol/L·s

(2) 원리

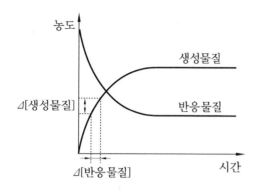

시간에 따른 농도의 변화

반응이 진행되면서 발생하는 변화

- 단위부피당 반응물질의 분자 수는 감소
- 단위부피당 생성물질의 분자 수는 증가
- 반응물질의 농도는 감소
- 생성물질의 농도는 증가

$$반응속도 = \frac{감소한\ 반응물질의\ 농도}{반응시간} = \frac{증가한\ 생성물질의\ 농도}{반응시간}$$

$$aA \quad \rightarrow \quad bB$$

$$반응속도 = \frac{\triangle 농도\ 변화량}{반응시간}$$

1-3 ─o 반응속도식

1 일반적인 반응속도식

반응식 : A → B일 때

(1) 반응속도

$$-r_A = -\frac{1}{V}\frac{dN_A}{dt}$$

$-r_A$: 반응물 반응(소멸)속도(mol/L·ses)
V : 부피(L)
N_A : 입자 수(mol)
t : 시간(sec)

(2) 생성속도

$$r_B = \frac{1}{V}\frac{dN_B}{dt}$$

r_B : 생성물 생성속도(mol/L·sec)
V : 부피(L)
N_B : 입자 수(mol)
t : 시간(sec)

(3) 반응속도 단위

M/s, $mol/L·s$

2 부피가 일정할 때 반응속도식 (정용 반응속도식)

반응식 : $aA + bB \xrightarrow{k} cC + dD$ 일 때

(1) 반응속도

부피가 일정하면

$N_A = C_A V$ 이므로

$$-r_A = -\frac{1}{V}\frac{dN_A}{dt} = -\frac{dC_A}{dt}$$

$$-r_A = -\frac{1}{V}\frac{dN_A}{dt} = -\frac{dC_A}{dt}$$

(2) 생성속도

$$r_C = \frac{1}{V}\frac{dN_C}{dt} = \frac{dC_C}{dt}$$

(3) 농도와 반응속도식

$$-r_A = -\frac{dC_A}{dt} = k_A C_A^{a'} C_B^{b'}$$

$$-r_B = -\frac{dC_B}{dt} = k_B C_A^{a'} C_B^{b'}$$

$$r_C = \frac{dC_C}{dt} = k_C C_A^{a'} C_B^{b'}$$

$$r_D = \frac{dC_D}{dt} = k_D C_A^{a'} C_B^{b'}$$

(4) 분압과 반응속도식

이상기체라면 기체 분압을 농도로 볼 수 있다.

$$P = \frac{n}{V} RT = CRT$$

$\hookrightarrow$ $C = \frac{n}{V} = \frac{P}{RT}$ 이므로

$$-r_A = -\frac{dC_A}{dt} = -\frac{1}{RT}\frac{dP_A}{dt} = kC_A^a C_B^b$$

$$= k\left(\frac{P_A}{RT}\right)^a \left(\frac{P_B}{RT}\right)^b = k\frac{1}{(RT)^{a+b}} P_A^a P_B^b$$

$$= k_P P_A^a P_B^b$$

단, $k = k_P (RT)^{a+b}$

CHAPTER 2

균일 반응속도론

2-1 ─○ 기초 반응의 반응속도식

1 기초 반응

① 기초 반응은 반응속도식이 화학 양론식과 일치한다.
② 반응식의 계수로 반응속도식이 결정된다.

2 반응속도식

반응식 : $aA + bB \xrightarrow{k} cC + dD$ 일 때

$$-r_A = -\frac{dC_A}{dt} = k_A C_A^a C_B^b$$

$$-r_B = -\frac{dC_B}{dt} = k_B C_A^a C_B^b$$

$$r_C = \frac{dC_C}{dt} = k_C C_A^a C_B^b$$

$$r_D = \frac{dC_D}{dt} = k_D C_A^a C_B^b$$

$$-\text{소멸속도}＝\text{생성속도}$$

$$\frac{-r_A}{a} = \frac{-r_B}{b} = \frac{r_C}{c} = \frac{r_D}{d}$$

3 반응차수와 분자도

① 반응차수는 실험으로 구하고, 각 성분의 계수도 다를 수 있다.
② 분자도는 기초 반응의 반응차수로, 각 성분의 반응차수는 각 성분의 계수와
   같다.

A에 대한 반응차수	a차
B에 대한 반응차수	b차
총괄 반응차수 (n)	(a+b)차

4 반응속도 상수 (k)

반응속도와 반응물질 농도의 비례 상수

(1) 특징

① 반응차수에 따라 반응속도 상수 단위가 달라진다.
② 농도에 영향을 받지 않는다.
③ 온도, 반응물질 종류에 따라 달라진다.

(2) 반응차수별 반응속도 상수 단위

반응차수	반응속도식	반응속도 상수(k) 단위
0차 반응 (n=0)	$-r_A = -\dfrac{dC_A}{dt} = k$	$mol/L \cdot s$
1차 반응 (n=1)	$-r_A = -\dfrac{dC_A}{dt} = kC_A$	$1/s$
2차 반응 (n=2)	$-r_A = -\dfrac{dC_A}{dt} = kC_A^2$	$L/mol \cdot s$
n차 반응	$-r_A = -\dfrac{dC_A}{dt} = kC_A^n$	$(mol/L)^{1-n} \cdot s^{-1}$

2-2	○ 가역 반응의 반응속도

(1) 가역 반응

가역 반응	• 정반응과 역반응이 모두 일어나는 반응
정반응	• 정반응 : 반응물질이 생성물질로 변하는 반응, 반응식에서 오른쪽으로 진행
역반응	• 역반응 : 생성물질이 반응물질로 변하는 반응, 반응식에서 왼쪽으로 진행

(2) 가역 반응의 반응속도

$$aA + bB \underset{k_{-1}}{\overset{k_1}{\rightleftharpoons}} cC + dD$$

• 정반응 속도 $-r_{정} = k_1 C_A^a C_B^b$

• 역반응 속도 $-r_{역} = k_{-1} C_C^c C_D^d$

(3) 화학 평형

반응이 진행되면서

① 반응물 농도는 점점 감소하고, 생성물 농도는 점점 증가하다가

② 화학 평형에 도달하면 **반응물과 생성물의 농도가 일정**해진다.

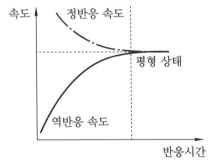

반응이 진행될 때 정반응과 역반응 속도

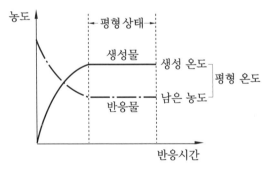

반응이 진행될 때 생성물과 반응물의 농도 변화

(4) 화학 평형에서 반응속도

정반응 속도 = 역반응 속도

$$-r_정 = -r_역$$

$$k_1 C_A^a C_B^b = k_{-1} C_C^c C_D^d$$

반응이 진행되면서

① 정반응 속도는 점점 감소하고, 역반응 속도는 점점 증가하다가

② 화학 평형에 도달하면(평형 상태가 되면) **정반응 속도와 역반응 속도가 같아진다.**

(5) 평형상수(K)

화학 반응이 평형 상태에 있을 때 생성물의 농도 곱과 반응물의 농도 곱의 비

$$K = \frac{k_1}{k_{-1}} = \frac{C_C^c C_D^d}{C_A^a C_B^b}$$

2-3 ○ 반응속도의 영향 인자

반응물질의 종류	• 빠른 반응 : 결합의 재배열이 일어나지 않는 반응, 이온 사이에 일어나는 반응 • 느린 반응 : 공유 결합 반응, 결합의 재배열이 일어나는 반응
온도	• 온도 증가 → $E_a < E_K$ 분자 수 증가, 충돌 횟수 증가 → 반응속도 증가
농도	• 농도 증가 → 충돌 횟수 증가 → 반응속도 증가
압력	• 압력 증가 → 반응계의 부피 감소 → 농도 증가 → 반응속도 증가
촉매	• 정촉매 : 정반응 및 역반응 속도 증가, 활성화 에너지 감소 • 부촉매 : 정반응 및 역반응 속도 감소, 활성화 에너지 증가

2-4 ｜ㅇ 온도와 반응속도

(1) 온도와 반응속도

반응속도는 온도가 10℃ 증가할 때마다 반응속도 2~3배 증가한다.

> 온도 증가 → $E_a < E_k$ 분자 수 증가, 충돌 횟수 증가 → 반응속도 증가

(2) 아레니우스 법칙

① 반응속도 상수(k)와 활성화 에너지, 절대 온도의 관계를 설명한 식
② 활성화 에너지(E_a)가 작을수록, 절대 온도(T)가 클수록 반응속도 상수(k)는 증가한다.

$$k = Ae^{-E_a/RT}$$

k : 반응속도 상수
A : 상수(빈도 인자)
E_a : 활성화 에너지
R : 이상기체 상수($8.314J/mol \cdot K$)
T : 절대 온도

$$\ln k = \ln A - \frac{E_a}{RT}$$

$$\log k = \log A - \frac{E_a}{2.303R} \frac{1}{T}$$

(3) 온도 변화 시, 반응속도 상수의 크기

$$k_1 = Ae^{-E_a/RT_1}, \ k_2 = Ae^{-E_a/RT_2}$$

양변에 $\ln$을 취하면

$$\ln k_1 = \ln A - \frac{E_a}{RT_1}, \ \ln k_2 = \ln A - \frac{E_a}{RT_2}$$

$$\ln k_1 - \ln k_2 = -\frac{E_a}{R}\left(\frac{1}{T_1} - \frac{1}{T_2}\right)$$

$$\ln\left(\frac{k_1}{k_2}\right) = -\frac{E_a}{R}\left(\frac{1}{T_1} - \frac{1}{T_2}\right)$$

$$\ln\left(\frac{k_1}{k_2}\right) = -\frac{E_a}{R}\left(\frac{1}{T_1} - \frac{1}{T_2}\right)$$

(4) 그래프

$$\ln k = -\frac{E_a}{R}\frac{1}{T} + \ln A$$

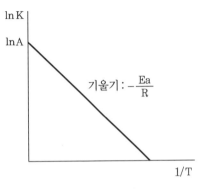

아레니우스 그래프

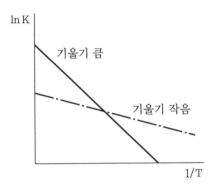

아레니우스 - 기울기 비교

① 활성화 에너지↑ → 기울기↑→ 반응속도가 온도에 더 민감하다.
② 반응속도는 고온 반응보다 저온 반응일 때 더 민감하다.
③ A는 온도와 상관 없다.

2-5 ···o 촉매와 반응속도

1 활성화 에너지

(1) 활성화 에너지(E_a)

반응을 일으키기 위해 필요한 최소 에너지

(2) 활성화 에너지와 반응성

① 유효 충돌
  화학 반응이 일어나기 위해서
  • 반응물질의 충돌이 반응을 일으키기 알맞은 방향으로 일어나야 되고,
  • 반응물질의 분자들이 일정한 양 이상의 에너지를 가져야 한다.
② $E_k > E_a$ 분자가 반응에 참여하게 된다.

③ 활성화 에너지가 클 경우

• 에너지를 외부에서 많이 흡수하여야 하므로 반응이 일어나기 어렵다.

④ 활성화 에너지가 작은 경우

• 외부에서 흡수하여야 하는 에너지가 적기 때문에 반응이 일어나기 쉽다.

(3) 활성화 에너지와 반응 엔탈피($\triangle H$)

$\triangle H = $(정반응의 활성화 에너지) $-$ (역반응의 활성화 에너지)

$\triangle H = E_{a(정반응)} - E_{a(역반응)}$

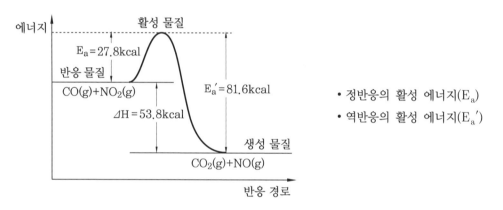

• 정반응의 활성 에너지(E_a)
• 역반응의 활성 에너지(E_a')

$CO(g) + NO_2(g) \rightarrow CO_2(g) + NO(g)$의 반응 경로

2 촉매

(1) 촉매

정의	• 반응속도만 변화시키고 자신은 반응 전후에서 변화가 없는 물질

특징	• 활성화에너지 크기를 변화시킴
	   – 정촉매 : 활성화에너지 감소
	   – 부촉매 : 활성화에너지 증가
	• 적은 양으로도 촉매 역할 가능
	• 촉매 사용으로 변하는 것 : 반응속도, 반응경로, 활성화에너지

(2) 촉매와 활성화에너지

구분	활성화 에너지	정반응(역반응)의 반응속도
정촉매	감소	증가
부촉매	증가	감소

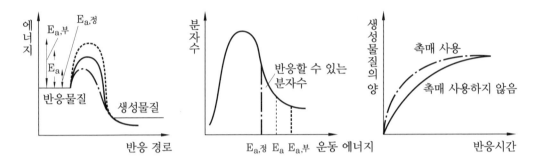

E_a : 촉매가 없을 때의 활성화 에너지

$E_{a,정}$: 정촉매가 있을 때의 활성화 에너지

$E_{a,부}$: 부촉매가 있을 때의 활성화 에너지

촉매의 영향

2-6 ○ 효소 촉매 반응

(1) 반응식

$$E + S \underset{k_{-1}}{\overset{k_1}{\rightleftharpoons}} ES \overset{k_2}{\longrightarrow} E + P$$

(2) 반응속도식

$$-r_s = r_p = \frac{R_{max}C_s}{k_m + C_s}$$

R_{max} : 최대 반응속도

C_s : 기질 농도

k_m : Michaelis 상수

① 기질 농도가 낮을 때($C_s \ll k_m$) : 기질 농도에 비례($-r_s \propto C_s$)

② 기질 농도가 높을 때($C_s \gg k_m$) : 초기 기질 농도와 무관하고, 0차 반응에 가깝다.

연습문제

2. 균일 반응속도론

단답형

2017 지방직 9급 화학공학일반

01 반응속도 상수가 온도 T_1에서 k_1, T_2에서 k_2이다. k_1과 k_2의 관계로 옳은 것은? (단, E는 활성화 에너지, R은 기체 상수이며, 아레니우스 상수와 E는 온도와 무관한 것으로 가정한다.)

① $\ln\dfrac{k_2}{k_1} = \dfrac{E}{R}\left(\dfrac{1}{T_1} - \dfrac{1}{T_2}\right)$

② $\ln\dfrac{k_2}{k_1} = \dfrac{E}{R}\left(\dfrac{1}{T_2} - \dfrac{1}{T_1}\right)$

③ $\ln\dfrac{k_2}{k_1} = \dfrac{E}{2R}\left(\dfrac{1}{T_1} - \dfrac{1}{T_2}\right)$

④ $\ln\dfrac{k_2}{k_1} = \dfrac{E}{2R}\left(\dfrac{1}{T_2} - \dfrac{1}{T_1}\right)$

해설 온도에 의한 반응속도 - 아레니우스 식

- $k = A\,e^{-E_a/RT}$

- $\ln\left(\dfrac{k_1}{k_2}\right) = -\dfrac{E_a}{R}\left(\dfrac{1}{T_1} - \dfrac{1}{T_2}\right)$

 k : 반응속도 상수

 A : 상수

Ea : 활성화 에너지

 R : 이상기체 상수

 T : 절대온도

정답 ①

장답형

2016 지방직 9급 화학공학일반

02 다음과 같은 복합 반응을 구성하는 반응 ㉠과 ㉡에서 반응물 A의 소멸 속도를 각각 $r_{㉠A}$, $r_{㉡A}$라고 할 때, 반응물 B와 중간체 I에 대한 알짜 반응속도(net reaction rate) r_B와 r_I를 $r_{㉠A}$와 $r_{㉡A}$로 올바르게 나타낸 것은? (순서대로 r_B, r_I)

㉠ $2A+B \rightarrow 2I$	㉡ $A+I \rightarrow P$

	r_B	r_I
①	$2r_{㉠A}$	$-2r_{㉠A}+r_{㉡A}$
②	$r_{㉠A}$	$2r_{㉠A}+r_{㉡A}$
③	$\dfrac{1}{2}r_{㉠A}$	$-r_{㉠A}+r_{㉡A}$
④	$r_{㉠A}$	$-r_{㉠A}+r_{㉡A}$

해설 반응속도식

㉠ 1단계 반응속도식 : $\dfrac{-r_{㉠A}}{2}=\dfrac{-r_B}{1}=\dfrac{r_I}{2}$

㉡ 2단계 반응속도식 : $\dfrac{-r_{㉡A}}{1}=\dfrac{-r_I}{1}=\dfrac{r_P}{1}$ $\rightarrow$ $r_{㉡A}=r_I$

$r_B=\dfrac{1}{2}r_{㉠A}$

$r_I=-r_{㉠A}+r_{㉡A}$

정답 ③

2018 국가직 9급 화학공학일반

03 효소 촉매를 이용한 A → R 반응의 반응속도식은 $-r_A = \dfrac{kC_A C_{E_0}}{M + C_A}$ 로 표현된다. A의 농도(C_A)와 반응속도와의 관계에 대한 설명으로 옳은 것은? (단, 효소의 초기 농도 (C_{E_0}), k와 M은 상수로 가정한다.)

① $C_A \ll M$이면, $-r_A \propto \dfrac{1}{C_A}$ 이다. ② $C_A \ll M$이면, $-r_A \propto C_A$ 이다.

③ $C_A \gg M$이면, $-r_A \propto \dfrac{1}{C_A}$ 이다. ④ $C_A \gg M$이면, $-r_A \propto \dfrac{1}{C_A}$ 이다.

해설 효소 촉매 반응속도식

기질 농도 낮을 때($C_A \ll M$) : 기질 농도에 비례한다. ($-r_A \propto C_A$)

기질 농도 높을 때($C_A \gg M$) : 초기 기질 농도와 무관하고, 0차 반응에 가깝다.

정답 ②

2015 국가직 9급 화학공학일반

04 촉매 및 촉매 반응에 대한 설명으로 옳지 않은 것은?

① 촉매 표면에 반응물이 물리 흡착할 경우 흡착 과정은 발열 과정이다.

② 촉매는 반응속도에는 영향을 주지만, 반응 평형에는 영향을 주지 않는다.

③ 촉매 표면에 반응물이 화학 흡착할 경우 흡착력은 반데르발스(van-der-Waals) 힘이다.

④ 촉매 활성점 위에서 물질이 비가역적으로 침적되는 비활성화 과정을 피독 (poisoning)이라 한다.

해설 ③ 화학 흡착의 흡착력은 화학 반응이다.

정답 ③

정리 촉매

정의	• 반응속도만 변화시키고 자신은 반응 전후에서 변화가 없는 물질
특징	• 활성화 에너지 크기를 변화시킨다. - 정촉매 : 활성화 에너지 감소 - 부촉매 : 활성화 에너지 증가 • 적은 양으로도 촉매 역할 가능 • 촉매 사용으로 변하는 것 : 반응속도, 반응 경로, 활성화 에너지

계산형

2018 지방직 9급 화학공학일반

05 A+B→ C로 주어진 반응의 반응속도(mol/L·s) 식이 다음과 같을 때, 속도 상수(k)의 단위는?

$$-r_A = k[A]^2[B]$$

① 1/s

② 1/mol·s

③ L/mol·s

④ $L^2/mol^2·s$

해설 반응속도 상수의 단위

$-r_A = k[A]^2[B]$

$$\therefore \ k = \frac{-r_A}{[A]^2[B]} = \frac{mol}{L \cdot s} \cdot \frac{L^3}{mol^3} = \frac{L^2}{mol^2 \cdot s}$$

정답 ④

정리 반응속도 상수

반응속도와 반응물질 농도의 비례 상수

구분	반응속도식	반응속도 상수(k) 단위	반감기($t_{1/2}$)
0차 반응	$-r_A = -\dfrac{dC_A}{dt} = k$	mol/L·s	$\dfrac{C_{A0}}{2k}$ 초기 농도에 비례
1차 반응	$-r_A = -\dfrac{dC_A}{dt} = kC_A$	1/s	$\dfrac{\ln 2}{k}$ 초기 농도와 무관
2차 반응	$-r_A = -\dfrac{dC_A}{dt} = kC_A^2$	L/mol·s	$\dfrac{1}{kC_{A0}}$ 초기 농도에 반비례
n차 반응	$-r_A = -\dfrac{dC_A}{dt} = kC_A^n$	$(mol/L)^{1-n} \cdot s^{-1}$	$\dfrac{2^{n-1}-1}{(n-1)k}C_{A0}^{1-n}$

2016 서울시 9급 화학공학일반

06 반응식이 $2NOCl \rightarrow 2NO + Cl_2$인 2차 반응에서 반응속도 상수가 $0.01L/mol \cdot s$이고 NOCl의 초기 농도가 $0.02mol/L$라면, 20분 후 NOCl의 농도(mol/L)는 얼마인가? (단, 소수점 넷째자리에서 반올림한다.)

① 0.008mol/L　　　　　　　② 0.010mol/L

③ 0.012mol/L　　　　　　　④ 0.016mol/L

해설 적분속도식 – 2차 반응속도식

$2NOCl \rightarrow 2NO + Cl_2$

$$\frac{1}{C_A} = \frac{1}{C_{A0}} + kt$$

$$\frac{1}{C_A} = \frac{1}{0.02} + 0.01 \times 20 \times 60 = 50 + 12 = 62$$

$$\therefore C_A = \frac{1}{62} = 0.016 \ mol/L$$

정답 ④

CHAPTER 3 회분식 반응기의 반응속도

3-1 ○ 정용 회분식 반응기의 반응속도

반응 부피가 일정할 때($\triangle V = 0$) 회분식 반응속도

1 개요

정용이면 $N_A = C_A V$

(1) 전환율(X_A)

$$X_A = \frac{N_{A0} - N_A}{N_{A0}} = \frac{C_{A0} - C_A}{C_{A0}}$$

N_{A0} : 물질 A의 반응 전 mol 수
N_A : 물질 A의 반응 후 mol 수
C_{A0} : 물질 A의 반응 전 M 농도(mol/s)
C_A : 물질 A의 반응 후 M 농도(mol/s)

(2) 반응 후 농도(C_A)

$$C_A = C_{A0}(1 - X_A)$$

(3) 반응속도식

$dC_A = -C_{A0}dX_A$ 이므로

$$-r_A = -\frac{dC_A}{dt} = kC_A^n = \frac{C_{A0}dX_A}{dt}$$

2 비가역 단분자형 0차 반응

(1) 조건

0차 반응이므로 $n = 0$

(2) 반응속도식

$$-r_A = -\frac{dC_A}{dt} = k$$

$dC_A = -C_{A0}\,dX_A$ 이므로

$$-r_A = -\frac{dC_A}{dt} = k = \frac{C_{A0}\,dX_A}{dt}$$

(3) 적분 속도식

$$-\frac{dC_A}{dt} = k$$

$$\int_{C_{A0}}^{C_A} dC_A = -k \int_0^t dt$$

$$C_A - C_{A0} = -kt = -C_{A0}\,X_A$$

(4) 반감기($t_{1/2}$)

$$\frac{C_{A0}}{2} - C_{A0} = -kt$$

$$t_{1/2} = \frac{C_{A0}}{2}$$

① 반감기가 초기 농도에 비례
② 반응이 진행되면서 초기 농도는 점점 감소 → 반감기 점점 감소

(5) 그래프

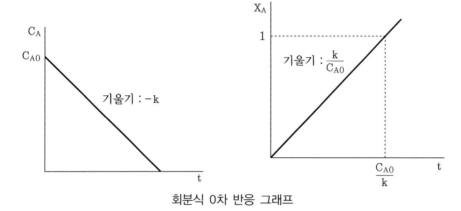

회분식 0차 반응 그래프

3 비가역 단분자형 1차 반응

A → R

(1) 조건

1차 반응이므로, $n=1$

(2) 반응속도식

$$-r_A = -\frac{dC_A}{dt} = kC_A = kC_{A0}(1-X_A)$$

(3) 적분 속도식

$$-\frac{dC_A}{dt} = kC_A$$

$$\int_{C_{A0}}^{C_A} \frac{1}{C_A}dC_A = -k\int_0^t dt$$

$$\ln\frac{C_A}{C_{A0}} = -kt$$

$$\ln\frac{C_A}{C_{A0}} = -kt$$

$$\ln C_A - \ln C_{A0} = -kt$$

$$C_A = C_{A0}\cdot e^{-kt}$$

$C_A = C_{A0}(1 - X_A)$ 이므로

$$\ln \frac{C_A}{C_{A0}} = \ln \frac{C_{A0}(1 - X_A)}{C_{A0}} = \ln(1 - X_A) = -kt$$

$$\ln(1 - X_A) = -kt$$

(4) 반감기($t_{1/2}$)

$$\ln \frac{C_{A0}/2}{C_{A0}} = -kt$$

$$t_{1/2} = \frac{\ln 2}{k}$$

초기 농도에 상관없이 반감기가 일정하다.

(5) 그래프

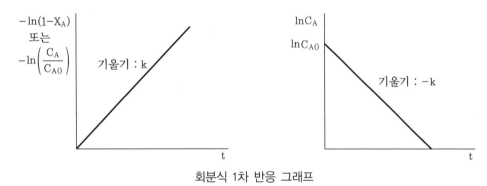

회분식 1차 반응 그래프

4 비가역 2분자형 2차 반응

$2A \rightarrow R, \ A + B \rightarrow R$ (단, $C_{A0} = C_{B0}$)

(1) 조건

2차 반응이므로, $n = 2$

(2) 반응속도식

$$-r_A = -\frac{dC_A}{dt} = kC_A^2 = kC_{A0}^2(1 - X_A)^2$$

(3) 적분 속도식

$$-\frac{dC_A}{dt} = kC_A^2$$

$$\int_{C_{A0}}^{C_A} C_A^{-2}dC_A = -k\int_0^t dt$$

$$\frac{1}{C_A} = \frac{1}{C_{A0}} + kt$$

$C_A = C_{A0}(1 - X_A)$ 이므로

$$\frac{1}{C_{A0}(1 - X_A)} = \frac{1}{C_{A0}} + kt$$

$$\frac{1}{C_{A0}}\frac{X_A}{(1 - X_A)} = kt$$

(4) 반감기($t_{1/2}$)

$$\frac{2}{C_{A0}} = \frac{1}{C_{A0}} + kt$$

$$t_{1/2} = \frac{1}{kC_{A0}}$$

① 반감기가 초기 농도에 반비례한다.

② 반응이 진행되면서 초기 농도는 점점 감소 → 반감기 점점 증가

(5) 그래프

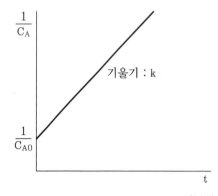
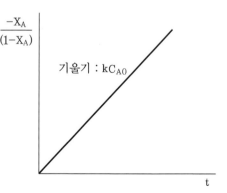

회분식 2차 반응 그래프

5 n차 반응

반응속도식	$$-r_A = -\frac{dC_A}{dt} = kC_A^n$$
적분 속도식	$$\int_{C_{A0}}^{C_A} \frac{1}{C_A^n} dC_A = -k\int_0^t dt$$ $$\frac{1}{n-1}\left(\frac{1}{C_A^{n-1}} - \frac{1}{C_{A0}^{n-1}}\right) = kt$$ $$C_A^{1-n} - C_{A0}^{1-n} = (n-1)kt$$
반감기	$$t_{1/2} = \frac{2^{n-1}-1}{k(n-1)}C_{A0}^{1-n}$$ $$\ln t_{1/2} = (1-n)\ln C_{A0} + \ln\frac{2^{n-1}-1}{k(n-1)}$$

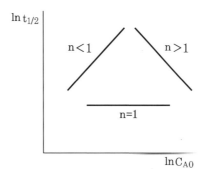

회분식 - 반응차수별 초기 농도와 반감기 그래프

6 비가역 평행 반응

$$A \overset{k_1}{\underset{k_2}{\rightarrow}} \begin{matrix} R \\ S \end{matrix}$$

(1) 반응속도식

① A 소멸 속도(반응속도)

$$-r_A = -\frac{dC_A}{dt} = k_1 C_A + k_2 C_A = (k_1 + k_2) C_A$$

② 생성물(R) 생성속도

$$r_R = \frac{dC_R}{dt} = k_1 C_A$$

③ 부산물(S) 생성속도

$$r_S = \frac{dC_S}{dt} = k_2 C_A$$

(2) 적분 속도식

$$-\frac{dC_A}{dt} = (k_1 + k_2) C_A$$

$$\int_{C_{A0}}^{C_A} \frac{1}{C_A} dC_A = -(k_1 + k_2) \int_0^t dt$$

$$\ln \frac{C_A}{C_{A0}} = -(k_1 + k_2) t$$

$$C_A = C_{A0} \cdot e^{-(k_1 + k_2) t}$$

(3) 관계식

$$\frac{r_R}{r_S} = \frac{k_1 C_A}{k_2 C_A} = \frac{k_1}{k_2} = \frac{\dfrac{dC_R}{dt}}{\dfrac{dC_S}{dt}} = \frac{C_R - C_{R0}}{C_S - C_{S0}}$$

7 비가역 연속 반응

$$A \xrightarrow{k_1} R \xrightarrow{k_2} S \qquad R : 중간체$$

(1) 반응속도식

$$-r_A = -\frac{dC_A}{dt} = k_1 C_A$$

$$r_R = \frac{dC_R}{dt} = k_1 C_A - k_2 C_R$$

$$r_S = \frac{dC_S}{dt} = k_2 C_R$$

$r_R = \dfrac{dC_R}{dt} = k_1 C_A - k_2 C_R$ 식에, $C_A = C_{A0} \cdot e^{-kt}$ 을 대입하면

$$\frac{dC_R}{dt} = k_1 C_{A0} \cdot e^{-kt} - k_2 C_R$$

$$\frac{dC_R}{dt} + k_2 C_R = k_1 C_{A0} \cdot e^{-kt}$$

(2) 적분 속도식

$$C_A = C_{A0} \cdot e^{-kt}$$

$$C_R = \frac{C_{A0} \cdot k_1}{k_2 - k_1} \left(e^{-k_1 t} - e^{-k_2 t} \right)$$

$C_{A0} = C_A + C_R + C_S$ 이므로

$C_S = C_{A0} - C_A - C_R$

$C_S = C_{A0} - C_{A0} \cdot e^{-k_1 t} - \dfrac{C_{A0} \cdot k_1}{k_2 - k_1} \left(e^{-k_1 t} - e^{-k_2 t} \right)$

$$C_S = C_{A0} \left(1 + \frac{k_1 e^{-k_2 t} - k_2 e^{-k_1 t}}{k_2 - k_1} \right)$$

(3) 임계 시간(t_{max})과 임계 농도($C_{R,max}$)

① 임계 시간

중간체(R)가 최대 농도가 될 때까지 걸린 시간

$$\frac{dC_R}{dt} = \frac{C_{A0} \cdot k_1}{k_2 - k_1}\left(-k_1 e^{-k_1 t} + k_2 e^{-k_2 t}\right) = 0 \text{일 때 중간체 농도가 최대가 된다.}$$

$$\hookrightarrow \ln\frac{k_2}{k_1} = (k_2 - k_1)t$$

$$t_{max} = \frac{1}{k_{대수평균}} = \frac{\ln\dfrac{k_2}{k_1}}{k_2 - k_1}$$

② 임계 농도

중간체(R)의 최대 농도

$$\frac{C_{R,max}}{C_A} = \left(\frac{k_1}{k_2}\right)^{\frac{k_2}{k_2 - k_1}}$$

(4) 그래프

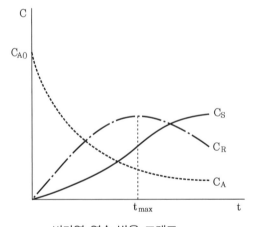

비가역 연속 반응 그래프

임계 시간(t_{max})에서 C_R 최대, C_S 증가율(속도) 최대

8 자동 촉매 반응

$$A + R \xrightarrow{k} R + R$$

생성물이 촉매로도 작용한다.

(1) 반응속도식

$$-r_A = -\frac{dC_A}{dt} = kC_A C_R$$

반응이 진행되면서 A가 감소되어도 (A+R)mol 수는 일정하다.

$$C_T = C_A + C_R = C_{A0} + C_{R0}$$

$$-r_A = -\frac{dC_A}{dt} = kC_A C_R = kC_A(C_T - C_A)$$

(2) 적분 속도식

$$-\frac{dC_A}{dt} = kC_A(C_T - C_A)$$

$$\frac{1}{-C_A(C_T - C_A)}dC_A = k\,dt$$

$$\int_{C_{A0}}^{C_A} \frac{1}{C_T}\left(\frac{1}{C_A} + \frac{1}{(C_T - C_A)}\right)dC_A = -k\int_0^t dt$$

$$\int_{C_{A0}}^{C_A} \frac{1}{C_T}\left(\frac{1}{C_A} + \frac{1}{(C_T - C_A)}\right)dC_A = -k\int_0^t dt$$

$$\hookrightarrow \quad \frac{1}{C_T}\left(\ln\frac{C_A}{C_{A0}} + \ln\frac{C_T - C_A}{C_T - C_{A0}}\right) = -kt$$

$$\hookrightarrow \quad \frac{1}{C_T}\ln\left(\frac{C_A}{C_{A0}} \cdot \frac{C_T - C_A}{C_T - C_{A0}}\right) = -kt$$

$$\hookrightarrow \quad \frac{1}{C_T}\ln\left(\frac{C_A}{C_{A0}} \cdot \frac{C_R}{C_{R0}}\right) = -kt$$

$$\ln\left(\frac{C_A}{C_{A0}} \cdot \frac{C_R}{C_{R0}}\right) = -k(C_{A0} + C_{R0})t$$

9 균일 촉매 반응

다음 반응이 동시에 발생한다.

- 반응 1 : $A + C \xrightarrow{k_1} R + C$

- 반응 2 : $A \xrightarrow{k_2} R$

(1) 반응속도식

① 반응 1

$$-r_{A_1} = -\left(\frac{dC_A}{dt}\right)_1 = k_1 C_A C_C$$

② 반응 2

$$-r_{A_2} = -\left(\frac{dC_A}{dt}\right)_2 = k_2 C_A$$

③ 총괄 반응속도

$$-r_A = -\frac{dC_A}{dt} = k_1 C_A C_C + k_2 C_A = (k_1 C_C + k_2)C_A$$

(2) 적분 속도식

$$-\frac{dC_A}{dt} = (k_1 C_C + k_2)C_A$$

$$\int_{C_{A0}}^{C_A} \frac{1}{C_A} dC_A = -(k_1 C_C + k_2)\int_0^t dt$$

$$\ln\frac{C_A}{C_{A0}} = -(k_1 C_C + k_2)t$$

$C_A = C_{A0}(1 - X_A)$ 이므로

$$\hookrightarrow \ln\frac{C_{A0}(1 - X_A)}{C_{A0}} = -(k_1 C_C + k_2)t$$

$$\ln(1 - X_A) = -kt \qquad\qquad 단, \ k = -(k_1 C_C + k_2)$$

10 가역 1차 반응

$$A \underset{k_{-1}}{\overset{k_1}{\rightleftharpoons}} R$$

(1) 평형 농도

$$C_{Ae} = C_{A0}(1 - X_{Ae})$$

$M = \dfrac{C_{R0}}{C_{A0}}$ 이라면

$$C_{Re} = C_{R0} + C_{A0}X_{Ae} = C_{A0}M + C_{A0}X_{Ae} = C_{A0}(M + X_{Ae})$$

(2) 평형상수 (K_e)

$$K_e = \frac{k_1}{k_{-1}} = \frac{C_{Re}}{C_{Ae}} = \frac{C_{A0}(M + X_{Ae})}{C_{A0}(1 - X_{Ae})} = \frac{M + X_{Ae}}{1 - X_{Ae}}$$

(3) 반응속도식

$$-r_A = -\frac{dC_A}{dt} = C_{A0}\frac{dX_A}{dt}$$

$$-r_A = k_1 C_A - k_{-1} C_R = k_1\left(C_A - \frac{C_R}{k_1/k_{-1}}\right) = k_1\left(C_A - \frac{C_R}{K_e}\right)$$

$$-r_A = -\frac{dC_A}{dt} = C_{A0}\frac{dX_A}{dt} = k_1 C_A - k_{-1} C_R = k_1\left(C_A - \frac{C_R}{K_e}\right)$$

$$-r_A = k_1 C_A - k_{-1} C_R$$

$$= k_1 C_{A0}(1 - X_A) - k_{-1} C_{A0}(M + X_A)$$

$$= k_1 C_{A0}\left[(1 - X_A) - \frac{(M + X_A)}{k_1/k_{-1}}\right] = k_1 C_{A0}\left[(1 - X_A) - \frac{(M + X_A)}{K_e}\right]$$

$$-r_A = k_1 C_{A0}\left[(1 - X_A) - \frac{(M + X_A)}{K_e}\right]$$

(4) 적분 속도식

$$K_e = \frac{M + X_{Ae}}{1 - X_{Ae}} \text{이므로}$$

$$-r_A = k_1 C_{A0} \left[(1 - X_A) - \frac{(M + X_A)}{K_e} \right]$$

$$= k_1 C_{A0} \left[(1 - X_A) - \frac{(1 - X_{Ae})(M + X_A)}{(M + X_{Ae})} \right]$$

$$= k_1 C_{A0} \left[\frac{(1 - X_A)(M + X_{Ae}) - (1 - X_{Ae})(M + X_A)}{(M + X_{Ae})} \right]$$

$$= k_1 C_{A0} \left[\frac{M(X_{Ae} - X_A) + (X_{Ae} - X_A)}{(M + X_{Ae})} \right]$$

$$= k_1 C_{A0} \left[\frac{(X_{Ae} - X_A)(M + 1)}{(M + X_{Ae})} \right]$$

$$= \frac{C_{A0} \, dX_A}{dt}$$

$$\hookrightarrow \quad k_1 C_{A0} \left[\frac{(X_{Ae} - X_A)(M + 1)}{(M + X_{Ae})} \right] = \frac{C_{A0} \, dX_A}{dt}$$

$$\hookrightarrow \quad \frac{1}{X_{Ae} - X_A} dX_A = \frac{k_1(M + 1)}{(M + X_{Ae})} dt$$

적분하면

$$-\ln\left(\frac{X_{Ae} - X_A}{X_{Ae}} \right) = \frac{k_1(M + 1)}{(M + X_{Ae})} t$$

3-2 ○ 변용 회분식 반응기의 반응속도

반응 부피가 변하는$(\Delta V \neq 0)$ 회분식 반응(기체 반응은 변용 반응으로 볼 수 있음)

1 개요

(1) 체적 변화분율(용적 변화율, ε_A)

반응 전후의 부피 변화율

$$\varepsilon_A = \frac{V_t - V_0}{V_0} \qquad \begin{array}{l} V_0 : \text{반응 전(초기) 부피} \\ V_t : \text{반응 후(t시간 후, 나중) 부피} \end{array}$$

(2) 반응 부피(V_t)

$$V_t = V_0(1 + \varepsilon_A X_A)$$

(3) 전환율(X_A)

$$X_A = \frac{N_{A0} - N_A}{N_{A0}} = \frac{V_t - V_0}{V_0 \varepsilon_A}$$

(4) 반응 전후 몰 수

- 반응 전 몰 수 : $N_{A0} = C_{A0} V_0$
- 반응 후 몰 수 : $N_A = C_A V_t = N_{A0}(1 - X_A)$

(5) 반응속도식

$$-r_A = -\frac{1}{V}\frac{dN_A}{dt} = \frac{1}{V}\frac{d(C_A V)}{dt} = \frac{dC_A}{dt} + \frac{C_A}{V}\frac{dV}{dt}$$

$$N_A = N_{A0}(1-X_A) \text{이므로 } dN_A = -N_{A0}\,dX_A$$

$$-r_A = -\frac{1}{V}\frac{dN_A}{dt} = \frac{N_{A0}}{V}\frac{dX_A}{dt} = \frac{C_{A0}V_0}{V_0(1+\varepsilon_A X_A)}\frac{dX_A}{dt} = \frac{C_{A0}}{(1+\varepsilon_A X_A)}\frac{dX_A}{dt}$$

$$-r_A = -\frac{1}{V}\frac{dN_A}{dt} = \frac{C_{A0}}{(1+\varepsilon_A X_A)}\frac{dX_A}{dt} = kC^n$$

(6) 반응 후 농도(C_A)

$$C_A = \frac{N_A}{V_t} = \frac{N_{A0}(1-X_A)}{V_0(1+\varepsilon_A X_A)} = C_{A0}\frac{(1-X_A)}{(1+\varepsilon_A X_A)}$$

2 0차 반응

(1) 조건

0차 반응이므로 n=0

(2) 반응속도식

$$-r_A = \frac{C_{A0}}{(1+\varepsilon_A X_A)}\frac{dX_A}{dt} = k$$

(3) 적분 속도식

$$\frac{C_{A0}}{(1+\varepsilon_A X_A)}\frac{dX_A}{dt} = k$$

$$\int_{C_{A0}}^{C_A}\frac{C_{A0}}{(1+\varepsilon_A X_A)}dX_A = k\int_0^t dt$$

$$\frac{C_{A0}}{\varepsilon_A}\ln(1+\varepsilon_A X_A) = kt$$

$$\hookrightarrow \frac{C_{A0}}{\varepsilon_A}\ln\frac{V}{V_0} = kt$$

$$\frac{C_{A0}}{\varepsilon_A}\ln(1+\varepsilon_A X_A) = \frac{C_{A0}}{\varepsilon_A}\ln\frac{V}{V_0} = kt$$

3 1차 반응

(1) 조건

1차 반응이므로 $n = 1$

(2) 반응속도식

$$-r_A = \frac{C_{A0}}{(1 + \varepsilon_A X_A)} \frac{dX_A}{dt} = kC_A$$

(3) 적분 속도식

$C_A = C_{A0} \dfrac{(1 - X_A)}{(1 + \varepsilon_A X_A)}$이므로

$$\frac{C_{A0}}{(1 + \varepsilon_A X_A)} \frac{dX_A}{dt} = kC_A$$

$\hookrightarrow \dfrac{C_{A0}}{(1 + \varepsilon_A X_A)} \dfrac{dX_A}{dt} = k C_{A0} \dfrac{(1 - X_A)}{(1 + \varepsilon_A X_A)}$

$\hookrightarrow \dfrac{dX_A}{dt} = k(1 - X_A)$

$\hookrightarrow \displaystyle\int_0^{X_A} \frac{1}{1 - X_A} dX_A = k \int_0^1 dt$

$\hookrightarrow -\ln(1 - X_A) = kt$

$\hookrightarrow -\ln\left(1 - \dfrac{V_t - V_0}{\varepsilon_A V_0}\right) = kt$

$$-\ln(1 - X_A) = -\ln\left(1 - \frac{V_t - V_0}{\varepsilon_A V_0}\right) = kt$$

4 n차 반응

(1) 반응속도식

$$-r_A = \frac{C_{A0}}{(1+\varepsilon_A X_A)}\frac{dX_A}{dt} = kC_A^{\,n} = kC_{A0}^{\,n}\left(\frac{1-X_A}{1+\varepsilon_A X_A}\right)^n$$

(2) 적분 속도식

$$\int_0^{X_A} \frac{(1+\varepsilon_A X_A)^{n-1}}{(1-X_A)^n}dX_A = C_{A0}kt$$

4

반응기 설계

4-1 ─○ 반응기

화학적 또는 생물학적 반응이 일어나는 용기

1 반응기의 분류

(1) 회분식 반응기(Batch Reactor)

정의	• 원료를 **한 번에 유입**시켜 반응이 끝난 후, 한 번에 유출하는 방식
특징	• 유입과 유출이 연속적이지 않다. • 비정상 상태 • 반응기 내 조성이 일정하다. • 전화율 높다. • 생성물의 유입 및 유출이 없다. • 소규모 처리에 적합하다. • 다품종 소량 생산, 신제품 개발에 이용된다. • 단위생산량당 인건비가 비싸다. • 운전 정지 시간이 길다.

(2) 반회분식 반응기(Semi-Batch Reactor)

정의	• 원료를 **한 번에 유입**시키고, 반응을 진행하면서 다른 원료를 첨가하는 방식 • 회분식과 연속식의 중간 형태
특징	• 유입과 유출이 연속적이지 않다. • 비정상 상태 • 온도 조절 가능 • 반응물 중 특정 성분 농도를 낮게 유지할 수 있어 부반응을 최소화할 수 있다. • 2상 반응 사용이 가능하다.

(3) 연속식 반응기(흐름식 반응기, Continuous Reactor)

정의	• 원료의 유입(공급)과 반응, 생성물의 유출이 동시에 일어나는 방식
특징	• 정상 상태 • 일정 조성의 원료를 일정 유량으로 공급 • 연속 운전이 가능하고, 반응속도가 빠르다. • 대량 처리가 가능하다. • 생성물의 품질관리가 쉽다.

① 연속 흐름 혼합 반응기(Continuous Flow Stirred Tank Reactor : CFSTR, CSTR)

정의	• 원료가 단시간에 반응기 전체에 균일하게 분산되는 반응기
특징	• 정상 상태 • 원료가 반응기에 들어오자마자 바로 혼합되어 반응기 내 농도가 균일하다. • 반응 조건을 제어하기 쉬우며, 온도 조절이 쉽다. • 출구 농도는 반응기 내 농도와 같다. • 반응 효율이 낮고, 반응기 부피당 전화율이 낮다. • PFR보다 소요 동력이 크다. • 동일 용량일 때 PFR보다 전화율이 낮다. • 강한 교반이 필요할 때 이용된다. • 주로 액상 반응에 이용된다.

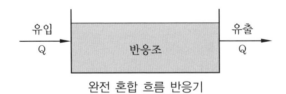

완전 혼합 흐름 반응기

② 관형 반응기(Plug Flow Reactor : PFR)

정의	• 길고 좁은 관(tube) 형태의 반응기 • 원료가 서로 혼합되지 않고, 유입한 순서대로 유출되는 반응기
특징	• 정상 상태 • 단위 부피당 전화율이 높다. • 전화율이 동일할 때 CSTR보다 반응기 용량이 작다. • 온도 조절이 어렵다(국소 고온점 발생 가능). • 유지 보수가 쉽다. • 생산물 품질 관리가 쉽다. • 보조 장치가 필요하다.

플러그 흐름 반응기

4-2 ○ 반응기의 몰수지 일반식

유입량 = 유출량 + 반응량 + 축적량

$$F_{A0} = F_A + \int r_A dV + \frac{dN_A}{dt}$$

축적량=유입량−유출량−반응량 $\dfrac{dN_A}{dt} = F_{A0} - F_A - \int r_A dV$

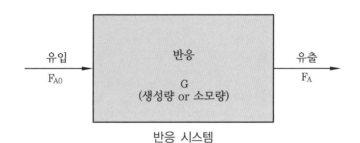

반응 시스템

4-3 ○ 회분식 반응기

1 몰수지식

(1) 조건

반응이 진행되는 동안 반응물과 생성물의 유입 및 유출이 없다.

$$F_{A0} = F_A = 0$$

(2) 회분식 반응기의 몰수지식

$\dfrac{dN_A}{dt} = F_{A0} - F_A - \int r_A dV$ 에 조건을 대입하면

$$\frac{dN_A}{dt} = 0 - 0 - \int r_A dV$$

$$\frac{dN_A}{dt} = -\int r_A dV = r_A V$$

$$N_A = N_{A0}(1 - X_A)$$

$\llcorner$ $dN_A = -N_{A0} \, dX_A$ 이므로

$$\frac{dN_A}{dt} = -N_{A0}\frac{dX_A}{dt} = r_A V$$

$\llcorner$ $-N_{A0}\frac{dX_A}{dt} = r_A V$

$\llcorner$ $N_{A0}\displaystyle\int_0^{X_A} \frac{1}{-r_A V}dX_A = \int_0^t dt$

$$t = N_{A0}\int_0^{X_A} \frac{1}{-r_A V}dX_A$$

2 반응시간

(1) 정용 (액상, 유체가 일정할 때)

$$C_{A0} = \frac{N_{A0}}{V} \text{ 이므로}$$

$$t = N_{A0}\int_0^{X_A} \frac{1}{-r_A V}dX_A = \frac{N_{A0}}{V}\int_0^{X_A} \frac{1}{-r_A}dX_A = C_{A0}\int_0^{X_A} \frac{1}{-r_A}dX_A$$

$$t = C_{A0}\int_0^{X_A} \frac{1}{-r_A}dX_A$$

$$C_A = C_{A0}(1 - X_A)$$

$\llcorner$ $dC_A = -C_{A0}dX_A$ 이므로

$$t = C_{A0}\int_0^{X_A} \frac{1}{-r_A}dX_A = -\int_0^{X_A} \frac{1}{-r_A}dC_A$$

$$t = C_{A0}\int_0^{X_A} \frac{1}{-r_A}dX_A = -\int_0^{C_A} \frac{1}{-r_A}dC_A$$

(2) 변용(기상, 유체 밀도가 변할 때)

$V = V_0(1 + \varepsilon_A X_A)$을 $t = N_{A0} \int_0^{X_A} \frac{1}{-r_A V} dX_A$ 식에 대입하면

$$\therefore \; t = N_{A0} \int_0^{X_A} \frac{1}{-r_A V_0(1 + \varepsilon_A X_A)} dX_A$$

$C_{A0} = \dfrac{N_{A0}}{V_0}$ 이므로

$$\therefore \; t = = \frac{N_{A0}}{V_0} \int_0^{X_A} \frac{1}{-r_A(1 + \varepsilon_A X_A)} dX_A = C_{A0} \int_0^{X_A} \frac{1}{-r_A(1 + \varepsilon_A X_A)} dX_A$$

$$t = N_{A0} \int_0^{X_A} \frac{1}{-r_A V_0(1 + \varepsilon_A X_A)} dX_A = C_{A0} \int_0^{X_A} \frac{1}{-r_A(1 + \varepsilon_A X_A)} dX_A$$

3 그래프

조건	회분식(일반식)-변용	회분식-정용
식	$\dfrac{t}{N_{A0}} = \displaystyle\int_0^{X_A} \frac{1}{-r_A V} dX_A$	$\dfrac{t}{C_{A0}} = \displaystyle\int_0^{X_A} \frac{1}{-r_A} dX_A$ $t = -\displaystyle\int_{C_{A0}}^{C_A} \frac{1}{-r_A} dC_A = \int_{C_A}^{C_{A0}} \frac{1}{-r_A} dC_A$
그래프		

4-4 ─o 공간속도와 공간시간

(1) 공간시간(τ)

반응기의 부피와 같은 공급량을 처리하는 데 걸리는 시간

$$\tau = \frac{\text{반응기 부피}(m^3)}{\text{유입 부피 유량}(m^3/s)} = \frac{V}{Q} = \frac{V}{F_{A0}/C_{A0}}$$

(2) 공간속도(s)

① 반응조가 반응기 부피 유량(단위시간당 반응기 부피)을 처리하는 속도
② 공간시간의 역수

$$s = \frac{\text{유입 부피 유량}(m^3/s)}{\text{반응기 부피}(m^3)} = \frac{Q}{V} = \frac{1}{\tau}$$

(3) 평균 체류시간(t)

① 유입 부피 유량이 반응기 내에 머무르는 시간
② 밀도가 일정한 유체(액체) : $t = \tau$
③ 밀도가 변하는 유체(기체) : $t < \tau$

4-5 ─o 연속 흐름 혼합 반응기(CFSTR, CSTR)

1 몰수지식

(1) 조건

정상 상태 : $\frac{dN_A}{dt} = 0$, $\frac{dC_A}{dt} = 0$, 축적량$= 0$

(2) CSTR의 몰수지식

$F_{A0} - F_A + r_A V = \dfrac{dN_A}{dt}$ 에 조건을 대입하면

$F_{A0} - F_A + r_A V = 0$

$\quad \hookrightarrow F_{A0} - F_{A0}(1 - X_A) + r_A V = 0$

$\quad \hookrightarrow F_{A0} X_A + r_A V = 0$

$$V = \frac{F_{A0} X_A}{-r_A}$$

2 공간시간

$\tau = \dfrac{V}{Q} = \dfrac{F_{A0} X_A}{-r_A} \cdot \dfrac{C_{A0}}{F_{A0}} = \dfrac{C_{A0} X_A}{-r_A}$

$$\tau = \frac{V}{Q} = \frac{C_{A0} X_A}{-r_A}$$

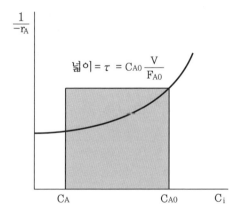

CSTR 그래프 – 농도

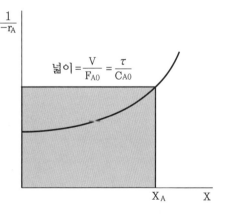

CSTR 그래프 – 전화율

3 정용, 비가역 반응 – 반응차수별 공간시간

반응차수	반응속도식	공간속도식
0차 반응	$-r_A = k$	$\tau = \dfrac{C_{A0}X_A}{-r_A} = \dfrac{C_{A0}X_A}{k} = \dfrac{C_{A0} - C_A}{k}$ $\tau = \dfrac{C_{A0}X_A}{k} = \dfrac{C_{A0} - C_A}{k}$
1차 반응	$-r_A = kC_A$	$\tau = \dfrac{C_{A0}X_A}{-r_A} = \dfrac{C_{A0}X_A}{kC_A} = \dfrac{C_{A0} - C_A}{kC_A}$ $= \dfrac{C_{A0}X_A}{kC_{A0}(1-X_A)} = \dfrac{X_A}{k(1-X_A)}$ $\tau = \dfrac{C_{A0} - C_A}{kC_A} = \dfrac{X_A}{k(1-X_A)}$
2차 반응	$-r_A = kC_A^2$	$\tau = \dfrac{C_{A0}X_A}{-r_A} = \dfrac{C_{A0}X_A}{kC_A^2} = \dfrac{C_{A0} - C_A}{kC_A^2}$ $= \dfrac{C_{A0}X_A}{kC_{A0}^2(1-X_A)^2} = \dfrac{X_A}{kC_{A0}(1-X_A)^2}$ $\tau = \dfrac{C_{A0} - C_A}{kC_A^2} = \dfrac{X_A}{kC_{A0}(1-X_A)^2}$
n차 반응	$-r_A = kC_A^n$	$\tau = \dfrac{X_A}{kC_{A0}^{n-1}(1-X_A)^n}$

4 담쾰러 수(Da)

정의	• CSTR 반응기에서 어떤 전환율에 도달할 때까지 걸리는 시간을 나타내는 무차원수 $$Da = \frac{반응속도}{대류속도} = \frac{입구\ 반응속도}{유입\ 유량(Q)}$$
특징	• 담쾰러 수 값이 클수록 전환율(제거율)이 높다. • $Da \leq 0.1$이면, $X_A \leq 0.1$ • $Da \geq 10$이면, $X_A \geq 0.9$

1차 반응	$$Da_{n=1} = k\tau$$
2차 반응	$$Da_{n=2} = k\tau C_{A0}$$
n차 반응	$$Da_n = k\tau C_{A0}^{n-1}$$

4-6 ○ 관형 반응기(Plug Flow Reactor : PFR)

1 몰수지식

(1) 조건

정상 상태 : $\dfrac{dN_A}{dt} = 0$, $\dfrac{dC_A}{dt} = 0$, 축적량$= 0$

(2) PFR의 몰수지식

$$F_{A,in} = F_{A,out} - r_A dV + \frac{dN_A}{dt}$$

$\quad \hookrightarrow F_{A,in} = (F_{A,in} + dF_A) - r_A dV + \dfrac{dN_A}{dt}$ (단, $dF_A = F_{A,out} - F_{A,in}$)

위 식에 조건을 대입하면,

$$F_{A,in} = (F_{A,in} + dF_A) - r_A dV + 0$$

↳ $dF_A = r_A dV$

한편, $F_A = F_{A0}(1 - X_A)$ 에서 $dF_A = -F_{A0}dX_A$ 이므로,

↳ $F_{A0}dX_A = -r_A dV$

↳ $dV = \dfrac{F_{A0}dX_A}{-r_A}$

$$V = F_{A0}\int_0^{X_A}\frac{dX_A}{-r_A}$$

2 공간시간

$$V = F_{A0}\int_0^{X_A}\frac{dX_A}{-r_A}$$

$$\tau = \frac{V}{Q} = \left(F_{A0}\int_0^{X_A}\frac{dX_A}{-r_A}\right)\cdot\frac{C_{A0}}{F_{A0}} = C_{A0}\int_0^{X_A}\frac{dX_A}{-r_A}$$

$dX_A = -\dfrac{1}{C_{A0}}dC_A$ 이므로

$$\tau = \frac{V}{Q} = \left(F_{A0}\int_0^{X_A}\frac{dX_A}{-r_A}\right)\cdot\frac{C_{A0}}{F_{A0}} = C_{A0}\int_0^{X_A}\frac{dX_A}{-r_A} = -\int_{C_{A0}}^{C_A}\frac{dC_A}{-r_A}$$

$$\tau = \frac{V}{Q} = C_{A0}\int_0^{X_A}\frac{dX_A}{-r_A} = -\int_{C_{A0}}^{C_A}\frac{dC_A}{-r_A}$$

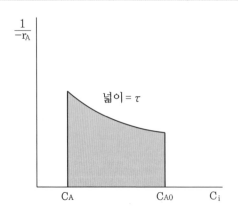

PFR 그래프 – 농도

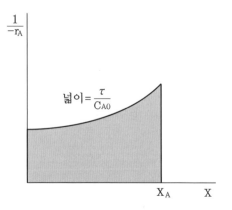

PFR 그래프 – 전화율

3 정용, 비가역 반응 – 반응차수별 공간시간

(1) 0차 반응

0차 반응속도식 $-r_A = k$

$$\tau = C_{A0} \int \frac{dX_A}{k} = C_{A0} \int_{C_{A0}}^{C_A} \frac{1}{k} \left(-\frac{dC_A}{C_{A0}} \right) = -\frac{1}{k} \int_{C_{A0}}^{C_A} dC_A = \frac{C_{A0} - C_A}{k}$$

$$\tau = \frac{C_{A0} - C_A}{k}$$

(2) 1차 반응

1차 반응속도식 $-r_A = kC_A$

$$\tau = C_{A0} \int \frac{dX_A}{kC_A} = \frac{C_{A0}}{k} \int_0^{X_A} \frac{1}{C_{A0}(1 - X_A)} dX_A = \frac{\ln(1 - X_A)}{k} = \frac{\ln(C_A/C_{A0})}{k}$$

$$\tau = \frac{\ln(1 - X_A)}{k} = \frac{\ln(C_A/C_{A0})}{k}$$

(3) 2차 반응

2차 반응속도식 $-r_A = kC_A^2$

$$\tau = C_{A0} \int \frac{dX_A}{kC_A^2} = \frac{C_{A0}}{k} \int_0^{X_A} \frac{1}{C_{A0}^2 (1 - X_A)^2} dX_A = \frac{1}{kC_{A0}} \frac{X_A}{(1 - X_A)}$$

$$\tau = \frac{1}{kC_{A0}} \frac{X_A}{(1 - X_A)}$$

(4) n차 반응

$$\tau_P = \frac{C_{A0}^{1-n}}{k(n-1)} \left[\left(\frac{C_A}{C_{A0}} \right)^{n-1} - 1 \right] = \frac{C_{A0}^{1-n}}{k(n-1)} \left[(1 - X_A)^{n-1} - 1 \right]$$

4-7 ㅇ 단일 반응기의 크기(공간시간) 비교

정용 상태, n차 반응일 때 CSTR와 PFR의 반응조 크기를 비교하면
공간시간이 클수록 반응조 크기가 증가한다.

(1) 정용 CSTR

$$\tau_M = \frac{X_A}{kC_{A0}^{n-1}(1-X_A)^n}$$

(2) 정용 PFR

$$\tau_P = \frac{C_{A0}^{1-n}}{k(n-1)}\left[\left(\frac{C_A}{C_{A0}}\right)^{n-1} - 1\right] = \frac{1}{C_{A0}^{n-1}k(n-1)}\left[(1-X_A)^{n-1} - 1\right]$$

(3) CSTR와 PFR의 반응조 크기 비교

① n≠1일 때

$$\frac{\tau_M}{\tau_P} = \frac{\dfrac{X_A}{kC_{A0}^{n-1}(1-X_A)^n}}{\dfrac{1}{C_{A0}^{n-1}k(n-1)}\left[(1-X_A)^{n-1}-1\right]} = \frac{\dfrac{X_A}{(1-X_A)^n}}{\dfrac{\left[(1-X_A)^{n-1}-1\right]}{(n-1)}}$$

② n=1일 때

$$\frac{\tau_M}{\tau_P} = \frac{\left[\dfrac{X_A}{(1-X_A)}\right]_P}{\left[-\ln(1-X_A)\right]_M}$$

4-8 ○ 다중 반응기

1 완전 혼합 반응기 (CSTR) – 동일한 크기 반응기 직렬연결

(1) 전체 전환율

$$X_T = 1 - (1 - X_{A,1})(1 - X_{A,2}) \cdots (1 - X_{A,n})$$

(2) n차 반응기의 물질 수지식

$$\begin{aligned} C_{A,n} &= C_{A0}(1 - X_{A,1})(1 - X_{A,2}) \cdots (1 - X_{A,n}) \\ &= C_{A0}(1 - X_{A,T}) \\ &= C_{A0}(1 + k\tau_i)^{-n} \end{aligned}$$

(3) 반응기 1기의 공간시간

$$\tau_i = \frac{1}{k}\left[\left(\frac{C_{A0}}{C_{A,n}}\right)^{1/n} - 1\right]$$

① 반응조 1단의 각각의 공간시간은 모두 같다.

② CSTR은 직렬연결 시 전환율이 계속 증가한다.

③ CSTR 반응기를 무한대로 직렬연결 시 PFR과 같아진다.

직렬연결

2 플러그 흐름 반응기 (PFR) – 동일한 크기 반응기 직렬연결

① 동일한 크기의 반응조를 직렬연결 시 전환율은 총 반응조 크기가 같은 단일 반응조의 전환율과 같다.

② 직렬연결 시 전환율 변화가 없다.

3 플러그 흐름 반응기 (PFR) – 동일한 크기 반응기 병렬연결

병렬연결된 반응조의 공간시간은 모두 동일하다.

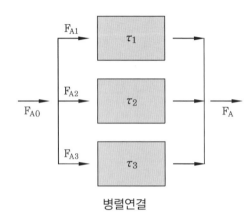

병렬연결

4-9 ··o 반응기의 최적 설계

(1) 직렬연결 CSTR의 최적 설계

직렬로 연결된 2조의 CSTR 크기는 반응차수(n)와 전환율로 결정된다.

반응차수	최적 반응조 설계
$n=1$	• 동일한 크기의 반응기
$n>1$	• 작은 CSTR → 큰 CSTR
$n<1$	• 큰 CSTR → 작은 CSTR

(2) 직렬연결 CSTR과 PFR의 최적 설계

반응차수	최적 반응조 설계
$n>1$	• 농도는 가능한 크게 • PFR → 작은 CSTR → 큰 CSTR
$n<1$	• 큰 CSTR → 작은 CSTR → PFR

연습문제

4. 반응기 설계

단답형

2016 지방직 9급 화학공학일반

01 이상(ideal) 회분식 반응기에 대한 설명으로 옳지 않은 것은?

① 반응이 진행되는 동안 반응물과 생성물의 유입과 유출이 없다.

② 반응시간에 따라 반응기 내의 조성이 변하지 않는 정상 상태 조작이다.

③ 조성과 온도는 반응기 내 위치와 무관하다.

④ 전환율(conversion)은 반응물이 반응기 내에서 체류한 시간의 함수이다.

[해설] 회분식 반응기

② 회분식 반응조는 비정상 상태이다.

[정답] ②

2015 국가직 9급 화학공학일반

02 연속식 반응기에 대한 설명으로 옳은 것으로만 묶인 것은?

ㄱ. 보조 장치가 필요없다.

ㄴ. 생성물질의 품질 관리가 쉽다.

ㄷ. 시간에 따라 조성이 변하는 비정상 상태로 시간이 독립 변수이다.

ㄹ. 1차 비가역 반응에서 전환율이 높을 경우 CSTR이 PFR에 비해 큰 반응기 부피와 긴 체류시간이 필요하다.

① ㄱ, ㄴ ② ㄱ, ㄷ

③ ㄴ, ㄹ ④ ㄷ, ㄹ

[해설] 연속식 반응기

ㄱ. 보조 장치가 필요하다.

ㄷ. 시간에 따라 조성이 변하지 않는 정상 상태이다.

[정답] ③

2017 국가직 9급 화학공학일반

03 공업용 반응기에 대한 설명으로 옳지 않은 것은?

① 반회분 반응기(semi-batch reactor)와 연속 교반 탱크 반응기(continuous stirred tank reactor, CSTR)는 주로 액상 반응에 사용된다.

② 반회분 반응기는 기체가 액체를 통하여 기포를 만들면서 연속적으로 통과하는 2상 반응에서도 사용이 가능하다.

③ 반응기 부피당 전화율은 연속 교반 탱크 반응기가 관형 반응기(tubular reactor)보다 크다.

④ 관형 반응기는 반응기 내의 온도 조절이 어려우며, 발열 반응의 경우 국소 고온점(hot spot)이 생길 수 있다.

해설 반응조 복합

③ 반응기 부피당 전화율 : CSTR < PFR

정답 ③

계산형

2017 지방직 9급 화학공학일반

04 회분식 반응기에서 A로부터 B가 형성되는 반응의 속도식이 $r_A = -\dfrac{dC_A}{dt} = kC_A^2$ 이다. A의 초기 농도를 $2\,mol \cdot L^{-1}$로 하여 반응을 개시하였을 때 100초 후 A의 농도 $(C_A)[mol \cdot L^{-1}]$는? (단, $k = 0.01 L \cdot mol^{-1} \cdot s^{-1}$이며, 얻어진 C_A의 값은 소수점 셋째 자리에서 반올림한다.)

① 0.85　　　　② 0.67　　　　③ 0.34　　　　④ 0.17

해설 회분식 반응기 – 2차 반응

2차 반응의 적분 속도식

$$\frac{1}{C_A} = \frac{1}{C_{A0}} + kt$$

$$\frac{1}{C_A} = \frac{1}{2} + 0.01 \times 100 = \frac{3}{2}$$

$$\therefore C_A = 0.67$$

정답 ②

2015 서울시 9급 화학공학일반

05 100mol의 원료 성분 A를 반응 장치에 공급하여 회분(batch) 조작으로 어떤 시간을 반응시킨 결과, 잔존 A성분은 10mol이었다. 반응식을 2A+B → R로 표시할 때, 원료성분 A와 B의 몰 비가 5 : 3이었다고 하면 원료 성분 B의 변화율은 얼마인가?

① 0.72 ② 0.73

③ 0.74 ④ 0.75

해설 회분식 반응조 – 전화율(전환율, 변화율)

	2A	+	B	→	R
유입(처음)	100		60		
반응	−90		−45		
유출(나중)	10				45

• B의 전화율

$$X_B = \frac{C_{B0} - C_B}{C_{B0}} = \frac{45}{60} = 0.75 = 75\%$$

정답 ④

2016 지방직 9급 화학공학일반

06 정상 상태로 조업되는 반응기에 유입되는 흐름과 유출되는 흐름을 분석한 결과, 반응에 참여하지 않는 비활성 물질의 조성이 유입 흐름과 유출 흐름에서 각각 20mol%와 10mol%이다. 이 반응기에 유입되는 흐름의 유속이 100mol/s일 때 유출 흐름의 유속(mol/s)은? (단, 반응기에서 반응물은 생성물로 100% 전환된다.

① 50 ② 100

③ 200 ④ 500

해설 • 유입 농도 : 20mol%, 유입 몰 유속 100mol/s

• 유출 농도 : 10mol%, 유출 몰 유속(v)

$$C_1 \times v_1 = C_2 \times v_2$$
$$20 \times 100 = 10 \times v_2$$
$$\therefore \ v_2 = 200\text{mol/s}$$

정답 ③

2015 서울시 9급 화학공학일반

07 공간시간(space time)이 3.12min이고, $C_{A0} = 5mol/L$이며, 원료 공급이 2분에 2,000mol로 공급되는 흐름 반응기의 최소 체적은 어떻게 되는가?

① 604L

② 624L

③ 644L

④ 664L

해설 공간시간(τ)

$$\tau = \frac{V}{Q}$$

$F_{A0} = C_{A0}Q$ 이므로

$$V = \tau Q = \tau \frac{F_{A0}}{C_{A0}} = \frac{3.12min}{} \times \frac{2,000mol}{2min} \times \frac{L}{5mol} = 624\,L$$

정답 ②

2018 지방직 9급 화학공학일반

08 4℃의 물이 10mol/s의 몰유속(molar flow rate)으로 단면적이 $10cm^2$인 관을 흐르고 있다. 이 흐름이 플러그 흐름(plug flow)일 때 관 중심에서의 유속(cm/s)은? (단, 물의 분자량은 18g/mol이다.)

① 18

② 36

③ 72

④ 144

해설 관형 반응조(플러그 흐름 반응조 PFR)

플러그 흐름은 관 중심에서 전단력이 0이므로, 관 중심의 흐름이 이상 유체와 거의 같다.

$$\overline{m} = \rho A \overline{u}$$

$$\therefore \overline{u} = \frac{\overline{m}}{\rho A} = \frac{10mol}{s} \cdot \frac{cm^3}{1g} \cdot \frac{1}{10cm^2} \cdot \frac{18g}{mol} = 18\,cm/s$$

정답 ①

2018 서울시 9급 화학공학일반

09 <보기>와 같이 비가역 연속 1차 반응이 회분식 반응기에서 일어날 때 R의 최대 농도($C_{R,max}$)와 최대 농도가 되는 반응시간(t_{max})은? (단, $k_1 = 1min^{-1}$, $k_2 = 2min^{-1}$, $C_{A0} = 3mol/L$, $C_{R0} = C_{S0} = 0mol/L$이다.)

┤ 보기 ├

$$A \xrightarrow{k_1} R \xrightarrow{k_2} S$$

① 3/e mol/L, ln2 min
② 3/e mol/L, ln0.5min
③ 0.75mol/L, ln2 min
④ 0.75mol/L, ln0.5min

해설 연속 반응 – 회분식 반응기

$$C_{P_{max}} = C_{A0} \left(\frac{k_1}{k_2} \right)^{\frac{k_2}{k_2 - k_1}} = 3 \times \left(\frac{1}{2} \right)^{\frac{2}{2-1}} = \frac{3}{4} = 0.75 \text{ mol/L}$$

$$t_{max} = \frac{\ln(k_2/k_1)}{k_2 - k_1} = \frac{\ln(2/1)}{2-1} = \ln2 \text{ min}$$

정답 ③

정리 연속 반응

$$A \xrightarrow{k_1} B \xrightarrow{k_2} P$$

반응기	생성물(P)의 최대 농도	생성물(P)의 임계 시간(t_{max})
회분식 반응기, PFR	$C_{P_{max}} = C_{A0} \left(\dfrac{k_1}{k_2} \right)^{\frac{k_2}{k_2 - k_1}}$	$t_{max} = \dfrac{1}{k_{대수평균}} = \dfrac{\ln(k_2/k_1)}{k_2 - k_1}$
CSTR	$C_{P_{max}} = C_{A0} \cdot \dfrac{1}{\left[\left(\dfrac{k_2}{k_1} \right)^{1/2} + 1 \right]^2}$	$t_{max} = \dfrac{1}{k_{기하평균}} = \dfrac{1}{\sqrt{k_1 k_2}}$

10 혼합 흐름 반응기에 반응물 A가 원료로 공급되고, <보기>와 같은 연속 반응이 진행된다. 이때 B의 농도가 최대가 되는 반응기 공간시간은? (단, $k_1 = 2min^{-1}$, $k_2 = 1min^{-1}$이고, 원료 반응물의 농도는 $C_{A0} = 2mol/L$이다.)

┤ 보기 ├

$$A \xrightarrow{k_1} B \xrightarrow{k_2} C$$

① 2min

② $\frac{1}{2}$ min

③ $\sqrt{2}$ min

④ $\frac{1}{\sqrt{2}}$ min

해설 연속 반응 – CSTR

$$t_{max} = \frac{1}{\sqrt{k_1 k_2}} = \frac{1}{\sqrt{2 \times 1}} = \frac{1}{\sqrt{2}}$$

정답 ④

CHAPTER 1

공정 제어

1-1 ○ 공정 제어

(1) 정의

공정에서 선택된 변수들을 조절해 공정을 원하는 요구값에 근접시키는 조작

(2) 목적

① 안전성(safety)

② 생산의 규격성

③ 원하는 제품의 품질 유지(product quality)

④ 외란 제거

⑤ 안정성(stability)

⑥ 경제성

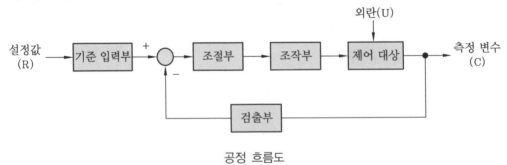

공정 흐름도

(3) 용어

제어(control)	• 어떤 목적에 적합하도록 대상에 조작을 가하는 것 • 어떤 장치나 공정의 출력 신호가 원하는 상태를 따라가도록 입력 신호를 적절히 조절하는 것
제어량	• 제어의 물리량
제어기(controller)	• 제어를 수행하는 회로나 장치
제어 대상	• 공정 제어의 대상 변수(온도, 유량, 압력, 조성)
입력 변수	• 공정에 대한 외부의 영향을 나타내는 변수 • 조절 변수＋외부 교란 변수
출력 변수	• 외부에 대한 공정의 영향을 나타내는 변수
조절 변수 (조작 변수)	• 제어 변수를 설정점으로 갈 수 있도록 변화시킬 수 있는 변수(임의 조작 가능) • 출력 변수가 설정값으로 유지되도록 실제로 제어기에로 조절되는 변수
제어 변수	• 특정한 값으로 유지하고 싶은 공정 값
외부 교란 변수	• 제어 변수를 설정값으로부터 벗어나게 하는 모든 요인들
측정치 (제어량, PV)	• 제어 대상의 양(출력값)
설정치(설정값) (set point)	• 제어되는 변수의 목표값(입력값)
제어 오차(error)	• **오차＝설정치 － 측정치**
외란(외부 교란)	• 설정값 외 제어 대상의 제어량을 변화시키는 외부의 영향
부하(load)	• 제어되는 변수들의 변화를 유발하는 어떤 변수의 변화
off set(잔류 편차)	• 제어계가 정상 상태가 된 다음에도 제어량이 목표값과 벗어난 채로 남는 편차

1-2 ○ 제어계(control system)

1 제어 구조에 따른 분류

(1) 닫힌 루프(closed-loop) 제어 시스템(피드백 제어 시스템)

① 시스템(공정)의 출력을 입력 단계로 되돌려 설정값과 비교하여 그 오차가 감소되도록 하는 방식

② 제어 변수 측정 → 측정된 변수값을 설정값과 비교 → 제어 오차에 의해 제어 신호 결정 → 조절 변수 조절 → 제어 변수의 값 재설정

(2) 열린 루프(open-loop) 제어 시스템

① 시스템(공정)의 출력을 입력 단계로 되돌리지 못하고, 기준 입력만으로 제어 신호를 결정하는 방식

② 측정된 출력 변수의 값이 제어에 이용되지 못하는 경우에 사용

2 제어 목적에 따른 분류

(1) 조절 제어(조정 제어, regulatory control)

① 외부 교란 변수가 시간에 따라 변화해도 제어 변수가 설정값에 따르도록 제어

② 설정값이 변하지 않는다.

예 정상 상태 연속식 공정

(2) 추적 제어(servo control)

① 설정값이 시간에 따라 변화할 때 제어 변수가 설정값을 쫓아가도록 조절 변수를 제어

② 설정값이 시간에 따라 변한다.

예 회분식 공정

3 제어 방법에 따른 분류

(1) 되먹임 제어(feedback 제어)

정의	• 제어량을 목표값에 일치시키기 위해 먼저 제어량을 검출한 다음, 이것을 목표값과 끊임없이 비교함으로써 오차가 발생할 때마다 그것을 항상 줄이도록 대상에 조작을 가하는 제어(시행 착오법)
특징	• 제어 변수가 설정치를 벗어나면 즉시 보정이 일어난다. • 제어되는 공정의 모델이 필요없다. • 정상 상태 offset이 0이다. • 모든 종류 교란에 효과적이다. • 제어 변수가 변화되어야 제어 작용이 시작된다. • 외부 교란 변수 영향을 사전에 억제할 수 없다. • 시스템 안정성에 영향을 미친다. • 시간 상수가 매우 크거나 시간지연이 큰 공정에는 부적합하다. • 제어 변수 측정값이 직접 제어기로 도입되지 않는 공정에 부적합하다.

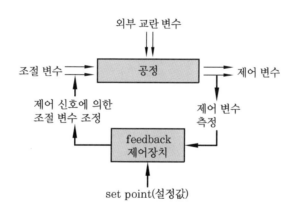

되먹임 제어(feedback 제어)

(2) 앞먹임 제어(feedforward 제어)

정의	• 목표값, 외란과 같은 정보에 근거하여 제어량을 결정하는 제어 • 외부 교란 변수를 사전에 측정하여, 이 측정값으로 외부 교란 변수가 공정에 미치는 영향을 미리 보정하는 제어
특징	• 제어되는 공정 모델이 필요하다. • 사전에 시스템의 모델을 미리 정한다. • 공정의 정적 모델 혹은 동적 모델에 근거하여 설계한다. • 일반적으로 피드백 제어기와 같이 결합되어 사용한다. • 제어 시스템의 안정성과는 무관하다. • 제어 조작과 출력이 완전히 독립적인 제어이다. • 개루프(열린 루프) 제어 : 제어와 출력 사이에 루프가 존재하지 않는다.

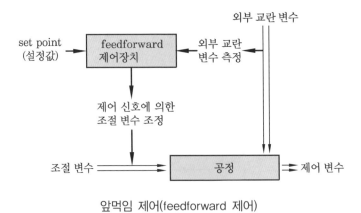

앞먹임 제어(feedforward 제어)

(3) 다단 제어(cascade 제어)

정의	• 다수의 제어 단위가 연계되어 있어서 임의의 제어 단위가 다음의 제어 단위를 제어하는 방식
특징	• 주 제어기와 종속 제어기로 구성된 제어 방법이다. • 주 제어기의 출력이 종속 제어기의 설정점으로 작용한다. • 종속 제어기의 동특성이 주 제어기의 동특성보다 빨라야 한다. • 피드백 제어 알고리즘을 사용한다. • 응답 시간 지연이 큰 공정에 효과적이다.

(4) 시퀀스 제어(sequence control)

정의	• 기기의 순서 및 동작이나 방법 등을 미리 정해놓고 정해진 대로 조작되는 제어
특징	• 로봇 등과 같이 같은 일을 되풀이하여 계속 반복하는 제어에 적용한다.

(5) on-off 제어

정의	• on, off만 가능한 제어
특징	• 불연속(단속)적인 제어이다. • 가장 간단한 제어이다. • 지속적인 진동이 발생한다. • 외란에 의한 잔류 편차가 발생한다.

1-3 ···o 피드백 제어의 제어 모드

비례(P) 제어기	• 제어기로부터 출력 신호가 설정값(set point)과 측정값의 차이에 비례하는 제어기 • 조절 변수가 gain값 1개 뿐이다. • 항상 offset(잔류 편차, 오차) 및 진동이 발생해 안정성이 떨어진다.
비례-적분(PI) 제어기	• 비례 제어기에서 잔류 편차를 없애기 위해 적분 기능을 추가로 붙인 제어기 • offset(잔류 편차, 오차)이 제거된다. • 제어 시간이 오래 걸린다. • reset windup 발생이 가능하다. 　**reset windup :** 제어 오차가 지속될 때, 오차의 적분치가 계속 쌓여 공정 입력의 한계를 넘어서고 제어 불능 상태가 되는 것
비례-미분 (PD) 제어기	• 비례 제어기에서 오차의 미분항을 추가로 붙인 제어기 • 최종값에 도달하는 시간 단축 • offset은 없어지지 않는다. • 미분 동작이 클수록 잡음에 민감하다.
비례-적분-미분 (PID) 제어기	• 미분 제어와 적분 제어를 조합시킨 방법이다. • offset 제거 • 최종값에 도달하는 시간 단축 • 가장 이상적인 제어기

CHAPTER

2 전달 함수와 블록선도

2-1 ○ 전달 함수(transfer function)

공정의 입력 변수와 출력 변수 사이의 동적 관계를 나타내주는 함수

$$G(s) = \frac{Y(s)}{X(s)}$$

$G(s)$: 전달 함수
$X(s)$: 입력
$Y(s)$: 출력

$$X(s) \longrightarrow \boxed{G(s)} \longrightarrow Y(s)$$

블록선도

2-2 ○ 블록선도

공정 변수들의 관계를 블록으로 나타낸 것

(1) 블록선도에서 전달 함수 구하는 방법

$$G(s) = \frac{직선\ 전달\ 함수}{1 + 폐루프\ 전달\ 함수}$$

① 연결되는 블록들은 곱한다.
② 직선 전달 함수 부호는 그대로 한다.
③ 폐루프의 전달 함수 부호는 반대로 한다.

(2) 블록선도와 전달 함수의 예

No.	블록선도와 전달 함수
1	$$R(s) \longrightarrow \boxed{G_1(s)} \longrightarrow \boxed{G_2(s)} \longrightarrow C(s)$$ $$\frac{C(s)}{R(s)} = \frac{G_1(s)G_2(s)}{1}$$
2	$$R(s) \longrightarrow \boxed{G_1(s)} \longrightarrow \boxed{G_2(s)} \longrightarrow C(s)$$ $$\boxed{G_3(s)}$$ $$\frac{C(s)}{R(s)} = \frac{G_1(s)G_2(s) + G_3(s)}{1}$$
3	$$R(s) \longrightarrow \boxed{G_1(s)} \longrightarrow \boxed{G_2(s)} \longrightarrow C(s)$$ $$\boxed{G_3(s)}$$ $$\frac{C(s)}{R(s)} = \frac{G_1(s)G_2(s)}{1 + G_1(s)G_2(s)G_3(s)}$$
4	$$R(s) \longrightarrow \boxed{G_1(s)} \longrightarrow \boxed{G_2(s)} \longrightarrow C(s)$$ $$\boxed{G_3(s)}$$ $$\frac{C(s)}{R(s)} = \frac{G_1(s)G_2(s)}{1 + G_1(s)G_3(s)}$$
5	$$R(s) \longrightarrow \boxed{G_1(s)} \longrightarrow \boxed{G_2(s)} \longrightarrow C(s)$$ $$\boxed{G_3(o)}$$ $$\frac{C(s)}{R(s)} = \frac{G_1(s)G_2(s)}{1 - G_1(s)G_3(s)}$$
6	$$\boxed{G_4(s)}$$ $$R(s) \longrightarrow \boxed{G_1(s)} \longrightarrow \boxed{G_2(s)} \longrightarrow \boxed{G_3(s)} \longrightarrow C(s)$$ $$\boxed{G_5(s)}$$ $$\frac{C(s)}{R(s)} = \frac{G_1(s)G_2(s)G_3(s)}{1 + G_1(s)G_2(s)G_5(s) + G_2(s)G_3(s)G_4(s)}$$

No.	블록선도와 전달 함수
7	 $$\frac{C(s)}{R(s)} = \frac{G_1(s)G_2(s)}{1+G_1(s)G_2(s)G_3(s)+G_2(s)}$$
8	 $$\frac{C(s)}{R(s)} = \frac{G_1(s)G_2(s)G_3(s)}{1+G_1(s)G_4(s)}$$ $$\frac{C(s)}{U(s)} = \frac{G_3(s)}{1}$$

2-3 ──○ 라플라스 변환

(1) 라플라스 변환의 정의

① 선형 미분 방정식을 대수 방정식으로 변환시킬 때 사용한다.

② t에 관한 선형 미분 방정식을 s에 관한 대수 방정식으로 변환한다.

$$F(s) = \mathcal{L}\{f(t)\} = \int_0^\infty f(t)e^{-st}dt$$

(2) 라플라스 변환의 공식

f(t)	라플라스 변환값 $F(s) = \mathcal{L}\{f(t)\}$
C(상수)	$\dfrac{1}{s}$
t^n	$\dfrac{n!}{s^{n+1}}$ (단, $n! = 1 \times 2 \times \cdots n$)
e^{at}	$\dfrac{1}{s-a}$
$\cos \omega t$	$\dfrac{s}{s^2 + \omega^2}$
$\sin \omega t$	$\dfrac{\omega}{s^2 + \omega^2}$

(3) 라플라스 변환의 성질

① 라플라스 변환은 선형성을 가진다.

$$\mathcal{L}\{\alpha f(t) + \beta g(t)\} = \alpha \mathcal{L}\{f(t)\} + \beta \mathcal{L}\{g(t)\}$$

② 미분식의 라플라스 변환

$$\mathcal{L}\{f'(t)\} = s \mathcal{L}\{f(t)\} - f(0)$$
$$\mathcal{L}\{f''(t)\} = s^2 \mathcal{L}\{f(t)\} - s f(0) - f'(0)$$

> 예제 ▶ **라플라스 변환**

1. 다음 식을 라플라스 변환시킨 $Y(s)$ 값은?

$$3y'(t) + y(t) = 2, \, y(0) = 1$$

해설 $\mathcal{L}\{3y'(t) + y(t)\} = \mathcal{L}\{2\}$

$3\mathcal{L}\{y'(t)\} + \mathcal{L}\{y(t)\} = \mathcal{L}\{2\}$

$3[s\mathcal{L}\{y(t)\} - y(0)] + \mathcal{L}\{y(t)\} = \mathcal{L}\{2\}$

$(3s+1)\mathcal{L}\{y(t)\} - 3y(0) = \mathcal{L}\{2\}$

$(3s+1)\mathcal{L}\{y(t)\} = 3 + \dfrac{2}{s}$

$\mathcal{L}\{y(t)\} = \dfrac{3}{(3s+1)} + \dfrac{2}{s(3s+1)} = \dfrac{3s+2}{s(3s+1)}$

$\therefore \; Y(s) = \dfrac{3s+2}{s(3s+1)}$

정답 $Y(s) = \dfrac{3s+2}{s(3s+1)}$

(4) 라플라스 역변환

라플라스 변환으로 구한 $F(s) = \mathcal{L}\{f(t)\}$는 역변환으로, 라플라스 변환 이전의 시간 함수 $f(t)$를 구한다.

$F(s) = \mathcal{L}\{f(t)\}$	라플라스 역변환값 시간 함수 $f(t)$
$\dfrac{1}{s}$	C(상수)
$\dfrac{n!}{s^{n+1}}$ (단, $n! = 1 \times 2 \times \cdots n$)	t^n
$\dfrac{1}{s-a}$	e^{at}
$\dfrac{s}{s^2 + \omega^2}$	$\cos \omega t$
$\dfrac{\omega}{s^2 + \omega^2}$	$\sin \omega t$

연습문제

2. 전달 함수와 블록선도

단답형

01 전달 함수를 구할 때 사용하는 라플라스 변환(Laplace transform)의 주요 목적은?

① 비선형 미분 방정식을 선형 미분 방정식으로 변환

② 선형 미분 방정식을 대수 방정식으로 변환

③ 비선형 대수 방정식을 선형 대수 방정식으로 변환

④ 선형 적분 방정식을 선형 미분 방정식으로 변환

정답 ②

정리 라플라스 변환

• 선형 미분 방정식을 대수 방정식으로 변환시킬 때 사용한다.

• t에 관한 선형 미분 방정식을 s에 관한 대수 방정식으로 변환한다.

$$F(s) = \mathcal{L}\{f(t)\} = \int_0^\infty f(t)e^{-st}dt$$

장답형

2016 서울시 9급 화학공학일반

02 다음의 블록선도에서 입력 A에 대한 출력 B의 전달 함수로 옳은 것은?

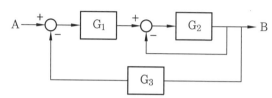

① $\dfrac{G_1 G_2}{1 + G_2 + G_1 G_2 G_3}$

② $\dfrac{G_2}{1 + G_1 G_2 + G_1 G_2 G_3}$

③ $\dfrac{G_1 G_2}{1 + G_1 G_2 G_3}$

④ $\dfrac{G_2}{1 + G_1 G_2 G_3}$

해설 블록선도의 전달 함수

$$((A - BG_3)G_1 - B)G_2 = B$$

$$AG_1 G_2 - BG_3 G_1 G_2 - BG_2 = B$$

$$\therefore \ \frac{B}{A} = \frac{G_1 G_2}{(1 + G_2 + G_3 G_1 G_2)}$$

정답 ①

2018년 서울시 9급 화학공학일반

03 계단 입력에 과소 감쇠 응답(under damping response)을 보이는 2차계에 대한 설명으로 가장 옳지 않은 것은?

① 오버슈트(overshoot)는 정상 상태 값을 초과하는 정도를 나타내는 양으로 감쇠 계수(damping factor)만의 함수이다.

② 응답이 최초의 피크(peak)에 이르는 데 소요되는 시간은 진동 주기의 반에 해당한다.

③ 오버슈트(overshoot)와 진동 주기를 측정하여 2차계의 공정의 주요한 파라미터들을 추정할 수 있다.

④ 감쇠 계수(damping factor)가 1에 접근할수록 응답의 진폭은 확대된다.

해설 ④ 감쇠 계수(damping factor)가 0에 접근할수록 응답의 진폭은 감소한다.

정답 ④

정리 2차 공정의 계단 응답

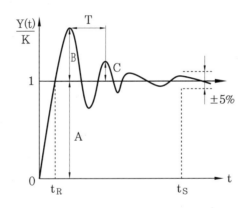

• 감쇠 계수↑, 진동폭↓, 오버슈트↓ → 안정도↑
• 감쇠 계수가 0일 때 진동 최대(무한 진동)

용어	정의	공식
오버슈트 (overshoot)	응답이 정상 상태 값을 초과하는 정도	B/A
감쇠 계수 (damping factor, ξ)	진폭이 줄어드는 비율	$\xi=\dfrac{C}{B}=$오버슈트^2
주기(T)	진동의 주기	−
진동수(f)	주기의 역수	$f=\dfrac{1}{T}$

04 미리 정해진 순서에 따라 순차적으로 제어가 진행되는 제어 방식으로 작동 명령이 타이머나 릴레이에 의해서 행해지는 제어는?

① 시퀀스 제어(sequence control)
② 피드백 제어(feedback control)
③ 피드포워드 제어(feedforward control)
④ 캐스케이드 제어(cascade control)

정답 ①

정리 제어 방식

(1) 시퀀스 제어(sequence control)
- 기기의 순서 동작이나 방법 등을 미리 정해놓고 정해진대로 조작되는 제어
- 동작 순서와 방법을 미리 정해놓고 단계적으로 차례로 조작하는 제어
- 같은 일을 되풀이하여 계속 반복하는 제어
- 불연속(단속)적인 제어

(2) 피드백 제어(feedback control, 폐루프 제어)
- 제어량을 목표값에 일치시키기 위해 먼저 제어량을 검출한 다음, 이것을 목표값과 끊임없이 비교함으로써 오차가 발생할 때마다 그것을 항상 줄이도록 대상에 조작을 가하는 제어

(3) 앞먹임 제어(feedforward control, 개루프 제어)
- 목표값, 외란과 같은 정보에 근거하여 제어량을 결정하는 제어
- 외부 교란 변수를 사전에 측정하여, 이 측정값으로 외부 교란 변수가 공정에 미치는 영향을 미리 보정하는 제어
- 제어 조작과 출력이 완전히 독립적인 제어
- 개루프(열린 루프) 제어 : 제어와 출력 사이에 루프가 존재하지 않는다.

(4) 캐스케이드 제어(cascade control, 다단 제어)
- 다수의 제어 단위가 연계되어 있어서 임의의 제어 단위가 다음의 제어 단위를 제어하도록 된 제어 방식

2015 국가직 9급 화학공학일반

05 피드백 제어에 대한 설명으로 옳지 않은 것은?

① on-off 제어기는 간단한 공정에서 널리 이용된다.

② 외부 교란을 측정하고, 이 측정값을 이용하여 외부 교란이 공정에 미칠 영향을 사전에 보정할 수 있다.

③ PID 제어기는 오차의 크기뿐만 아니라 오차가 변화하는 추세와 오차의 누적된 양까지도 감안하여 제어한다.

④ 정상 상태에서 잔류 편차가 존재한다는 것은 제어 변수가 set point로 유지되고 있지 못함을 의미한다.

해설 ② 앞먹임 제어(feedforward control, 개루프 제어)의 설명이다.

정답 ②

2018 지방직 9급 화학공학일반

06 앞먹임 제어(feedforward control)에 대한 설명으로 옳지 않은 것은?

① 공정에 미치는 외부 교란 변수의 영향을 미리 보정하는 제어이다.

② 외부 교란 변수를 사전에 측정하여 제어에 이용한다.

③ 공정의 출력을 제어에 이용한다.

④ 제어 루프는 감지기, 제어기, 가동 장치를 포함한다.

해설 ③ 제어 조작과 출력이 완전히 독립적인 제어이므로, 공정의 출력과 제어는 상관없다.

정답 ③

화학공학일반

2025년 1월 10일 인쇄
2025년 1월 15일 발행

저자 : 고경미
펴낸이 : 이정일

펴낸곳 : 도서출판 **일진사**
www.iljinsa.com

(우) 04317 서울시 용산구 효창원로 64길 6
대표전화 : 704-1616, 팩스 : 715-3536
이메일 : webmaster@iljinsa.com
등록번호 : 제1979-000009호(1979.4.2)

값 20,000원

ISBN : 978-89-429-1947-5